U0315575

普通高等教育"十三五"规划教材

金属塑性加工概论

王庆娟　刘世锋　刘莹莹　郗九生　编

北　京

冶金工业出版社

2015

内 容 提 要

本书共分 7 章，系统阐述了金属塑性加工所涉及的基本原理和工艺，主要包括：金属材料成型概述、金属塑性加工原理、轧制成型原理、轧制成型工艺、挤压与拉拔成型、锻造与冲压成型和有色金属塑性加工。全书本着深入浅出，理论与工艺并重的原则，在内容上力求系统性、先进性和实用性。每章后附有习题，便于学生练习和巩固所学知识。

本书可供冶金工程、金属材料工程、管理、机械制造、热能等专业师生阅读，也可供材料加工工程专业及有关科技人员参考。

图书在版编目 (CIP) 数据

金属塑性加工概论/王庆娟等编. —北京：冶金工业出版社，2015.12

普通高等教育"十三五"规划教材

ISBN 978-7-5024-7099-9

Ⅰ.①金…　Ⅱ.①王…　Ⅲ.①金属压力加工—高等学校—教材　Ⅳ.①TG301

中国版本图书馆 CIP 数据核字（2015）第 289275 号

出 版 人　谭学余
地　　　址　北京市东城区嵩祝院北巷 39 号　邮编　100009　电话　(010)64027926
网　　　址　www.cnmip.com.cn　电子信箱　yjcbs@cnmip.com.cn
责任编辑　杨　敏　美术编辑　吕欣童　版式设计　孙跃红
责任校对　李　娜　责任印制　牛晓波
ISBN 978-7-5024-7099-9
冶金工业出版社出版发行；各地新华书店经销；固安华明印业有限公司印刷
2015 年 12 月第 1 版，2015 年 12 月第 1 次印刷
787mm×1092mm　1/16；14.25 印张；341 千字；217 页
32.00 元

冶金工业出版社　投稿电话　(010)64027932　投稿信箱　tougao@cnmip.com.cn
冶金工业出版社营销中心　电话　(010)64044283　传真　(010)64027893
冶金书店　地址　北京市东四西大街46号(100010)　电话　(010)65289081(兼传真)
冶金工业出版社天猫旗舰店　yjgycbs.tmall.com

前　言

　　金属材料是目前用量最大、使用最广的材料，其中 90% 以上的金属材料都要经过塑性成型加工过程，因此金属塑性加工在冶金工业中占有重要地位。本书是为适应专业改革及培养 21 世纪复合型人才的需要，根据专业设置和大纲要求而编写的，旨在通过本书的学习，使学生建立金属塑性加工的整体知识结构，较系统地掌握材料加工的基本理论和工艺技术。

　　本书将塑性加工原理与工艺融为一体，其内容以塑性加工技术为主，在简要介绍金属材料分类和塑性加工方法的基础上，着重阐述金属材料轧制、挤压、拉拔、锻造、冲压技术的基本原理和生产工艺。本书为高等学校非金属塑性加工专业学生学习塑性加工原理与技术的教学用书，可满足与材料加工相关的工科及管理专业选修课和通识课需要。本书适于冶金工程、金属材料工程、管理、机械制造、热能等专业师生阅读，也可供材料加工专业及有关科技人员参考。

　　本书第 1 章和第 2 章由西安建筑科技大学王庆娟编写，第 3 章由陕西钢铁集团有限公司郗九生编写，第 4 章由西安建筑科技大学刘世锋编写，第 5~7 章由西安建筑科技大学刘莹莹编写。全书由王庆娟负责统稿和审定。在编写过程中，得到西安建筑科技大学冶金工程学院全体同仁的大力支持和帮助，在此表示衷心的感谢！编写时参考了许多文献资料，在此向文献资料作者表示衷心的感谢。

　　由于编者水平和经验所限，加之编写时间仓促，书中不妥之处在所难免，敬请广大读者批评指正。

编　者

2015 年 8 月

目　　录

1 ◆ 金属材料成型概述

1.1 材 料 概 述

　　材料是人类制造用于生活和生产的物品、器件、构件、机器以及其他产品的物质。材料是人类赖以生存和发展的物质基础，也是社会现代化的物质基础与先导。材料、能源、信息和生物技术是 21 世纪中国国民经济建设的支柱产业，其中材料占有十分突出的地位，其他三个方面的发展，在一定程度上依赖于材料科学的进步。因此，世界各国都把新材料的研究开发作为重点发展的关键技术之一。

　　一般认为材料按成分可以分为金属材料、无机非金属材料和高分子材料三大类。此外，将两种或两种以上的材料复合而成的复合材料，具有许多单一材料所不具有的优点，被广泛地应用于国民经济和国防领域。因此，往往将复合材料也算作一大类材料，即认为材料由四大类组成，如图 1-1 所示。材料决定着社会和经济发展，在所有的材料中，目前金属材料用量最大、使用最广。金属材料是指金属元素或以金属元素为主构成的具有金属特性的材料的统称，包括纯金属、合金、金属间化合物和特种金属材料等。在化学元素周期表中，金属元素共列出 86 种，其中黑色金属元素 3 种，有色金属元素 83 种。

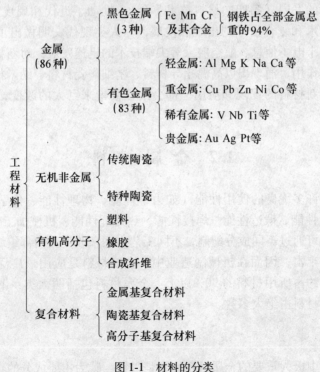

图 1-1　材料的分类

　　根据材料的用途，还可以将材料分为两类，即结构材料与功能材料。其中结构材料以力学性能为主要要求指标，用以制造以受力为主的构件。根据用途不同，对结构材料同时也要求具有物理或化学性能，如热导率、耐腐蚀和耐高温等性能。功能材料则是利用材料特有的物理或化学性能，以实现能量转换、储存、输送或完成特定动作功能的一类材料。同样，根据使用场合不同，对功能材料同时也要求具有一定的力学性能，如强度、耐磨性等。另一种分类方法是根据材料的具体应用领域，将其细分为电子信息材料、能源材料、生态环境材料、生物医用材料、化工材料、航天航空材料、机械工程材料以及建筑材料等。

　　材料是人类社会进步的里程碑。从石器时代到青铜器时代，再到铁器时代，人类社会每一次飞跃性的进步，都与材料和材料技术的发展密切相关，材料在其中发挥了前导性甚至是决定性的作用。

　　大约从公元前4000年开始，人类从漫长的石器时代进入青铜器时代，所使用的工具由石器进化到金属。以铜的熔炼技术和铸造技术的出现为契机，人类开始掌握对自然资源进行加工的技术，产生了革命性的变化。因此，可以认为从石器时代进入青铜器时代，人类历史上产生了第一次材料技术革命。换一种角度看，正是由于第一次材料技术革命，使人类得以从漫长的石器时代进化到青铜器时代，人类的生产和社会活动产生了一次质的飞跃。从公元前1350~1400年前后开始，由于铁的大规模冶炼技术和锻造技术的发展，导致人类从青铜器时代进入铁器时代，首先是工具与武器得到飞跃发展，生产率水平大幅度地提高。可以认为，以大规模炼铁技术和锻造技术为代表的材料加工技术的出现和发展，促成了人类历史上的第二次材料技术革命。

　　公元1500年前后，合金化技术的出现与发展（第三次材料技术革命），以及20世纪初期合成材料技术的发展（第四次材料技术革命），推动了近代和现代工业的快速发展，尤其是材料合成技术和复合技术的出现和发展，为人类现代文明做出了巨大的贡献。20世纪后期以来，由于电子信息、航空航天等尖端技术的迅速发展，对新材料的研究与开发起到了很强的促进作用，涌现出以高温超导材料、精细陶瓷材料、纳米材料为代表的新材料。显然，每一种新材料的发现和应用，都会给社会带来巨大的改变，把人类文明推向前进。

1.2　金　属　材　料

　　金属材料具有许多优良的使用性能（如力学性能、物理性能、化学性能等）和加工工艺性能（如铸造性能、锻造性能、焊接性能、热处理性能、机械加工性能等）。特别可贵的是，金属材料可通过不同成分配制，不同工艺方法来改变其内部组织结构，从而改善性能。加之其矿藏丰富，因而在机械制造业中，金属材料是应用最广泛、用量最多的材料，在机械设备中约占所用材料的90%以上。金属材料包括两大类：钢铁材料和有色材料，其中又以钢铁材料占绝大多数。

1.2.1　钢铁材料

　　钢是经济建设中极为重要的金属材料。它是以铁、碳为主要成分的合金，其含碳量小于 2.11%，为了保证其韧性和塑性，含碳量一般不超过 1.7%。

1.2.1.1 钢的分类

生产上使用的钢材品种很多，为了便于生产、选用与研究，有必要对钢加以分类。钢的分类方法很多，常用的有以下几种。

（1）按用途分类。按钢材的用途可分为结构钢、工具钢和特殊性能钢三大类。

结构钢用于制造各种机器零件及工程结构。制造机器零件的钢包括渗碳钢、调质钢、弹簧钢及滚动轴承钢等。用作工程结构的钢包括碳素钢中的甲类钢、乙类钢、特类钢和普通低合金钢。

工具钢用于制造各种工具。根据工具钢的不同用途可分为刃具钢、模具钢与量具钢。

特殊性能钢是具有特殊物理和化学性能的一类钢。可分为不锈钢、耐热钢、耐磨钢与磁钢等。

（2）按化学成分分类。按钢的化学成分可分为碳素钢和合金钢两大类。

碳素钢按钢的含碳量可分为低碳钢（含碳量不大于 0.25%），中碳钢（含碳量为 0.25%~0.6%）和高碳钢（含碳量大于 0.6%）。

合金钢按钢的合金元素含量可分为低合金钢（合金元素总含量不大于 5%），中合金钢（合金元素总含量在 5%~10%之间）与高合金钢（合金元素总含量大于 10%）。

此外，根据钢中所含主要合金元素种类的不同，也可分为锰钢、铬钢、铬镍钢及铬锰钛钢等。

（3）按质量分类。主要是按钢中的磷、硫含量来分类，可分为：普通钢（含磷量不大于 0.045%、含硫量不大于 0.055%，或磷、硫含量均不大于 0.050%），优质钢（磷、硫含量均不大于 0.040%）和高级优质钢（含磷量不大于 0.035%，含硫量不大于 0.030%）。

（4）按冶炼方法分类。按炉别可分为转炉钢和电炉钢。按脱氧程度可分为沸腾钢、镇静钢和半镇静钢。

（5）按金相组织分类。钢的金相组织随处理方法不同而异。按退火组织分为亚共析钢、共析钢和过共析钢，按正火组织分为珠光体钢、贝氏体钢、马氏体钢及奥氏体钢。

我国钢材的编号是按碳含量、合金元素的种类和数量以及质量级别来编号的。依据国家标准规定采用国际化学符号和汉语拼音字母并用的原则。即钢号中的化学元素采用国际化学元素符号表示，如 Si、Mn、Cr 等。仅稀土元素例外，用 "RE" 表示其总含量。

（1）普通碳素结构钢。该类钢牌号表示方法是由代表屈服点的字母（Q）、屈服点数值、质量等级符号（A、B、C、D）及脱氧方法符号（F、b、Z、TZ）等四部分按顺序组成。如 Q235-A、F，表示屈服点数值为 235MPa 的 A 级沸腾钢。质量等级符号反映碳素结构钢中磷、硫含量的多少，A、B、C、D 质量依次升高。

（2）优质碳素结构钢。该类钢的钢号用钢中平均含碳量的两位数字表示，单位为万分之一。如钢号 45，表示平均含碳量为 0.45%的钢。

对于含锰量较高的钢，须将锰元素标出。即指含碳量大于 0.6%且含锰在 0.9%~1.2%者及含碳量小于 0.6%且含锰量在 0.7%~1.0%者，数字后面附加汉字 "锰" 或化学元素符号 "Mn"。如钢号 25Mn，表示平均含碳量为 0.25%，含锰量为 0.7%~1.0%的钢。

沸腾钢、半镇静钢以及专门用途的优质碳素结构钢，应在钢号后特别标出，如 15g 即平均含碳量为 0.15% 的锅炉钢。

（3）碳素工具钢。碳素工具钢是在钢号前加"碳"或"T"表示，其后跟以表示钢中平均含碳量的千分之几的数字。如平均含碳量为 0.8% 的该类钢，记为"碳 8"或"T8"。含锰量较高者须注出。高级优质碳素工具钢则在钢号末端加"高"或"A"，如"碳 10 高"或"T10A"。

（4）合金结构钢。该类钢的钢号由"数字+元素+数字"三部分组成。前两位数字表示平均含碳量的万分之几，合金元素以汉字或化学元素符号表示，合金元素后面的数字表示该元素的近似含量，单位是百分之几。如果合金元素平均含量低于 1.5% 时，则不标明其含量。当平均含量大于或等于 1.5% 至 2.0% 时，则在元素后面标"2"依次类推。如为高级优质钢，在钢号后面应加"高"或"A"。如 36Mn2Si 表示含碳量为 0.36%，含锰量为 1.5%~1.8%，含硅量为 0.4%~0.7% 的钢。

（5）合金工具钢。该类钢编号前用一位数字表示平均含碳量的千分之几。当平均含碳量大于或等于 1.0% 时，不标出含碳量。如"9Mn2V"钢的平均含碳量为 0.85%~0.95%，而"CrMn"钢中的平均含碳量为 1.3%~1.5%。高速钢的钢号，一般不标出含碳量，仅标出合金元素含量平均值的百分之几，如"W6Mo5Cr4V2"。

（6）滚动轴承钢。该类钢在钢号前冠以"滚"或"G"，其后为"铬（Cr）+数字"来表示，数字表示铬含量平均值的千分之几。如"滚铬 15"（GCr15），即是铬的平均含量为 1.5% 的滚动轴承钢。

（7）不锈钢及耐热钢。这两类钢钢号前面的数字表示含碳量的千分之几，如"9Cr18"表示该钢平均含碳量为 0.09%。但碳含量不大于 0.03% 及 0.08% 者，在钢号前分别冠以"00"及"0"，如"00Cr18Ni10"。

（8）铸钢。铸钢的牌号前面是"ZG"二字，后面第一组数字表示屈服点，第二组数字表示抗拉强度。如"ZG200-400"表示其屈服强度为 200MPa，抗拉强度为 400MPa。

1.2.1.2　铸铁

铸铁是含碳量大于 2.11% 的铁碳合金。它还含有硅、锰、磷、硫及某些合金元素。铸铁的成分大致为：含 C 量为 2.5%~4.0%，含 Si 量为 1.0%~3.0%，含 Mn 量为 0.5%~1.4%，含 P 量为 0.01%~0.5%，含 S 量为 0.02%~0.20%。与钢相比，主要区别在于铸铁含碳、硅较高，含硫、磷杂质元素较多，所以，铸铁与钢的组织和性能差别较大。

铸铁是一种使用历史悠久的最常用的金属材料。中国是世界冶铸技术的发源地，早在春秋时期，铸铁技术就已有了很大的发展；并用于制作生产工具和生活用具，比西欧各国约早 2000 年。直到目前，铸铁仍然是一种重要的工程材料。中国铸铁的年产量达到数百万吨，它广泛应用于机械制造、冶金矿山、石油化工、交通运输、造船、纺织机械、基本建设和国防工业等部门。据统计，按质量百分比计算，在农业机械中铸铁件约占 40%~60%，汽车、拖拉机中约占 50%~70%，机床制造中约占 60%~90%。铸铁之所以获得广泛的应用，是因为它的生产设备和工艺简单、价格低廉。铸铁还具有优良的铸造性能，良好的减磨性、耐磨性、切削加工性及缺口敏感性等一系列优点。工业上常用的铸铁有灰铸铁、可锻铸铁、球墨铸铁和特殊性能铸铁等。

1.2.2 有色金属材料

除了钢铁材料外，其他的金属及合金是不以铁为基体的，称为有色金属及合金。有色金属在国民经济各个部门的应用十分广泛，并具有特殊的重要性，各国都重视和发展有色金属工业。有资料显示，有色金属产量约为世界钢产量的5%。有色金属及合金的种类很多，其产量和使用量不及钢铁，但由于它们具有某些独特的性能和优点，因而成为现代工业中不可缺少的材料。

由于各国地理位置、矿产分布和生产状况等的不同，对有色金属的分类并不统一。一般按有色金属的密度、经济价值、在地壳中的储量及分布情况和被人们发现及使用的年代等分为五大类，即轻有色金属、重有色金属、稀有金属、贵金属和半金属。稀有金属又分为稀有轻金属、稀有高熔点金属、稀有分散金属、稀土金属和稀有放射性金属五个类别。

1.2.2.1 轻有色金属

轻有色金属一般是指密度在 4.5g/cm³ 以下的有色金属，其包括铝、镁、钛、钠、钾、钙、锶、钡等。这类金属的共同特点是密度小（0.53~4.5g/cm³），化学活性大，氧、硫、碳和卤素化合物都相当稳定。这类金属多采用熔盐电解法和金属热还原法提取。其中铝是当代生产量和应用量最大的有色轻金属，镁是实用金属中最轻的金属，钛被称为"太空金属"和"崛起的第三金属"。

A 铝及铝合金

铝是地壳中储量最丰富的元素之一，约占全部金属的1/3。由于制取铝的技术在不断提高，使铝成为价廉而应用广泛的金属。其特点如下：铝的相对密度为2.7，是铜的1/3，属于轻金属。熔点是660℃。铝的导电性和导热性都很好，仅次于银和铜。因此，铝被广泛用于制造导电材料和热传导器件。

铝在大气中有良好的耐腐蚀性。由于铝和氧亲和力强，能生成致密、坚固的氧化铝（Al_2O_3）薄膜，可以保护薄膜下层金属不再继续氧化。

纯铝比较软，富有延展性，易于塑性成型。根据各种不同的用途，可以在纯铝中添加各种合金元素，满足更高的强度和其他各种性能。根据铝合金的成分及工艺特点，可将铝合金分为变形铝合金和铸造铝合金，如图 1-2 所示。

变形铝合金的分类方法很多，目前，世界上绝大部分国家通常按以下三种方法进行分类。

（1）按合金状态图及热处理特点分为可热处理强化铝合金和不可热处理强化铝合金两大类。不可热处理强化铝合金（如纯铝、Al-Mn 和 Al-Mg 和 Al-Si 系合金）和可热处理强化铝合金（如 Al-Mg-Si、Al-Cu 和 Al-Zn-Mg 系合金）。

（2）按合金性能和用途可分为：工业纯铝、光辉铝合金、切削铝合金、耐热铝合金、低强度铝合金、中强度铝合金、高强度铝合金（硬铝）、超高强度铝合金（超硬铝）、锻造铝合金及特殊铝合金等。

（3）按合金中所含主要元素成分可分为：工业纯铝（1×××系），Al-Cu 合金（2×××系），Al-Mn 合金（3×××系），Al-Si 合金（4×××系），Al-Mg 合金（5×××系），Al-Mg-Si

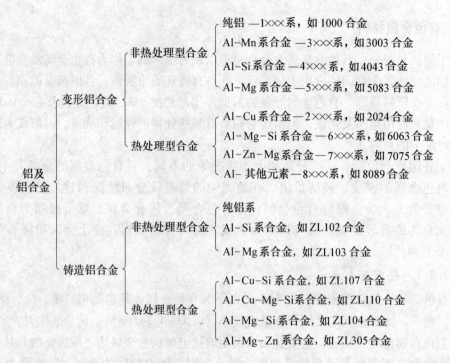

图 1-2 铝及铝合金的分类

合金（6×××系），Al-Zn-Mg 合金（7×××系），Al-其他元素合金（8×××系）及备用合金组（9×××系）。

铸造铝合金具有与变形铝合金相同的合金体系，具有与变形铝合金相同的强化机理（除应变强化外），它们主要的差别在于，铸造铝合金中合金化元素硅的最大含量超过多数变形铝合金中的硅含量。铸造铝合金除含有强化元素之外，还必须含有足够量的共晶型元素（通常是硅），以使合金有相当的流动性，易于填充铸造时铸件的收缩缝。

B 镁及镁合金

镁的密度大约是铝的 2/3，是铁的 1/4。其特点是：密度小（1.8g/cm³ 左右），比强度高，比弹性模量大，散热好，消震性好，承受冲击载荷能力比铝合金大，耐有机物和碱的腐蚀性能好。镁合金是以镁为基加入其他元素组成的合金。主要合金元素有铝、锌、锰、铈、钍以及少量锆或镉等。目前使用最广的是镁铝合金，其次是镁锰合金和镁锌锆合金。主要用于航空、航天、运输、化工、火箭等工业部门。

C 钛及钛合金

钛是 20 世纪 50 年代发展起来的一种重要的结构金属，钛合金因具有比强度高、耐蚀性好、耐热性高、低温性能好等特点而被广泛用于各个领域。钛是同素异构体，熔点为 1668℃，在低于 882℃时呈密排六方晶格结构，称为 α 钛；在 882℃以上呈体心立方晶格结构，称为 β 钛。利用钛的上述两种结构的不同特点，添加适当的合金元素，使其相分含量逐渐改变而得到不同组织的钛合金（titanium alloys）。室温下，钛合金有三种基体组织，钛合金也就分为以下三类：α 合金，（α+β）合金和 β 合金，中国分别以 TA、TC、TB 表示。

1.2.2.2　重有色金属

重有色金属一般是指密度在 $4.5g/cm^3$ 以上的有色金属，其包括有铜、镍、铅、锌、钴、锡、锑、汞、镉和铋。一般用火法冶炼和湿法冶炼。这类金属的共同特点是密度较大，化学性质比较稳定，多数金属被人类发现与使用较早，如铜、锡、铅被称作金属元老。其中，最常用的是铜及其合金。

A　纯铜（紫铜）

紫铜就是工业纯铜，相对密度为 8.96，熔点为 1083℃。在固态时具有面心立方晶格，无同素异构转变。塑性好，容易进行冷—热加工。经冷变形后可以提高纯铜的强度，但塑性显著下降。

纯铜的性能受杂质影响很大。它含的杂质主要有 Pb、Bi、O、S 和 P 等。Pb 和 Bi 基本上不溶于 Cu，微量的 Pb 和 Bi 与 Cu 在晶界上形成低熔点共晶组织（Cu+Bi 或 Cu+Pb），其熔点分别为 270℃ 和 326℃。当铜在 820～860℃ 范围进行热加工时，低熔点共晶组织首先熔化，造成脆性断裂，即称为"热脆性"。又由于 O、S 与 Cu 形成 Cu_2O 与 Cu_2S 脆性化合物，在冷加工时产生破裂，即称为"冷脆性"。因此，在纯铜中必须严格控制杂质含量。

工业纯铜按杂质含量的多少分为四种：T1、T2、T3、T4。"T"为铜的汉语拼音字头，其后的数字越大，纯度越低。

B　黄铜

Cu-Zn 合金或以 Zn 为主要合金元素的铜合金称为黄铜。它的色泽美观，加工性能好。按化学成分的不同，黄铜可分为普通黄铜和特殊黄铜两类。工业中应用的普通黄铜，根据室温下的平衡组织分为单相黄铜和双相黄铜：当黄铜中含锌量小于 39% 时，在室温下的组织是单相 α 固溶体，称为单相黄铜；当含锌量为 39%～45% 时，室温下的组织为 α+β，称为双相黄铜。

黄铜的耐蚀性好，超过铁、碳钢和许多合金钢。铸造黄铜的铸造性能较好，它的熔点比纯铜低，且结晶温度间隔较小，有较好的流动性和较小的偏析，并且铸件组织致密。

常用的黄铜有 H70、H62 等。"H"为"黄"的汉语拼音字首，数字表示平均含 Cu量。例如，H70 表示平均含 Cu 量为 70% 的黄铜。如为铸造产品，则在 H70 前加"Z"（铸）字，如 ZH70。

在普通黄铜中加入其他元素所组成的多元合金称为特殊黄铜。常加入的元素有铅、锡、硅、铝、铁等，相应地称这些特殊黄铜为铅黄铜、锡黄铜。

C　青铜

青铜系指 Cu-Sn 合金，是人类应用最早的一种合金，工业上习惯称含有 Al、Si、Pb、Mn、Be 等的铜基合金为青铜。所以，青铜包括有锡青铜、铝青铜及铍青铜等。

1.2.2.3　贵金属

贵金属包括金、银和铂族元素（铂、铱、锇、钌、钯、铑）。由于它们对氧和其他试剂的稳定性，而且在地壳中含量少，开采和提炼也比较困难，价格也比一般金属高，因而得名贵金属。贵金属的特点是密度大（$10.4～22.4g/cm^3$），熔点高（最高可达 3000℃），化学性质稳定，抗酸、碱，难于腐蚀（银和钯除外）。

贵金属广泛地应用于电子工业和宇宙航空工业等部门。体育活动中用于制作金、银牌，人们生活中用于制作首饰。铂（俗称白金）是较金、银更贵的贵金属，但也得到了广泛应用。金具有良好的延展性，古建筑曾用为外装饰品。一些国家用金、银作为货币的储备物，有的则发行金币和银币用于流通。

1.2.2.4　稀有金属

稀有金属通常是指那些在自然界中存在很少，且分布稀散或难以从原料中提取的金属。稀有金属种类繁多，又分为稀有轻金属、稀有高熔点金属、分散金属、稀土金属和放射性金属。稀有金属包含的种类及金属特性见表 1-1。

表 1-1　稀有金属种类及金属特性

分类名称	说　明
稀有轻金属	稀有轻金属包括锂、铍、铷、铯。这类金属密度小（$0.53 \sim 1.9 \text{g/cm}^3$），化学性质活泼，性能独特，如锂、铍在发展核能、航天工业中具有重要地位
稀有高熔点金属	这类金属包括钨、钼、钽、铌、锆、铪、钒、铼等，其特点是熔点高（$1700 \sim 3400℃$）、硬度大、耐蚀性强，是高科技发展不可缺少的重要材料
分散金属（稀散金属）	分散金属包括镓、铟、锗、铊等。这些金属在地壳中分布分散，通常不能独立形成矿物和矿产，只能在提取其他金属过程中综合回收。分散金属产量低，产皮密度高，性能独特，在电子、核能等现代工业中占重要地位
稀土金属	稀土金属包括镧系元素（镧、铈、镨、钕、钷、钐、铕、钆、铽、镝、钬、铒、铥、镱、镥）以及性质与镧系元素相近的钪和钇。这类金属原子结构相同，物理化学性质相近，化学活性很强，几乎能与所有元素作用。稀土金属提纯困难，直至今日仍有不少产品以"混合金属"生产
稀有放射性金属	这类金属包括天然放射性元素钋、镭、锕、钍、铀、镤以及人造放射性元素锝、钷、镄、钚和人造超铀元素镅、锔、锫、锎、锿、镄、钔、锘、铹等。这些元素在矿石中往往是彼此共生，也常常与稀土矿物伴生。放射性金属具有强烈的放射性，是核能工业的主要原料

1.2.2.5　半金属

物理和化学性质介于金属与非金属之间的化学元素称为半金属，一般是指硅、硒、碲、砷和硼。此类金属根据各自的特性，具有不同的用途。硅是半导体用主要材料之一，与硼一样也是制造合金的添加元素；高纯碲、硒和砷是制造化合物半导体的原料；砷虽是非金属，但又能传热和导电。

1.2.3　新型金属材料

（1）超塑性合金。超塑性合金是指金属在某一小应力状态下，表现出像麦芽糖一样的黏滞现象，即产生黏滞变形，达到非常大的变形量不出现缩颈，也不发生断裂的材料。超塑性现象在 20 世纪 20~30 年代被发现，但到 70 年代才成功地应用于金属的成型加工。据统计，目前已在 100 多种金属合金中观察到超塑性现象。利用材料的超塑性进行加工，加工速度慢，工作效率低，但超塑性加工又是一种固态铸造方式，成型零件尺寸精度高，可制备复杂零件。由于超塑性的组织细，易于和其他金属和合金压接在一起，形成复合材料。根据超塑性机理，超塑性合金可分为以下两种：

1）细晶超塑性。要产生细晶超塑性，其必要条件是：温度要高，约为熔点的 $0.4 \sim 0.7$ 倍（绝对温度）；应变速率 ε 要小，通常 $\varepsilon \leqslant 10^{-3} \text{s}^{-1}$；材料的晶粒为非常细的等轴晶粒，晶粒直径小于 $5\mu m$。一般金属的晶粒平均直径在 0.1mm 左右，约减小到 $5\mu m$ 以下时，金属合金就获得细晶超塑性。

2）相变超塑性。在金属合金发生固态相变的温度附近，反复地进行加热和冷却循环，在此过程中对金属合金施加一定的外力而引起的超塑性变形，称为相变超塑性或动态超塑性。

超塑性现象不仅可以应用在金属及合金的形变加工，而且利用超塑性还可以实现固态下金属及合金的接合。

（2）金属玻璃。金属玻璃又称为非晶态合金。所谓非晶态，是相对晶态而言，它是物质的另一种结构状态，传统的玻璃就是典型的非晶态。它不像晶态那样，原子在三维空间做有规则的周期性重复排列，而是一种长程无序、短程有序的结构。1959 年美国加州理工学院的杜威兹（Duwez）采用合金从熔化状态喷射到冷的金属板上的方法处理 Au-Si 二元合金，经 X 射线衍射测试发现此二元合金不是晶态，而是非晶态。人们用超高速冷却的方法（冷速达到每秒 100 万度或更高），使凝固后的 Au-Si 合金中的原子仍基本上保持着原来液态时的堆积状态，并没有发生结晶过程。因此，将这种合金称为非晶态合金。非晶态合金的出现，对传统金属及合金结晶概念产生了巨大冲击，引起科技界专家的关注。自 60 年代以来，对非晶态合金的制备方法、结构及性能等进行了大量研究。制成的非晶态合金有很多种，一般是由过渡族金属元素（或贵金属）与类金属元素组成的合金。所以，人们把非晶态合金又称为"玻璃态金属"或"金属玻璃"。金属玻璃是目前材料科学中广泛研究的一个新领域，也是一类发展较为迅速的新材料，其根本原因是金属玻璃的物理、化学性能比相应的晶态合金更佳。

（3）超导材料。超导，又称超导电性，当前是指某些材料被冷却到低于某个转变温度时电阻突然消失的现象。具有超导性的材料即被称为超导材料。零电阻和完全抗磁性是超导材料的两个最基本的宏观特性。除此之外，还有约瑟夫森（Josephson）隧道效应和磁通量子化。

由于超导材料没有电阻，在很多方面会引起重大突破，应用前景广阔。从 1911 年到现在，人们对超导现象进行了大量的研究，在数千种物质中发现了超导电性。如可制造超导变压器、超导电缆、超导电动机、超导磁悬浮列车、超导电磁炮等，对国民经济和国防建设具有重大战略意义。超导材料之所以在几十年时间里没有得到广泛应用，其原因在于难以制造工程用的超导材料，又难以保持很低的工作温度，还有人们对超导的机制认识不很清楚。1935 年伦敦兄弟写出了第一个超导体的电动力学方程，并推出穿透深度效应。1950 年皮帕德推广伦敦理论，提出相干长度的概念。1957 年巴丁、库柏、徐瑞佛合作提出微观超导体理论，即 BCS 理论，人们才真正弄清了超导的本质。这样，超导理论才获得重大突破。特别是近 20 多年来，超导技术在理论、材料、应用和低温测试方面都取得了很大的进展，有的已开始实际应用，并逐步商品化。超导材料的发现是 20 世纪物理学的一项重大成就，它为人类展现出一个前景十分广阔的崭新的技术领域，必将引发一场科学技术革命。

（4）形状记忆合金。形状记忆合金（Shape Memory Alloy）是指某些合金材料在某一温度下受外力而变形，当外力去除后，仍保持其变形后的形状，但当温度上升到某一温度，合金材料会自动恢复到变形前原有的形状，并对以前的形状保持记忆，这种合金材料就称为形状记忆合金。形状记忆合金作为一种新型功能材料，已发展成为独立的学科分支。自 1963 年发现 TiNi 合金具有形状记忆效应之后，对形状记忆合金材料的研究进入到一个新的阶段。

20 世纪 70 年代初，发现 CuAlNi 合金具有良好的形状记忆效应，后来在铁基合金、FeMnSi 基合金和不锈钢中也发现了形状记忆效应，并在工业中得到了应用。1975～1980年，主要研究形状记忆合金的形状记忆效应机制及其密切相关的相变伪弹性效应。到 80年代，科学家终于突破了 TiNi 合金研究中的难点，对形状记忆效应机制的研究逐步深入，应用范围不断拓宽，在机械、电子、化工、宇航、运输、建筑、医疗、能源和日常生活中均获得应用，形状记忆合金是一种"有生命的合金"，相信在若干年或几十年后一定会出现重大突破。

（5）贮氢合金。在一定温度和氢气压力下，能多次吸收、贮存和释放氢气的材料称为贮氢合金。贮氢合金为什么能吸氢？因为氢是一种很活泼的元素，能与许多金属起化学反应，生成金属氢化物。金属与氢的反应，是一个可逆过程。是金属吸氢生成金属氢化物，还是金属氢化物分解释放出氢，要受温度、压力与合金成分的控制。由于氢是以固态金属氢化物的形式存在于贮氢合金中，氢原子密度要比同样温度压力条件下的气态氢大1000 倍，也就是说，相当于贮存 1000 个大气压的高压氢气。从理论上讲，某些贮氢合金，吸收与氢气瓶贮氢体积相等的氢气，其质量只有氢气瓶的 1/3，而体积却不到氢气瓶的 1/100。因此，用贮氢合金贮氢，既不需要贮存高压氢气的体积庞大的钢瓶，也不需要贮存液态氢的低温设备和绝热措施，安全可靠。更为重要的是：贮氢合金不仅具有贮氢本领，而且还能进行能量转换。人们利用贮氢合金吸氢、放氢的过程与温度、压力之间的关系，实现化学能—热能—机械能之间的转换。金属在吸氢时生成金属氢化物，放出热量，把化学能转化为热能；在分解放出氢时，吸收热量，又把热能转换为化学能。利用贮氢合金这种功能把生产中的余能转变为化学能贮存起来，可以有效地利用能源。

（6）电子信息和敏感材料。人们把应用在信息技术方面的新材料，叫做信息材料。而信息材料的发现和使用与电子、光电子技术密切联系，因此，人们又把信息材料称为电子信息材料。金刚石薄膜作为电子信息材料，应用前景十分广泛。在航天及高温状态下的半导体器件中都广泛应用。铁电材料是具有铁电效应（即自发电极化现象）的一种材料。该材料具有一个或两个临界温度，使材料发生结构相变。也就是电极化相（铁电相）与非电极化相（顺电相）相变。铁电存储器是利用电容器放电原理，存贮单元是一个简单的电荷存放单元。在高密度存储方面铁电存储器有相当优势。铁电材料的电荷存放密度比原来半导体存储器中的氮化物-氧化物有数量级的提高，256 千位器件就具有满意的工作性能，使铁电存储器的应用变得更加广泛。

敏感材料是指一些具备一种能敏锐地感受被测量物体的某种物理量大小和变化的信息，并将其转换成电信号或光信号输出特性的材料。敏感材料根据它的功能可分为热敏、压敏、湿敏、气敏、力敏、磁敏、光敏、声敏、离子敏、射线敏和生物敏等类型。利用敏感材料可制备各种传感器，广泛应用在自动控制、自动测量、机器人、汽车和计算机外部设备等。传感器是重要的信息获取材料，它是利用材料具有不同的物理、化学和生物效应制成对光、声、磁、电、力、温度、湿度和气体等敏感的器件，是信息获取、感知和转换所必需的元件，同时也是自动控制和遥感技术的关键。

1.3 金属材料的性能

金属材料的性能决定着材料的适用范围及应用的合理性。为更合理使用金属材料，充分发挥其作用，必须掌握各种金属材料制成的零、构件在正常工作情况下应具备的性能（使用性能）及其在冷热加工过程中材料应具备的性能（工艺性能）。材料的使用性能包括物理性能（如密度、熔点、导电性、导热性、热膨胀性、磁性等）、化学性能（耐腐蚀性、抗氧化性）及力学性能（也称机械性能）。

1.3.1 力学性能

材料受力后就会产生变形，材料力学性能是指材料在受力时的行为。图 1-3 描述了材料力学性能的主要指标。其中，强度是使材料破坏的应力大小的度量，塑性是材料在破坏前永久应变的数值，韧性是材料在破坏时所吸收的能量的数值。

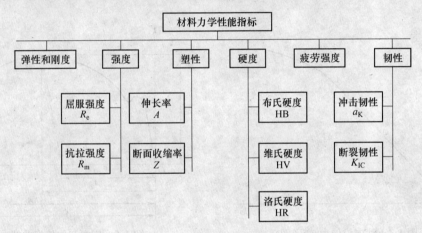

图 1-3 材料力学性能指标

1.3.1.1 弹性和刚度

材料在弹性变形阶段，其应力和应变成正比例关系（即符合胡克定律），其比例系数称为弹性模量 E（也称杨氏模量），单位兆帕（MPa）。E 标志着材料抵抗弹性变形的能力，用以表示材料的刚度。弹性模量测量时通常采用拉伸试验，在图 1-4 中的 $F\text{-}\Delta l_{el}$（力-变形）曲线上，OA 段为弹性直线段，在此阶段，如卸去载荷，试样伸长量消失，试样恢复原状。在此直线段上读取相距尽量远的力的变化量 ΔF 和变形变化量 Δl，其杨氏模量的计算式为：

$$E = \left(\frac{\Delta F}{S_0}\right) \Big/ \left(\frac{\Delta l}{L_{el}}\right) = \frac{\Delta F L_{el}}{\Delta l S_0} \tag{1-1}$$

式中　L_{el}——试样轴向引伸计标距；

　　S_0——试样平行长度部分的原始面积。

1.3.1.2 塑性

材料在外力作用下，产生永久残余变形而不发生断裂的能力，称为塑性。如图 1-5 应力（R）与伸长率（e）曲线中，表示延伸的有最大力总伸长率 A_{gt}、最大力塑性伸长率 A_g、断裂总伸长率 A_t 和断后伸长率 A。工程上常用断后伸长率和断面收缩率作为材料的塑性指标。断后伸长率和断面收缩率按式（1-2）和式（1-3）计算。

（1）断后伸长率 A：

$$A = \frac{L_u - L_0}{L_0} \tag{1-2}$$

式中　L_0 ——原始标距；

　　　L_u ——断后标距。

（2）断面收缩率 Z：

$$Z = \frac{S_0 - S_u}{S_0} \tag{1-3}$$

式中　S_0 ——平行长度部分的原始横截面积；

　　　S_u ——断后最小横截面积。

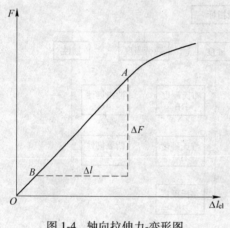

图1-4　轴向拉伸力-变形图

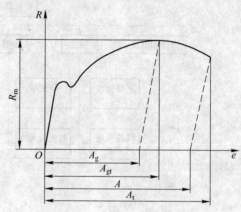

图1-5　应力与伸长率曲线

1.3.1.3　强度

在外力作用下，材料抵抗变形和破坏的能力称为强度。根据外力的作用方式，有多种强度指标，如抗拉强度、抗弯强度、抗剪强度等。当材料承受拉力时，强度性能指标主要是屈服强度和抗拉强度。

A　屈服强度 R_e

物体受到载荷作用后，若载荷超过某值后，卸去外加载荷，试样会留下不能恢复的残余变形，这种不能随载荷去除而消失的残余变形称为塑性变形。变形时，物体内质点由弹性状态进入到塑性状态的这种过渡称为屈服。屈服时的应力值称为屈服强度，记为 R_e。屈服应区分上屈服强度和下屈服强度，如图1-6所示。上屈服强度 R_{eH} 为材料发生屈服应力首次下降前的最大应力。下屈服强度 R_{eL} 为在屈服期间，不计初始瞬时效应时的最小应力。有的塑性材料没有明显的屈服现象发生，对于这种情况，用试样标距长度产生0.2%塑性变形时的应力值作为该材料的屈服强度，以 $R_{p0.2}$ 表示。机械零件在使用时，一般不允许发生塑性变形，所以屈服强度是大多数机械零件设计时选材的主要依据也是评定金属材料承载能力的重要力学性能指标。材料的屈服强度越高，允许的工作应力越高，零件所需的截面尺寸和自身重量就可以较小。

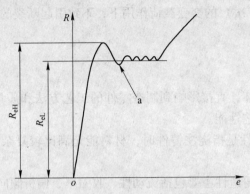

图 1-6　上屈服强度及下屈服强度

e—伸长率；R—应力；R_{eH}—上屈服强度；R_{eL}—下屈服强度；a—初始瞬时效应

B　抗拉强度 R_m

试样拉断前承受的最大应力 R_m，称为抗拉强度或强度极限（见图 1-5）。它也是零件设计和评定材料时的重要强度指标。R_m 测量方便，如果单从保证零件不产生断裂的安全角度考虑，可用作为设计依据，但所取的安全系数应该大一些。屈服强度与抗拉强度的比值 R_p/R_m 称为屈强比。屈强比小，工程构件的可靠性高，说明即使外载或某些意外因素使金属变形，也不至于立即断裂。但屈强比过小，则材料强度的有效利用率太低。

1.3.1.4　硬度

硬度是材料表面抵抗局部塑性变形、压痕或划裂的能力。通常材料的强度越高，硬度也越高。硬度测试应用最广的是压入法，即在一定载荷作用下，用比工件更硬的压头缓慢压入被测工件表面，使材料局部塑性变形而形成压痕，然后根据压痕面积大小或压痕深度来确定硬度值。从这个意义来说，硬度反映材料表面抵抗其他物体压入的能力。工程上常用的硬度指标有布氏硬度（HBS、HBW）、洛氏硬度（HKA、HKB、HRC）和维氏硬度（HV）等。

1.3.1.5　韧性

材料的韧性是断裂时所需能量的度量。描述材料韧性的指标通常有两种：

（1）冲击韧性 a_K。冲击韧性是在冲击载荷作用下，抵抗冲击力的作用而不被破坏的能力。通常用冲击韧性指标 a_K 来度量。a_K 是试件在一次冲击实验时，单位横截面积（m^2）上所消耗的冲击功（MJ），其单位为 MJ/m^2。a_K 值越大，表示材料的冲击韧性越好。

（2）断裂韧性 K_{IC}。临界应力强度因子或断裂韧性，用 K_{IC} 表示。它反映了材料抵抗裂纹扩展和抗脆断的能力。材料的断裂韧性 K_{IC} 与裂纹的形状、大小无关，和外加应力也无关，只决定于材料本身的特性（成分、热处理条件、加工工艺等），是一个反映材料性能的常数。

1.3.1.6　疲劳强度

以上几项性能指标，都是材料在静载荷作用下的性能指标。而许多零件和制品，经常受到大小及方向变化的交变载荷，在这种载荷反复作用下，材料常在远低于其屈服强度的应力下即发生断裂，这种现象称为"疲劳"。材料在规定次数（一般钢铁材料取 10^7 次，有色金属及其合金取 10^8 次）的交变载荷作用下，不致引起断裂的最大应力称为"疲劳极限"。

1.3.2　工艺性能

材料工艺性能的好坏，直接影响到制造零件的工艺方法和质量以及制造成本。所以，选材时必须充分考虑工艺性能。

（1）铸造性。铸造性是指浇注铸件时，材料能充满比较复杂的铸型并获得优质铸件的能力。

对金属材料而言，铸造性主要包括流动性、收缩率、偏析倾向等指标。流动性好、收缩率小、偏析倾向小的材料其铸造性也好。对某些工程塑料而言，在其成型工艺方法中，也要求有较好的流动性和小的收缩率。

（2）可锻性。可锻性是指材料是否易于进行压力加工的性能。可锻性好坏主要以材料的塑性和变形抗力来衡量。一般来说，钢的可锻性较好，而铸铁不能进行任何压力加工。热塑性塑料可经过挤压和压塑成型。

（3）可焊性。可焊性是指材料是否易于焊接在一起并能保证焊缝质量的性能，一般用焊接处出现各种缺陷的倾向来衡量。低碳钢具有优良的可焊性，而铸铁和铝合金的可焊性就很差。某些工程塑料也有良好的可焊性，但与金属的焊接机制及工艺方法并不相同。

（4）切削加工性。切削加工性是指材料是否易于切削加工的性能。它与材料种类、成分、硬度、韧性、导热性及内部组织状态等许多因素有关。有利切削的硬度为 HB160～230，切削加工性好的材料，切削容易，刀具磨损小，加工表面光洁。金属和塑料相比，切削工艺有不同的要求。

（5）冲压成型性能。冲压成型性能是指板料对各种冲压成型加工的适应能力，它涉及两个主要方面：一是成型极限，希望尽可能减少成型工序；另一是要保证冲压件质量符合设计要求。

1.4　金属材料成型方法

1.4.1　金属材料成型的地位和作用

现代金属材料的使用性能取决于材料的成分与结构、性质、制备与加工工艺（技术）。它们之间形成所谓的四面体关系如图 1-7 所示。材料的性能取决于内部结构，改变内部结构才能达到改变和控制材料性能的目的，而金属材料的制备与加工常常对材料使用性能起决定性作用。

目前，无论在机械制造业，还是在建筑、交通、电力、农业及日常生活等各方面都与金属材料加工密切相关。如图 1-8 给出机器（或设备）一般制造过程的示意图。由此可见，装配机器所需的零件都是通过不同的加工方法获得的，充分反映了材料制备与加工技术的重要作用和地位。

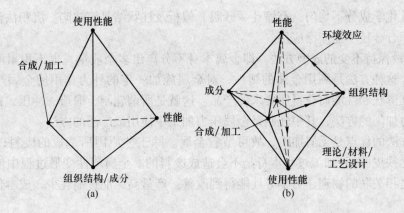

图 1-7 材料的四个基本要素

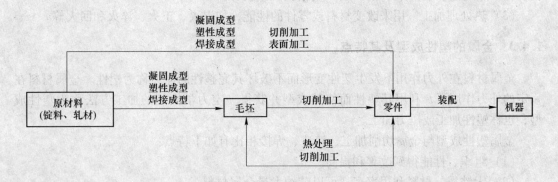

图 1-8 机械制造的一般过程

众所周知，在自然界中金属只有极少数以金属状态出现，一般是以氧化物、硫化物、碳酸盐等化合物的形式出现，因此，必须将矿石开采出来，通过冶金提取金属，然后再通过成型过程把冶炼获得的钢锭、连铸坯、铜板、铝锭等加工得到所需的零部件或实用的制品，来满足国民经济各个部门的需要。

1.4.2 金属加工方法的分类

（1）成型加工。用来改变材料的形状和尺寸，获得所需的形状和尺寸。根据材料加工过程质量的变化又可以分为以下几个方面：

1）减少质量的成型方法。即由大质量的金属上面去除一部分质量而获得一定形状及尺寸的工件。属于这种方法的有：车、刨、铣、磨、钻等金属切削加工；把金属局部去掉的冲裁与剪切、气割与电切；把金属制品放在酸或碱的溶液中蚀刻成花纹等蚀刻加工。

其优点是能得到尺寸精确，表面光洁，形状复杂的产品；缺点是原料消耗多，能量消耗大，成本高、生产率较低，对金属结构和性质没有改善。

2）增加质量的成型方法。即由小质量的金属逐渐积累成大质量的产品。属于这种方法的有铸造、电解沉积、焊接与铆接、烧结与胶结等。

其优点在于能获得形状更为复杂的产品，成型过程中除技术因素外没有产生废品的条件，原料消耗少，故较为经济；缺点是力学性能较低，且存在难以消除的缺陷，如铸件中存在组织及化学成分不均匀，有缩孔、砂眼、偏析及柱状结晶等缺陷。沉积法没有铸造缺陷，但沉积合金还不能广泛应用。

3）质量保持不变的成型方法。即金属本身不分离出多余质量，也不积累增加质量的成型方法。这种方法是利用金属的塑性，对金属施加一定的外力作用使金属产生塑性变形，改变其形状和性能而获得所要求的产品。这就是所谓轧制、锻造、冲压、拉拔、挤压等金属压力加工的方法，其中轧制是金属压力加工中使用最广泛的方法。

这种方法的优点是无屑加工，故可节省金属。除工艺原因所造成的废料以外（如切头尾、氧化铁皮等），加工过程本身是不会造成废料的。金属塑性变形过程中使其内部组织以及与之相关联的物理、力学等性能得到改善。产量高，能量消耗少，成本低，适于大量生产。

（2）表面成型加工。用来改变零件的表面状态和（或）性能，如表面形变及淬火强化、化学热处理、表面涂（镀）层和气相沉积镀膜等。

（3）热处理加工。用来改变材料或零件的性能，如退火、正火、淬火和回火等。

1.4.3　金属的塑性成型及其特点

金属材料在外力作用下发生塑性变形而不破坏其完整性的能力称为塑性。金属材料在一定的外力作用下，利用其塑性而使其成型并获得一定力学性能的加工方法称为塑性成型，也称塑性加工或压力加工。

金属塑性成型与金属切削加工、铸造、焊接相比有如下特点：

（1）组织、性能得到改善和提高。

（2）无铁屑，材料利用率高，可以节约大量金属材料。

（3）尺寸精度高。

（4）生产效率高，适于大批量的生产。

1.4.4　金属塑性成型的分类

金属塑性成型的种类很多，分类方法也较多。通常按加工时工件的受力、变形方式和加工温度分类。

1.4.4.1　按加工时工件的受力和变形方式分类

A　压力作用

锻造是用锻锤运动锤击或用压力机压头压缩工件。锻造分自由锻和模锻两种基本形式，其中自由锻又有镦粗、延伸以及切断等工艺。锻造工艺可生产各种轴类、曲柄和连杆，如图1-9所示。

轧制是坯料通过转动的轧辊受到压缩，使其断面减小、形状改变、长度增加。它可分为纵轧、横轧和斜轧三种形式，如图1-10所示。纵轧时，两个工作轧辊旋转方向相反，轧件的纵轴线与轧辊轴线垂直。横轧时，工作轧辊旋转方向相同，轧件的纵轴线与轧辊轴线平行。斜轧工作轧辊的旋转方向相同，轧件的纵轴线与轧辊轴线成一定的倾斜角。利用轧制方法可生产板带材、简单断面和复杂断面型钢、管材、回转体（如变断面的轴、齿轮等）、各种周期断面型材、丝杠、麻花钻头和钢球等。

挤压是把坯料放在挤压筒中，垫片在挤压轴的推动下，迫使金属从一定形状和尺寸的

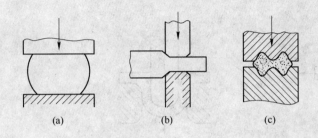

图 1-9　锻造工艺示意图
（a）镦粗；（b）延伸；（c）模锻

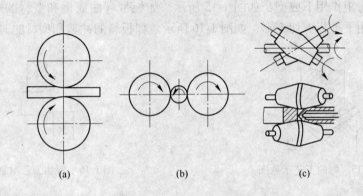

图 1-10　锻造工艺示意图
（a）纵轧；（b）横轧；（c）斜轧

模孔中挤压出。挤压有正挤压和反挤压两种基本形式，如图 1-11 所示。正挤压时，挤压轴的运动方向与金属挤出方向一致；反挤压时，挤压轴的运动方向与金属从模孔中挤出的方向相反。挤压法可生产各种断面的型材和管材。

　　B　拉力作用

　　拉拔是用拉拔机的钳子夹住金属，使金属从一定形状和尺寸的模孔中拉出，如图 1-12 所示，拉拔一般是在冷状态下进行，产品表面粗糙度降低，尺寸精确度及金属的强度均有所

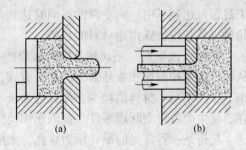

图 1-11　挤压工艺示意图
（a）正挤压；（b）反挤压

增加。拉拔产品种类很多，可生产各种断面的型材、线材和管材，被广泛地应用在电线、电缆线、金属网以及各种仪器制造业中。

　　冲压属于板料成型，是用冲头将金属板顶入凹模，冲压成所需形状和尺寸的产品，如图 1-13 所示。冲压一般在室温下进行，通常称为冷冲压。薄板的冲压生产产品有飞机零部件、子弹壳、汽车零件、仪表零件以及日常生活用品，如锅、碗、勺、盆等。

　　拉伸是板料在外力作用沿一定形状的模具包制成型，如图 1-14 所示。如带材的拉力矫直等。

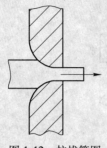 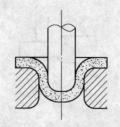 

图 1-12 拉拔简图   图 1-13 冲压工艺示意图   图 1-14 拉伸工艺示意图

C   弯矩和剪力作用

弯曲是在弯矩作用下成型，如图 1-15 所示。如板带弯曲成型和型材的矫直。剪切是坯料在剪力作用下进行剪切变形，如图 1-16 所示。如板料的冲剪和型材的剪切。

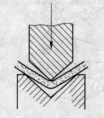   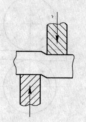

图 1-15 弯曲工艺示意图   图 1-16 剪切工艺示意图

D   组合加工变形方式

把上述基本加工变形方式组合起来，形成新的组合加工变形过程。如轧制和其他基本加工变形方式的组合，即轧制与锻压、挤压、拉拔、弯曲和剪切的复合加工。一个复合加工过程可达到其中一两个目的或同时达到几个目的，最终达到节能、节材，高产优质，多品种以及获得特殊用途材料的目的。

锻轧（或辊锻）是坯料被镶有锻模的一对反向转动的轧辊咬入后产生局部塑性变形，从而得到各种制坯和成品锻件的加工方式，如图 1-17 (a) 所示。它与锻压相比设备吨位小、生产率高、材料消耗少、模具寿命长、易于实现机械化和自动化、公害小、劳动条件好、可生产各种变断面零件。如汽车用经济变断面弹簧用锻轧法生产就很经济。

轧挤是一种常见的纵轧压力穿孔，如图 1-17 (b) 所示。它可对斜轧法难以穿孔的连铸坯（如易开裂和折叠）进行穿孔，并能用方坯代替圆坯。轧挤工艺可提高生产率和成品率，且投资少、耗能低。

拔轧是工件前端在外拉力作用下，通过由游动辊组成的孔型，拔制出各种实心和空心的断面形状制品，如图 1-17 (c) 所示。拔轧的主要优点是拉拔力低、拔轧道次和总变形增加、工具费用低、对润滑剂要求不高、比常规轧制的宽展小、工件形状易于控制、适用于拉拔异形件。拔轧机结构简单、动力小、投资省，是盘条、棒材、管材深加工的高效生产方法。

辊弯是在辊弯轧机上，通过一系列轧辊孔型，将热轧带材或退火后的冷轧带材逐渐弯曲成要求外廓形状的型材，如图 1-18 所示。辊弯成型不仅可以得到外形复杂的开口或闭口型材，还可生产各种断面的冷弯型材和特殊型材。

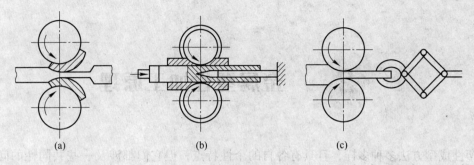

图 1-17　组合加工变形

（a）锻轧工艺示意图；（b）轧挤工艺示意图；（c）拔轧工艺示意图

　　辊弯与热轧型材相比可节约金属 25% ~ 35%，产品精度高、生产连续化、设备投资少、制造机构装配容易、节约劳动力，有着显著的经济效益。

　　异步轧制是利用上下工作辊的线速度不相等，造成上下辊辊面对轧件摩擦力方向相反的搓轧条件的轧制过程，如图 1-19 所示。与常规轧制相比，异步轧制能显著减少轧制道次和中间退火次数，尤其是对轧制薄而硬的带材，可大幅度降低轧制压力，得到良好的板形。

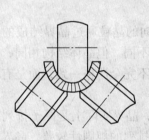

图 1-18　辊弯工艺示意图

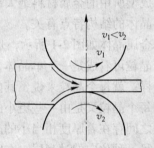

图 1-19　异步轧制工艺示意图

1.4.4.2　根据加工时工件的温度特征分类

按加工时工件的温度特征，金属塑性成型可分为热加工、冷加工和温加工。

（1）热加工：再结晶温度以上进行的加工。

（2）冷加工：在不产生回复和再结晶的温度以下进行的加工。

（3）温加工：在产生回复的温度下进行的加工。

习　题

1-1　按组成不同，材料可分为哪四类？根据用途，材料又可分为哪两类？

1-2　工程材料科学的四要素是什么？

1-3　金属材料的使用性能和工艺性能包括哪些？分析如何提高材料的性能？

1-4　与其他加工方法相比，金属塑性成型方法有哪些特点？

1-5　常见的塑性加工方法有哪些？按加工温度分，金属塑性成型分为哪几种？

1-6　选择日常所见的零件或制品，分析一下它所采用的加工方法。

2　金属塑性加工原理

塑性成型方法多种多样，且具有各自的个性特点，但它们都涉及一些共同性的问题，主要有：塑性变形的物理本质和机理；塑性变形过程中金属的塑性行为、组织性能的变化规律；变形体内部的应力、应变分布和质点流动规律；所需变形力和变形功的合理评估等。研究和掌握这些共性问题，对于保证塑性加工的顺利进行和推动工艺的进步均具有重要的理论指导意义。为学习各种塑性成型技术奠定理论基础。

2.1　金属塑性加工的物理本质

塑性成型所用的金属材料绝大部分是多晶体，其变形过程较单晶体的复杂得多，这主要是与多晶体的结构特点有关。

实际金属晶体如图 2-1 所示，是由许多处于不同位向的晶粒通过晶界结成的多晶体结构，每个晶粒可看成是一个单晶体，相邻晶粒彼此位向不同，但晶体结构相同，化学组成也基本一样。就每个晶粒来说，其内部的结晶学取向并不完全严格一致，而是有亚结构存在，也即每个晶粒又是由一些更小的亚晶粒组成。

晶粒之间存在着厚度相当小的晶界，如图 2-2 所示，晶界实际上是原子排列从一种位向过渡到另一种位向的过渡层，在空间上呈网状，原子排列的规则性较差。晶界的结构与相邻两晶粒之间的位向差有关，一般可分为小角度晶界和大角度晶界。小角度晶界由位错组成，最简单的情况是由刃型位错垂直堆叠而构成的倾斜晶界。实际多晶体金属通常都是大角度晶界，其晶界结构很难用位错模型来描述，可以笼统地把它看成是原子排列混乱的区域，并在该区域内存在着较多的空位、位错及杂质等。正因为如此，晶界表现出许多不同于晶粒内部的性质，室温时晶界的强度和硬度高于晶内，而高温时则相反；晶界中原子的扩散速度比晶内原子快得多；晶界的熔点低于晶内；晶界易被腐蚀等。

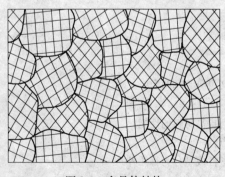

图 2-1　多晶体结构

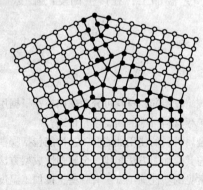

图 2-2　多晶体的晶间原子排列

2.1.1 单晶体的塑性变形

从微观角度来看，金属在外力作用下，其内部产生应力，应力改变了原子间的距离和位置，在宏观上表现为金属的弹性变形和塑性变形。单晶体的塑性变形主要是通过滑移和孪生两种方式进行。

2.1.1.1 *滑移*

如图 2-3 所示，晶体（单晶体或构成多晶体中的一个晶粒）在剪应力的作用下，晶体的一部分沿一定的晶面和晶向相对于晶体的另一部分发生相对移动。这些晶面和晶向分别称为滑移面和滑移方向。滑移的结果是大量原子逐步地从一个稳定位置移到另一个稳定位置，产生宏观的塑性变形。

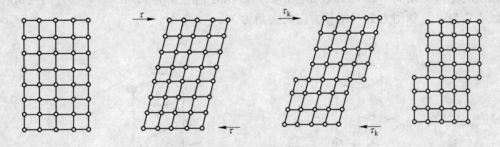

图 2-3　单晶的滑移模式

一般来说，滑移总是沿着原子密度最大的晶面和晶向发生，因为原子密度最大的晶面和晶向，原子间距小，原子间结合力强，而晶面间的距离则较大，晶面与晶面之间的结合力较弱，滑移阻力当然也较小。通常每一种晶胞可能存在几个滑移面，而每一滑移面上同时存在几个滑移方向，一个滑移面和其上的一个滑移方向，构成一个滑移系，表 2-1 列出一些金属晶体的主要滑移面、滑移方向和滑移系。

表 2-1　几种金属的主要滑移面、滑移方向和滑移系

晶格	体心立方晶格	面心立方晶格	密排六方晶格
滑移面	{101}×6	{111}×4	{0001}×1
滑移方向	<111>×2	<110>×3	<120>×3
滑移系	6×2＝12	4×3＝12	1×3＝3
金　属	α-Fe、Cr、W、V、Mo	Al、Cu、Ag、Ni、γ-Fe	Mg、Zn、Cd、α-Ti

　　滑移系多的金属要比滑移系少的金属变形协调性好、塑性高，如面心立方金属比密排六方金属的塑性好。至于体心立方金属和面心立方金属，虽然同样具有 12 个滑移系，后者塑性却明显优于前者，这是因为就金属的塑性变形能力来说，滑移方向的作用大于滑移面的作用，体心立方金属每个晶胞滑移面上的滑移方向只有两个，而面心立方金属的却有三个，因此后者的塑性变形能力更好。

　　滑移系的存在只说明金属晶体产生滑移的可能性。要使滑移能够发生，需要沿滑移面的滑移方向上作用有一定大小的剪应力，称为临界剪应力。

　　当晶体受力时，由于各个滑移系相对于外力的空间位向不同，其上所作用的剪应力分量的大小也必然不同。以拉伸单晶体为例，当以外力 P 拉伸晶体，滑移将沿着滑移面和滑移方向进行（见图 2-4（a）），滑移面上的剪应力 τ 的大小由滑移面相对于拉力方向的取向所决定（见图 2-4（b）），设晶体横断面面积为 F_0，滑移面面积为 F，外力与滑移面法线夹角为 φ，作用力 P 与滑移方向的夹角为 λ。

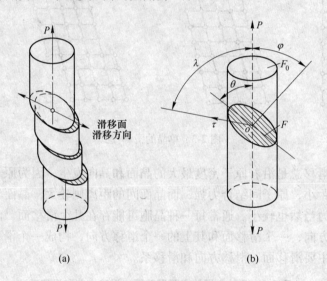

图 2-4　单晶体滑移
（a）滑移面和滑移方向；（b）滑移面上的切应力分析

　　作用在横断面 F_0 上的正应力为：$\sigma_0 = \dfrac{P}{F}$。作用在滑移面上，沿作用力方向的应力为：$\sigma = \dfrac{P}{F} = \dfrac{P}{F_0} \cdot \cos\varphi = \sigma_0 \cdot \cos\varphi$。作用在滑移面上，沿滑移方向的分切应力为：$\tau = \sigma \cdot \cos\lambda = \sigma_0 \cdot \cos\varphi \cdot \cos\lambda$。

　　当 τ 达到 τ_k 时，垂直横截面的应力 σ_0 达到屈服极限 σ_s，即

$$\sigma_s = \frac{\tau_k}{\cos\varphi \cdot \cos\lambda} \tag{2-1}$$

　　令 $\mu = \cos\varphi \cdot \cos\lambda$，称为取向因子。通常把 μ 为 0.5 或接近于 0.5 的取向称为软取向，而把 μ 为零或接近于零的取向称为硬取向。

　　临界剪应力的大小取决于金属的类型、纯度、晶体结构的完整性、变形温度、应变速

率（即单位时间内的应变）和预先变形程度等因素。当化学成分中两组元在固态互溶的合金中，溶质元素量增大时，合金的临界切应力增大；金属中含有杂质时，也会使临界切应力增大，并且含量越多增大的越多，这是因为溶入的杂质会使晶体的点阵产生畸变，杂质原子与金属原子尺寸的差别越大溶解量越大，引起的晶体点阵畸变就越强烈；温度升高，临界切应力降低，温度越高降低得越厉害，这是因为温度升高后，原子的活动能力增大而使结合力下降；预先的塑性变形使临界切应力升高（加工硬化），一般认为，这是由于变形引起点阵畸变造成的。

2.1.1.2 孪生

孪生是晶体在剪应力作用下，晶体的一部分沿着一定的晶面（称为孪生面）和一定的晶向（称为孪生方向）发生均匀切变。孪生变形后，晶体的变形部分与未变形部分构成了镜面对称关系，镜面两侧晶体的相对位向发生了改变，但不改变晶体的点阵类型，晶体的孪生变形部分称为"形变孪晶"。

如图 2-5 所示，孪生也是通过位错运动来实现的，但是产生孪生的位错，其柏氏矢量要小于一个原子间距，这种位错称为部分位错，所以孪生是由部分位错横扫孪生面而进行的。图 2-5（c）中圆圈表示晶格中变形前的原子位置，黑点表示变形后原子的新位置。

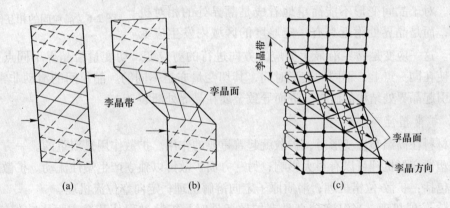

图 2-5　晶体的孪生示意图
(a) 变形前；(b) 变形后；(c) 孪晶变形时原子位移示意图

金属晶体究竟以何种方式进行塑性变形，取决于哪种方式变形所需的剪应力低。在常温下，大多数体心立方金属滑移的临界剪应力小于孪生的临界剪应力，所以滑移是优先的变形方式。对于面心立方金属，一般不发生孪生变形，但在极低温度（4~78K）或高速冲击载荷下，也不排除这种变形方式。再者，当金属滑移变形剧烈进行并受到阻碍时，往往在高度应力集中处会诱发孪生变形，孪生变形后由于变形部分位向改变，可能变得有利于滑移，于是晶体又开始滑移，二者交替地进行。密排六方金属，由于滑移系少，滑移变形难以进行，孪生的变形量不大，但能促进滑移，所以滑移和孪生变形可交替进行。

2.1.2 多晶体的塑性变形

多晶体是由许多微小的单个晶粒杂乱组合而成。其组织结构上的特点是：各个晶粒的形状和大小是不同的，化学成分和力学性能也不均匀；而各相邻晶粒的取向一般是不一样的；多晶体中存在大量的晶界，晶界的结构和性质与晶粒本身不同，晶界上聚集着杂质。因此，多晶体的塑性变形很复杂，当其中某一个晶粒变形时总要受到晶界和周围晶粒的限制。

2.1.2.1　多晶体的变形方式

多晶体的塑性变形既可在晶粒内部进行，又可在晶粒间进行。晶粒内部的塑性变形方式和单晶体变形机制一致，即滑移和孪生。晶间由于温度不同，表现出不同的变形机制。

A　晶粒的滑动和转动

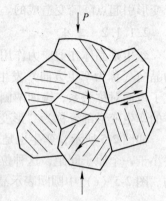

多晶体变形时，由于晶粒所处的位向不同，使其产生变形的难易程度也不同。当外力作用时，多晶体中的各个晶粒在滑移时滑移面要发生转动，在相邻晶粒间必然引起力的相互作用而可能产生一对力偶，这便引起相邻晶粒互相转动。如图 2-6 所示，在变形过程中，晶粒转动的方向和转角各不相同，而且相邻晶粒彼此又会互相牵制。

多晶体受力变形时，沿晶界处可能产生剪应力，当此剪应力足以克服晶粒彼此间相对滑动的阻力时，便发生相对滑动。对于晶间变形不能简单地看成是晶界处的相对机械滑移，而是晶界处附近具有一定厚度的区域内发生应变

图 2-6　晶粒间的相互作用

的结果。这一应变是晶界沿最大剪应力方向进行的剪应变，切变量沿晶界不同点是不同的，即使在同一点上，不同的变形时间，其切变量亦是不同的。晶粒间的滑动非常微小，否则将引起晶界处结构的破损，进而导致金属在晶界处断裂。

B　扩散塑性变形机制

当材料在高温塑性变形时，扩散就起着重要的作用。扩散作用是双重的。一方面，它对剪切塑性变形机理可以有很大影响；另一方面扩散可以独立产生塑性流动。扩散塑性变形机理包括：扩散-位错机理；溶质原子定向溶解机理；定向空位流机理。

扩散-位错机理：当温度较高具有扩散条件时，扩散过程从几个方面影响位错运动。扩散对刃位错的攀移和螺位错的割阶运动产生影响。特别是扩散对刃位错攀移速度的影响，在变形温度超过 $0.5T_m$，变形物体承受中等或较高应力水平时，是扩散-位错机理控制着蠕变过程的机理，也正是扩散-位错机理的速度控制着蠕变的速度。蠕变是弹性变形部分地转变为塑性变形的过程，也就是在应力恒定时，随着时间增长总变形量（弹性变形与塑性变形之和）增加的过程。在蠕变过程中，蠕变速率不断增加，很快导致材料的最终断裂。

溶质原子定向溶解机理：晶体没有受到力作用时，溶质原子在晶体中的分布是随机的，无序的。如碳原子在 α-Fe 铁中，加上弹性应力时，碳原子在棱边中点随机均匀分布的情况就破坏了，通过扩散，优先聚集在受拉的棱边，在晶体点阵的不同方向上产生了溶解碳原子能力的差别，称之为定向溶解。这种择优分布的固溶体不可避免地伴随着晶体点阵和整个试样的变形，也就是产生了所谓的定向塑性变形。应力松弛和弹性后效现象就是这种机理作用的结果。在应力作用下，溶质原子产生定向溶解；去掉应力后，定向溶解的状态又要消失。这种扩散引起的原子流动是可逆的。定向空位流机理则是由扩散引起的不

可逆的塑性流动机理。

对于多晶体，由于晶界不是平坦的平面，相邻的晶粒产生相对切变时，就必须伴随其他机制来协调，因此，多晶体的塑性变形是晶内滑移、晶间转动和滑动、扩散塑性变形机理综合作用的结果。

2.1.2.2 多晶体塑性变形的主要特点

A 晶粒变形的不同时性和相互协调性

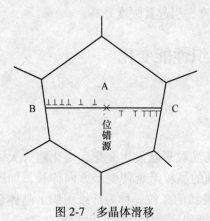

图 2-7 多晶体滑移

由于组成多晶体的各个晶粒位向不同，塑性变形不是在所有晶粒内同时发生，而是首先在那些位向有利、滑移系上的剪应力分量已优先达到临界值的晶粒内进行。对于周围位向不利的晶粒，由于滑移系上的剪应力分量尚未达到临界值，所以还不能发生塑性变形。此时已经开始变形的晶粒，其滑移面上的位错源虽然已经开动，但位错尚无法移出这个晶粒，仅局限在其内部运动，这样就使符号相反的位错在滑移面两端接近晶界的区域塞积起来，如图 2-7 所示。位错塞积群会产生很强的应力场，它越过晶界作用到相邻晶粒上，使其得到一个附加的应力。随着外加的应力和附加的应力的逐渐增大，最终使位向不利的相邻晶粒（如图 2-7 中的 B、C 晶粒）中的某些取向因子较小的滑移系的位错源也开动起来，从而发生相应的滑移。而晶粒 B、C 的滑移会使位错塞积群前端的应力松弛，促使晶粒 A 的位错源继续开动，进而位错移出晶粒，发生形状的改变，并与晶粒 B、C 的滑移以某种关系连接起来。这就意味着越来越多的晶粒参与塑性变形，塑性变形量也越来越大。

由于多晶体中的每个晶粒都是处于其他晶粒的包围之中，它们的变形不是孤立和任意的，而是需要相互协调配合，否则无法保持晶粒之间的连续性。故此，要求每个晶粒进行多系滑移，即除了在取向有利的滑移系中进行滑移外，还要求其他取向并非很有利的滑移系也参与滑移，只有这样，才能保证其形状作各种相应的改变，而与相邻晶粒的形变相协调。

B 变形的不均匀性

多晶体变形的另一个特点是变形的不均匀性。如图 2-8 所示，多晶体内某两相邻晶粒，A 晶粒屈服强度高，B 晶粒屈服强度低。产生塑性变形时，B 晶粒将比 A 晶粒产生更大的延伸，若两晶粒互无约束，其变形后应如图 2-8（b）中虚线所示。但两晶粒是彼此结合的完整体，变形中屈服强度高的 A 晶粒将给屈服强度低的 B 晶粒施加压应力；反之，B 晶粒给 A 晶粒施以拉力，其结果在 A 和 B 晶粒间增强了变形与应力分布的不均匀性。另一方面，软位向的晶粒首先发生滑移变形，而硬位向的晶粒继之变形，尽管它们的变形要相互协调，但最终必然表现出各个晶粒变形量的不同。另外，由于晶界的存在，

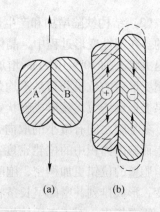

图 2-8 多晶体两相邻晶粒的变形
（a）变形前；（b）变形后

考虑到晶界的结构、性能不同于晶内的特点，其变形不如晶内容易。由于晶界处于晶粒的中间区域，要维持变形的连续性，晶界势必要起调和作用，也就是说，晶界一方面要抑制易变形晶粒，另一方面又促进难变形晶粒进行变形。必然引起晶内和晶界之间变形的不均匀性。

C　增加了塑性变形抗力

多晶体在塑性变形中出现的变形与应力的不均匀分布，将会使多晶体的变形抗力升高和塑性降低。另一方面，低温下晶界强度高于晶内强度，引起其强度升高。

2.2　金属塑性加工的组织性能变化

2.2.1　冷塑性变形对金属组织和性能的影响

2.2.1.1　塑性变形对组织结构的影响

（1）显微组织的变化。金属经冷加工变形后，其晶粒形状发生变化，变化趋势大体与金属宏观变形一致。例如，轧制变形时，原来等轴的晶粒沿延伸变形方向伸长，如图2-9所示。若变形程度很大，则晶粒呈现为一片如纤维状的条纹，称为纤维组织。晶体金属经冷态塑性变形后，晶粒内部还出现滑移带、孪生带和吕德斯带等组织特征。

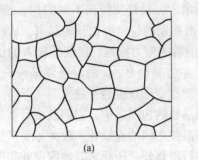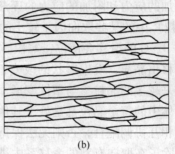

(a)　　　　　　　　　　　(b)

图 2-9　冷轧前后晶粒形状变化
（a）变形前的退火状态组织；（b）冷轧变形后组织

（2）结构缺陷增加和产生形变亚晶。已知金属的塑性变形主要是借位错的运动而进行的。在塑性变形过程中，晶体内的位错不断增殖，经很大的冷变形后，位错密度可从原先退火状态的 $10^6 \sim 10^7/cm^2$ 增加到 $10^{11} \sim 10^{12}/cm^2$。由于位错运动及位错交互作用的结果，金属变形后的位错分布是不均匀的。它们先是比较纷乱地纠缠成群，形成"位错缠结"。如果变形量增大，就形成胞状亚结构。这时变形的晶粒是由许多称为"胞"的小单元组成，各个胞之间有微小的取向差，高密度的缠结位错主要集中在胞的周围地带，构成胞壁；而胞内体积中的位错密度甚低。随着变形量进一步增大，胞的数量会增多、尺寸减小，胞壁的位错更加稠密，胞间的取向差增大，胞的形状甚至还会随着晶粒外形的改变而改变，形成排列甚密的呈长条状的形变胞。

需要指出，对于奥氏体钢、铜及铜合金等所谓低层错能的金属，由于位错交滑移困难，这类金属变形后位错的分布会比较均匀和分散，构成复杂的网络，尽管位错密度增加了，但不倾向于形成胞状亚结构。

（3）变形织构出现。多晶体塑性变形时伴随有晶粒的转动，当变形量很大时，多晶体中原为任意取向的各个晶粒，会逐渐调整其取向而彼此趋于一致，这种由于塑性变形的结果而使晶粒具有择优取向的组织，称为"变形织构"。如图 2-10 所示，金属或合金经轴对称拉拔或挤压变形后所有晶粒的某一晶向趋于与最大主应变方向平行，形成丝织构，经轧制变形后，各个晶粒的某一晶向趋于与轧制方向平行，而某一晶面趋于与轧制平面平行，形成板织构。由于变形织构的形成，金属的性能将显示各向异性，经退火后，织构和各向异性仍然存在。用具有织构的板材冲出的拉深件，其壁厚不均、沿口不齐，出现所谓"制耳"。

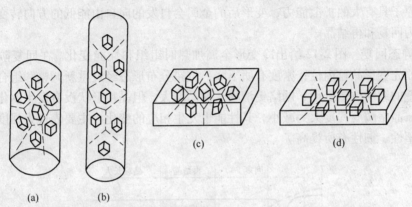

图 2-10　变形织构示意图
(a) 丝织构拉拔前；(b) 丝织构拉拔后；(c) 板织构轧制前；(d) 板织构轧制后

2.2.1.2　塑性变形对性能的影响

（1）加工硬化。由于上述组织的变化，必然导致金属性能的变化，其中变化最显著的是金属的力学性能（见图 2-11），即随着变形程度的增加，金属的强度、硬度增加，而塑性、韧性降低，这种现象称为加工硬化。加工硬化的实质和机理就是结构缺陷的增加而增加了位错运动的阻力。加工硬化具有重要意义，首先是强化材料的一种手段。其次，加工硬化对加工工艺具有重要作用。加工硬化还有安全保护作用。

（2）各向异性。如前所述，多晶体在宏观上表现为各向同性，称之为"伪各向同性"。变形之后，又会出现各向异性。其原因，一是变形织构所造成，这是结构的方向性导致性能的方向性；二是晶粒、夹杂、偏析区沿变形方向的伸展，由

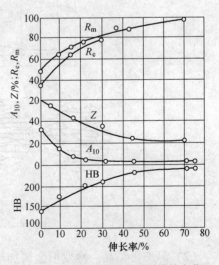

图 2-11　碳钢拉拔时力学性能的变化

组织的方向性导致性能的方向性。而结构的方向性是主要因素。变形量越大，各向异性越显著。各向异性，有利有弊。

（3）残余应力及物理性能变化。变形总功的百分之几到十几，作为残余畸变能存在于晶体之中，表现为各种类型的残余应力，即变形的不均匀而造成的内部牵扯之力。显然内应力的存在，会使材料逐渐产生变形，严重者造成裂纹或断裂。

变形之后，除力学性能之外的物理性能，凡属结构敏感者，均发生明显变化，如电阻及磁矫顽力上升，而电导率、磁导率、磁饱和度下降。对结构不敏感的性能也有一定影响，如密度、导热系数、抗蚀性能有一定下降，化学活性有了一定增加。

2.2.2 冷变形金属在加热时的组织与性能变化

金属经冷塑性变形后，其组织、结构和性能都发生复杂的变化。引起金属内能增加，当加热时原子具有大的扩散能力，变形后的金属会自发的向自由能低的方向转变，这个转变过程称为回复和再结晶。

（1）静态回复。图 2-12 给出冷变形金属加热时组织和性能变化。在回复阶段，点缺陷减少。原先变形晶粒内位错密度有所下降，位错分布形态经过重新调整和组合而处于低能态，胞壁的缠结位错变薄、网络更清晰。亚晶增大，但晶粒形状没有发生变化。所有这些，使金属晶格畸变程度大为减小，其性能也发生相应的变化，主要表现为强度、硬度有所降低，塑性、韧性有所提高。

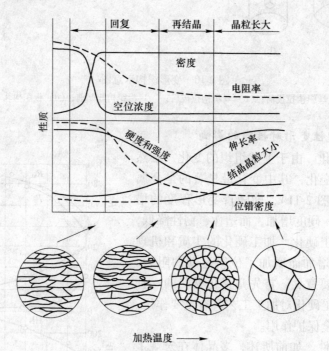

图 2-12　冷变形加热组织和性能变化

（2）静态再结晶。冷变形金属加热到更高的温度后，金属原子获得更大的活动能力，原来变形的金属会重新形成新的无畸变的等轴晶，直至完全取代金属的冷变形组织，这个过程称为金属的再结晶。与前述的回复不同，再结晶是一个显微组织彻底重新改组的过程，通过再结晶形核和生长来完全。再结晶形核机理比较复杂，不同的金属和不同的变形条件，其形核的方式也不同。实验表明，回复阶段的多边形化是再结晶形核的必要准备阶段，再结晶核心是在多边形化所产生的无畸变亚晶的基础上形成的。多边形化产生的由小角度晶界所包围的某些无畸变的较大亚晶，可以通过两种不同方式生长：一种是通过亚晶界的移动，吞并相邻的亚晶而生长；另一种方式是通过两个亚晶之间亚晶界的消失，使两相邻亚晶合并而生长。随着亚晶的生长，包围着它的亚晶界位向差必然越来越大，最后构成了大角度晶界。由大角度晶界包围的无畸变晶体就成为再结晶的核心。当各个再结晶核心生长到相互接触时，就形成了完全以大角度晶界分界的无畸变的晶粒组织。此时，金属在性能方面也发生了根本性的变化，表现为金属的强度、硬度显著下降，塑性大为提高，加工硬化和内应力完全消除，物理性能也得到恢复，金属大体上恢复到冷变形前的状态。但是再结晶并不只是一个简单地恢复到变形前组织的过程，通过控制变形和再结晶条件，可以调整再结晶晶粒的大小和再结晶的体积分数，以达到改善和控制金属性能的目的。

2.2.3 金属热态下的塑性变形

从金属学的角度看，在再结晶温度以上进行的塑性变形，称为热塑性变形或热塑性加工。在热塑性变形过程中，回复、再结晶与加工硬化同时发生，加工硬化不断被回复或再结晶所抵消，而使金属处于高塑性、低变形抗力的软化状态。

2.2.3.1 热塑性变形时的软化过程

热塑性变形时的软化过程比较复杂，它与变形温度、应变速率、变形程度以及金属本身的性质等因素密切相关。按其性质可分为以下几种：动态回复，动态再结晶，静态回复，静态再结晶，亚动态再结晶等。动态回复和动态再结晶是在热塑性变形过程中发生的；而静态回复、静态再结晶和亚动态再结晶则是在热变形的间歇期间或热变形后，利用金属的高温余热进行的。图 2-13 给出热轧和热挤时，动、静态回复和再结晶的示意图。图 2-13（a）表示高层错能金属（如铝及铝合金、铁素体钢及密排六方的金属等）在热轧变形程度较小（50%）时，只发生动态回复，随后发生静态回复；图 2-13（b）表示低层错能金属（如奥氏体钢、铜等）在热轧变形程度较小（50%）时，只发生动态回复，随后发生静态回复和静态再结晶；图 2-13（c）表示高层错能金属在热挤压变形程度很大（99%）时，发生动态回复，出模孔后发生静态回复和静态再结晶；图 2-13（d）表示低层错能金属在热挤压变形程度很大（90%）时，发生动态再结晶，出模孔后发生亚动态再结晶。

A 动态回复

动态回复是在热变形过程中发生的回复，在它未被人们认识之前，一直错误地认为再结晶是热变形过程中唯一的软化机制；而事实上，金属即使在远高于静态再结晶温度下塑性变形时，一般也只发生动态回复，且对于有些金属（如铝及铝合金、铁素体钢以及密排六方金属锌、镁等），由于它们的层错能高、扩展位错的宽度小、集束容易，有利于位错的交滑移和攀移，位错容易在滑移面间转移，结果使异号位错互相抵消，位错密度下降，畸变能降低，不足以达到动态再结晶所需的能量水平，因此对于这类高层错能的金属，即使变形程度很大，也只能发生动态回复，而不发生动态再结晶。至于如奥氏体钢、铜及铜合金一类的低层错能金属的热变形，实验表明，如果变形程度较小，通常也只发生动态回复，因此可以说，动态回复在热塑性变形的软化过程中占有很重要的地位。

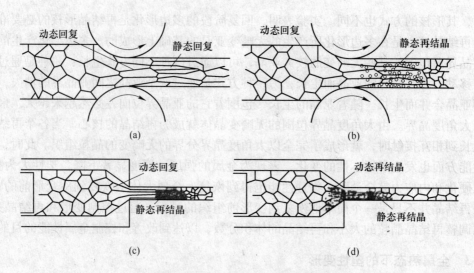

图 2-13 金属在热轧和挤压时的软化过程

金属经动态回复后，其显微组织仍为沿变形方向拉长的晶粒，而其亚晶仍保持等轴状；金属的位错密度一般高于相应的冷变形后经静态回复的位错密度，而亚晶的尺寸一般小于相应的冷变形后经静态回复的亚晶尺寸。

B　动态再结晶

动态再结晶是在热变形过程中发生的再结晶，动态再结晶和静态再结晶基本一样，也是通过形核和生长来完成。动态再结晶容易在热变形程度很大且层错能较低的金属中发生。这是因为层错能低，其扩展位错宽度就大、集束困难，不易进行位错的交滑移和攀移；而已知动态回复主要是通过位错的交滑移和攀移来完成的，这就意味着这类金属动态回复的速率和程度都很低，金属中的一些局部区域会积累足够高的位错密度差（也即畸变能差），且由于动态回复很不充分，所形成的胞状亚组织的尺寸较小，边界较不规整，胞壁还有较多的位错缠结，这种不完整的亚组织正好有利于再结晶形核，所有这些都有利于动态再结晶的发生。至于为什么需要更大的变形程度，是因为动态再结晶需要一定的驱动力（畸变能差），这类金属在热变形过程中，动态回复尽管很不充分但毕竟随时在进行，畸变能也随时在释放，因此只有当变形程度远高于静态再结晶所需的临界变形程度时，畸变能差才能积累到再结晶所需的水平，动态再结晶才能启动，否则也只能发生动态回复。

在动态再结晶过程中，由于塑性变形还在进行，生长中的再结晶晶粒随即发生变形，而静态再结晶的晶粒却是无应变的。因此，动态再结晶晶粒与同等大小的静态再结晶晶粒相比，具有更高的强度和硬度。

C　热变形后的软化过程

在热变形的间歇时间或者热变形完成之后，由于金属仍处于高温状态，一般会发生以下三种软化过程：静态回复、静态再结晶和亚动态再结晶。

已经知道，金属热变形时除少数发生动态再结晶情况外，会形成亚晶组织，使内能提高，处于热力学不稳定状态。因此在变形停止后，若热变形程度不大，将发生静态回复；

若热变形程度较大，且变形后金属仍保持在再结晶温度以上时，则将发生静态再结晶。静态再结晶进行得比较缓慢，需要有一定的孕育期才能完成，在孕育期内发生静态回复。再结晶完成后，重新形成无畸变的等轴晶。

对于在热变形时发生动态再结晶的金属，热变形后迅即发生亚动态再结晶。所谓亚动态再结晶，是指热变形过程中已经形成的、但尚未长大的动态再结晶晶核，以及长大到中途的再结晶晶粒被遗留下来，当变形停止后而温度又足够高时，这些晶核和晶粒会继续长大，此软化过程即称为亚动态再结晶。由于这类再结晶不需要形核时间，没有孕育期，所以热变形后进行得很迅速。

2.2.3.2 热塑性变形对金属组织和性能的影响

A、改善晶粒组织

对于铸态金属，粗大的树枝状晶经塑性变形及再结晶而变成等轴（细）晶粒组织；对于经轧制、锻造或挤压的钢坯或型材，在以后的热加工中通过塑性变形与再结晶，其晶粒组织一般也可得到改善。

B 锻合内部缺陷

铸态金属中的疏松、空隙和微裂纹等内部缺陷被压实，从而提高了金属的致密度。内部缺陷的锻合效果，与变形温度、变形程度、应力状态及缺陷表面的纯洁度等因素有关。宏观缺陷的锻合通常经历两个阶段：首先是缺陷区发生塑性变形，使空隙变形、两壁靠合，此称闭合阶段；然后在三向压应力作用下，加上高温条件，使空隙两壁金属焊合成一体，此称焊合阶段。如果没有足够大的变形程度，不能实现空隙的闭合，虽有三向压应力作用，也很难达到宏观缺陷的焊合。对于微观缺陷，则只要有足够大的三向压应力，就能实现锻合。

C 破碎并改善碳化物和非金属夹杂物在钢中的分布

对于高速钢、高铬钢、高碳工具钢等，其内部含有大量的碳化物。这些碳化物有的呈粗大的鱼骨状，有的呈网状包围在晶粒周围。通过锻造或轧制，可使这些碳化物被打碎、并均匀分布，从而改善了它们对金属基体的削弱作用，并使由这类钢锻制的工件在以后的热处理时硬度分布均匀，提高了工件的使用性能和寿命。为了使碳化物能被充分击碎并均匀分布，通常采用"变向锻造"，即沿毛坯的三个方向上反复进行镦拔。

D 形成纤维组织

在热塑性变形过程中，随着变形程度的增加，钢锭内部粗大的树枝状晶逐渐沿主变形方向伸长，与此同时，晶间富集的杂质和非金属夹杂物的走向也逐渐与主变形方向一致。其中脆性夹杂物被破碎呈链状分布；而塑性夹杂物（如硫化物和多数硅酸盐等）则被拉成条带状、线状或薄片状。于是在磨面腐蚀的试样上便可以看到顺主变形方向上一条条断断续续的细线，称为"流线"，具有流线的组织就称为"纤维组织"。需要指出的是在热变形过程中，由于再结晶的结果，被拉长的晶粒变成细小的等轴晶，而流线却很稳定地保留下来直至室温。因此，这种纤维组织与冷变形时由于晶粒被拉长而形成的纤维组织是不同的。图2-14为锻造过程中纤维组织的形成示意图。纤维组织的形成，使金属的力学性能呈现各向异性，沿流线方向比垂直于流线方向具有较高的力学性能，其中尤以塑性、韧性指标最为显著。

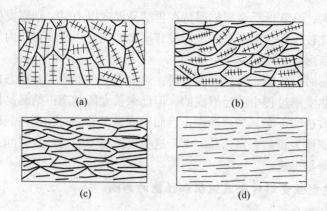

(a)   (b)

(c)   (d)

图 2-14 锻造过程中纤维组织的形成示意图

2.2.4 金属塑性的影响因素

所谓塑性，是指金属在外力作用下，能稳定地发生永久变形而不破坏其完整性的能力。它是金属的一种重要的加工性能。塑性越好，预示着金属塑性成型的适应能力越强，允许产生的塑性变形量越大；反之，如果金属一受力即行断裂，则塑性加工也就无从进行。因此，从工艺角度出发，人们总是希望变形金属具有良好的塑性。特别是随着生产与科技的发展，有越来越多的低塑性、高强度的难变形材料需要进行塑性加工，如何改善其塑性就更具有重要的意义。

金属的塑性不是固定不变的。它既与材料的内在因素，如晶格类型、化学成分、组织状态等有关，又与外部的变形条件，如变形温度、应变速率、变形的力学状态等有关。研究不同变形条件下金属的塑性行为，是塑性成型理论与实践的一个重要课题。其目的在于选择合适的变形方法，确定最好的变形条件，以保证塑性加工的顺利进行，并推动成型技术的发展。

2.2.4.1 化学成分对塑性的影响

纯金属及呈固溶体状的合金塑性最好，而呈化合物或机械混合物状态的合金塑性最差。例如纯铁有很好的塑性，碳在铁中的固溶体（奥氏体）的塑性也很好，而当铁中存在大量化合物 Fe_3C 时金属变脆。钢中含碳量增加时，则钢的强度极限升高，而塑性指数下降，延伸性能降低。

合金钢、高合金钢的合金成分中所含的铬、镍、锰、钼、钨、钒等，对塑性影响是多样性的。例如钢中锰含量增加，塑性降低，但降低程度不大，当钢中含铬量大于 30% 时，即失去塑性加工能力。

在钢中的一些与铁不形成固溶体，而成化合物的元素，例如硫、磷或不溶于铁的铅、锡、砷、锑、铋存于晶界，加热时即行熔化，而削弱了晶间联系使金属塑性降低或完全失掉塑性。再如硫和铁形成易溶的低熔点的物质，其熔点约为 950℃，这些硫化物在初次结晶的晶粒周围，以网状物存在，当加热温度升高时，它们熔化而破坏了晶间联系，导致塑性降低。

气体（氢、氧）及非金属夹杂物（氮化物、氧化物），当其在晶界上分布时同样会降低金属的塑性。氢气是钢中产生"白点"缺陷的主要原因，也是造成钢材产生裂纹的原因之一，因此现代炼钢均采用真空脱气处理，以净化钢水。

2.2.4.2　金属组织结构对塑性的影响

晶粒界面强度、金属密度越大，晶粒大小、晶粒形状、化学成分、杂质分布越均匀及金属可能的滑移面与滑移方向越多时，则金属的塑性越高。例如铸造组织是最不均匀的，塑性较低。因此，生产上用热变形法将铸造组织摧毁，并借助再结晶和扩散作用使其组织均匀化。在变形前用高温均匀化方法也是使合金成分均匀一致，提高其塑性的措施。例如 Cr25Ni20 合金钢在 1250℃ 经过扩散退火，一个小时后可消除铸造中的枝状偏析，然后以适当的温度热轧时其允许压缩率可达 60%~65%。

多相合金的塑性大小取决于强化相的性质、析出的形状和分散度，还取决于强化相在基体中分布的特点、溶解度以及强化相的熔点。一般认为强化相硬度和强度越高、熔点越低、分散度越小，在晶内呈片状析出及呈网状分布于晶界时，皆使合金塑性降低。

2.2.4.3　变形温度对金属塑性的影响

变形温度对金属的塑性有重大影响，生产中由于变形温度控制不当而造成工件开裂是不乏其例的。确定最佳变形温度范围是制定工艺规范的主要内容之一，特别是对于高强度、低塑性材料以及新钢种的塑性加工尤为重要。

就大多数金属而言，其总的趋势是：随着温度的升高，塑性增加，但是这种增加并非简单的线性上升；在加热过程的某些温度区间，往往由于相变或晶粒边界状态的变化而出现脆性区，使金属的塑性降低。在一般情况下，温度由绝对零度上升到金属熔点时，可能出现几个脆区，包括低温的、中温的和高温的脆区。下面以碳钢为例，说明温度对塑性的影响（见图 2-15）。在超低温度（区域Ⅰ）时，金属的塑性极低，在 -200℃ 时，塑性几乎已完全丧失。这可能是原子热振动能力极低所致，也可能与晶界组成物脆化有关。以后随着温度的升高，塑性增加；在 200~400℃ 温度范围内（区域Ⅱ），出现相反情况，塑性有很大的降低，此温度区间称为蓝脆区（金属断口呈蓝色）。

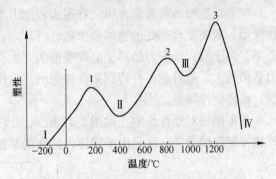

图 2-15　碳钢塑性随温度变化曲线

其形成的原因说法不一，一般认为是氮化物、氧化物以沉淀形式在晶界、滑移面上析出所致，类似于时效硬化。随后，塑性又继续随温度的升高而增加，直至 800~950℃ 时，再一次出现塑性稍有下降的相反情形（区域Ⅲ），此温度区间称为热脆区。这和珠光体转变为奥氏体且形成铁素体和奥氏体两相共存有关，可能还与晶界处出现 FeS-FeO 低熔共晶体（熔点为 910℃）有关。过了热脆区塑性又继续增加，一般当温度超过 1250℃ 时，由于发生过热、过烧（晶粒粗大化，继而晶界出现氧化物和低熔物质的局部熔化等），塑性又会急剧下降，此区域称为高温脆区（区域Ⅳ）。由于金属和合金的种类繁多，温度变化所引起的物理—化学状态的变化各不相同，所以温度对塑性的影响相当复杂。

2.2.4.4 变形速度对塑性的影响

变形速度对金属塑性影响较为复杂。一方面，当增加变形速度时，由于变形的加工硬化及滑移面的封闭，使金属的塑性降低；另一方面，随着变形速度的增加，由于消耗于金属变形的能量大部分转变为热能，而来不及散失在空间，因而使变形金属的温度升高，使加工硬化部分地或全部得到恢复而使金属的塑性增加。

根据实验结果得出，关于变形速度对金属塑性状态的影响，可综合为下述结论：

（1）变形速度增加时，在下述情况下会降低金属的塑性：1）在变形过程中加工硬化发生的速度超过硬化解除的速度时（考虑变形热效应所发生的加工硬化解除）；2）由于变形热效应的作用，使变形物体的温度升高，处于金属的脆性区域时。在上述情况下，因为增加变形速度会使金属由高塑性的温度区域转变为低塑性的温度区，产生塑性降低的有害影响。

（2）变形速度增加时，在下述情况下会使金属的塑性增加：1）在变形时期金属的软化过程比加工硬化过程进行得快；2）变形速度增加时，由于热效应产生使金属的温度升高，处于金属的塑性区域时。在上述情况下，使金属由脆性温度区转变为塑性温度区，而使金属的塑性提高。关于变形速度对塑性的影响，可用图 2-16 描述。

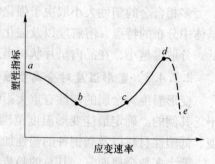

图 2-16　应变速率对塑性的影响

2.2.4.5 变形力学图示对金属塑性的影响

应力状态图示的改变，将会在很大程度上改变金属的塑性，甚至会使脆性物体产生塑性变形，或使塑性很好的物体产生脆性破坏。当应力越强，特别是在显著的三向压应力状态下，由于三向压应力妨碍了晶间变形的产生，减少了晶间破坏的可能性。反之，当拉应力数值越大，数目越多，特别是在显著的三向拉应力状态下，由于增加了晶间破坏的可能性，而使塑性降低。

变形图示对塑性影响，如图 2-17 所示，以一个拉伸方向，两个压缩方向为有利于发挥物体塑性的条件。这是由于物体内的缺陷暴露面缩小，而降低了对塑性的危害作用。反

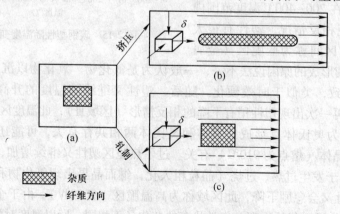

图 2-17　主变形图对金属缺陷形状的影响

（a）未变形的情况；（b）经两向压缩一向延伸后；（c）经一向压缩两向延伸后

之，两个拉伸方向，一个压缩方向是发挥物体塑性最差的变形图示。因为物体内部缺陷暴露面增大，而增加了对塑性的危害性。

2.2.4.6　变形程度对塑性的影响

冷变形时，变形程度越大，加工硬化越严重，则金属塑性降低；热变形时，随着变形程度增加，晶粒细化且分散均匀，故使金属塑性提高。

2.3　金属塑性加工力学基础

2.3.1　点的应力分析

塑性成型理论的基本任务之一，是确定金属坯料在给定边界条件下发生塑性变形时，其内部的位移（速度）场、应变场和应力场。掌握这些物理变量场，就能进一步预测金属坯料形状尺寸的变化，计算成型力、功能消耗和工模具接触面上的压力分布，分析工件内部的变形分布、工件质量和可能出现的缺陷；从而为合理制定成型工艺、设计成型模具、选用成型设备和控制产品质量提供科学的理论依据。为了确定这些物理变量场，需要具备关于变形体内点的应力状态和应变状态分析的基础知识。

2.3.1.1　外力、内力和应力

塑性成型时，变形体所受外力可分为两类：一类是作用在变形体内每一质点的体积力，如重力、磁力和惯性力等。分析塑性成型过程时，体积力一般可以不考虑。另一类是作用在变形体表面上的表面力，它包括工模具对变形体的作用力和约束反力等。

在外力作用下，为保持变形体的连续性，其内部各质点间必然产生相互作用力，叫做内力。单位面积的内力，称为应力。

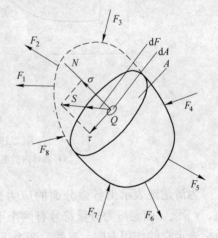

图 2-18 外力、内力和应力

图 2-18 表示一工件在外力系 F_1、F_2、F_3、… 的作用下处于平衡状态，为研究物体内任意一点 Q 的受力情况，采用截面法，即过 Q 作一法线为 N 的平面 A，将物体切开而移去上半部。这时 A 面即可看成下半部的外表面，A 面上作用的内力应该与下半部其余的外力保持平衡。这样，内力的问题就可以当成外力来处理。

在 A 面上围绕 Q 点取一很小的面积 ΔF，该面积上内力的合力为 ΔP，则定义平均应力为：

$$S = \frac{\Delta P}{\Delta F}$$

点 Q 在截面上的应力是当 ΔF 趋向零时，作用在该面积上的内力 ΔP 与 ΔF 比值的极限：

$$S = \lim_{\Delta F \to 0} \frac{\Delta P}{\Delta F} = \frac{dP}{dF} \tag{2-2}$$

为 A 面上 Q 点的全应力。全应力可以分解成两个分量，一个垂直 A 面的法向应力 σ，称为

正应力。另一个平行于 A 面的切应力 τ，称为剪应力。

过点 Q 可以做无限多的切面，在不同方向的切面上，Q 点的应力显然是不同的。显然不能由一点任意切面上的应力求得该点其他方向切面上的应力，引入应力状态。

2.3.1.2 直角坐标系中一点的应力状态

设在直角坐标系中有一承受任意力系作用的物体，物体中有一任意点 Q，围绕着 Q 切取一无限小的正六面体（又称为单元体），其棱边分别平行于三根坐标轴。在一般情况下，单元体各微分面均有应力矢量作用（见图 2-19（a）），应力矢量沿坐标轴分解为三个分量，则在其每一微面上作用三个应力分量，其中一个正应力，两个剪应力，其方向分别与坐标轴平行。该单元体共有九个应力分量，即一点的应力状态需用九个应力分量来描述（见图 2-19（b））。

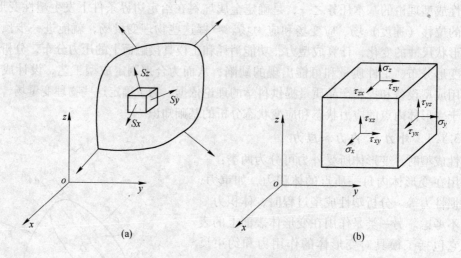

图 2-19 单元体的受力情况
（a）物体内的单元体；（b）单元体上的应力状态

为清楚地表示出各微分面的应力分量，三个微分面都可用各自的法线方向命名：x 面、y 面、z 面。应力分量符号有两个下角标，第一角标表示该应力分量的作用面，第二角标表示它的作用方向。显然，两个下角标相同的是正应力分量。

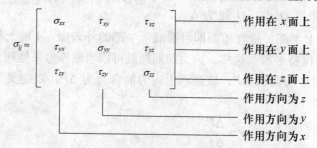

应力分量的符号按如下规定：

（1）在单元体上外法线指向坐标正向的微分面叫做正面，反之，称为负面。

（2）对于正面，指向坐标轴正向的应力分量为正，指向负向的为负；对于负面，情况正好相反。

（3）正应力分量以拉为正，压为负。

为表达简便，上述应力分量可用符号 $\sigma_{ij}(i, j = x、y、z)$ 表示，下角标 i、j 分别依次等于 x、y、z，即可得到九个应力分量，表示成矩阵式为

$$\sigma_{ij} = \begin{bmatrix} \sigma_{xx} & \tau_{xy} & \tau_{xz} \\ \tau_{yx} & \sigma_{yy} & \tau_{yz} \\ \tau_{zx} & \tau_{zy} & \sigma_{zz} \end{bmatrix}$$

2.3.2 应力状态和主应力图示

2.3.2.1 应力状态

为解决问题，使用方便，在塑性加工中，常取适当的坐标轴，使按此轴方向所取的截面上只有法线应力，而无切线应力作用。此时的坐标轴称作主轴，所截取的截面称作主平面。作用在主平面上的法线应力叫做主应力，一般用 σ_1、σ_2、σ_3 表示。

当金属受外力或由于物理过程、物理-化学过程的作用而在物体内产生内力时，称金属处于应力状态。任一点的应力状态可以用该点的三个主应力来表示。一般规定压应力为负，拉应力为正，按代数顺序 $\sigma_1 > \sigma_2 > \sigma_3$。

2.3.2.2 主应力图示

在塑性加工中，用主应力表示质点的受力情况的示意图形，称为主应力简图。该示意图只注明该点的三个主应力是否存在及其正、负号，而不注明应力数值。它共有九种类型，如图 2-20 所示。

金属压力加工过程中，金属内各点的主应力图示往往是不一样的。如果变形区中绝大多数金属质点都是同样的主应力图示，则该种主应力图示就表示这种压力加工过程的主应力图示。主应力图示很重要，首先它能定性地反映出该压力加工过程所需单位变形力的大小。其次，也能定性地说明工件在破坏前可能产生的塑性变形程度，即塑性大小。例如挤压时为显著的三向压应力状态，而拉拔时为一向拉应力两向压应力状态，所以前者的塑性比后者高，但单位变形力却比后者大得多。

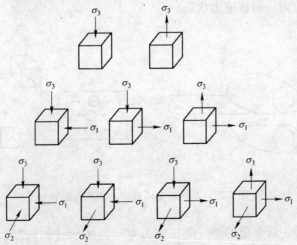

图 2-20 应力状态图示

2.3.2.3　影响应力状态的因素

（1）外摩擦的影响。由于摩擦力的作用往往会改变金属内部的应力状态，例如镦粗时，工件与工具接触表面在光滑无摩擦的条件下，其应力为单向压应力状态（图2-21(a)），金属将均匀变形（实际上这种情况是不存在的）。事实上因摩擦力的存在，金属内部应力状态为三向压应力状态。摩擦力的作用可由圆柱体镦粗后变为"单鼓形"而得到证明（图2-21(b)）。

（2）变形物体形状的影响。做拉伸试验时，开始阶段是一向拉应力主应力图示（图2-22(a)），当出现细颈以后在细颈部分变成三向拉应力主应力图示（图2-22(b)）。

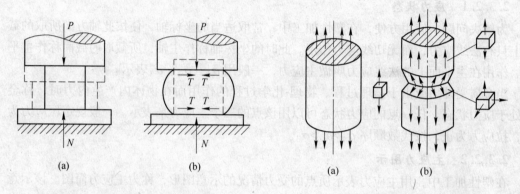

图2-21　摩擦力对应力图示的影响
（a）无摩擦；（b）有摩擦

图2-22　拉伸时应力状态变化
（a）细颈前；（b）细颈后

（3）工具形状的影响。当用凸形工具压缩金属时，由于作用力方向改变，所以主应力状态图示相应地也随之改变。

（4）不均匀变形的影响。由于某种原因产生了不均匀变形时，也能引起主应力状态图示的变化，如图2-23所示，用凸形轧辊轧制板材时，由于中部变形大，两边缘变形小，金属为保证其完整性，金属内部产生了相互平衡的内力，此时中部为三向压应力状态，而两边可能为两向压应力一向拉应力状态。

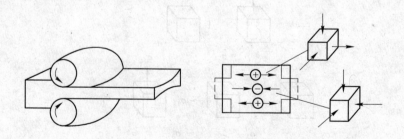

图2-23　不均匀变形对应力状态的影响

金属压力加工中，最常见的是三向压应力主应力图示（如轧制、锻造和挤压）和一向拉伸两向压缩主应力图示（如拉拔）。

2.3.3 主变形和主变形图示

2.3.3.1 主变形

在压力加工原理中，为研究问题方便引入主变形概念。所谓主变形是指在主轴方向所产生的变形。工程计算时，常用绝对主变形、相对主变形和真应变来表示变形的大小。例如用图 2-24 所示的变形前后尺寸来说明主变形。

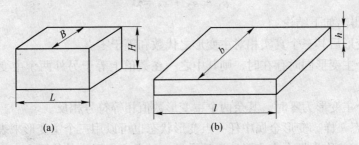

图 2-24 矩形件变形前后的尺寸

（1）绝对主变形。所谓绝对主变形，就是指在主轴方向上（或主应力方向上）物体变形前和变形后的尺寸差。设物体变形前、后的高、宽、长三个方向上的尺寸分别以 H、B、L 和 h、b、l 表示，物体在这三个方向上的绝对主变形以下式表示，即

压下量 $\qquad\qquad \Delta h = H - h \qquad\qquad$ (2-3a)

宽展量 $\qquad\qquad \Delta b = b - B \qquad\qquad$ (2-3b)

延伸量 $\qquad\qquad \Delta l = l - L \qquad\qquad$ (2-3c)

（2）相对主变形。因为绝对主变形没有相对比较的意义，所以在大多数情况下采用相对主变形，即用绝对主变形与变形前尺寸之比来表示，即

相对压下量 $\qquad\qquad e_1 = \Delta h / H \times 100\% \qquad\qquad$ (2-4a)

相对宽展量 $\qquad\qquad e_2 = \Delta b / B \times 100\% \qquad\qquad$ (2-4b)

相对延伸量 $\qquad\qquad e_3 = \Delta l / L \times 100\% \qquad\qquad$ (2-4c)

（3）真应变。因为相对主变形并不能准确地表示出变形金属的真实变化程度，因此引入了真应变的概念。真应变是用某一瞬间变形尺寸的无限小的增量 dh_x、db_x、dl_x 与该瞬间的尺寸 h_x、b_x、l_x 的比值积分来表示，即

$$\varepsilon_1 = \int_H^h \frac{dh_x}{h_x} = \ln \frac{h}{H} \qquad\qquad (2\text{-}5a)$$

$$\varepsilon_2 = \int_B^b \frac{db_x}{b_x} = \ln \frac{b}{B} \qquad\qquad (2\text{-}5b)$$

$$\varepsilon_3 = \int_L^l \frac{dl_x}{l_x} = \ln \frac{l}{L} \qquad\qquad (2\text{-}5c)$$

上述三种表示变形程度的方法中，以相对主变形最为常用。

为了表示塑性变形的激烈程度，还常常引用变形速度的概念。所谓变形速度就是变形程度对时间的变化率（$d\varepsilon/dt$）。为了研究变形速度对金属性能的影响而常用平均变形速度（$\bar{u}$），它在数值上等于变形程度除以所经过的时间，单位是 s^{-1}。

根据塑性变形时，变形前、后体积不变的条件，可以求出三个主变形间的关系。

$$HBL = hbl$$

$$\frac{l}{L} \times \frac{b}{B} \times \frac{h}{H} = 1$$

$$\ln \frac{l}{L} + \ln \frac{b}{B} + \ln \frac{h}{H} = 0$$

$$\varepsilon_1 + \varepsilon_2 + \varepsilon_3 = 0$$

由上式可得出如下结论：

1）物体变形后其三个真实相对主变形之代数和等于零。

2）当三个主变形同时存在时，则其中之一在数值上等于另外两个主变形之和，且符号相反。

3）当一个主变形为零时，其余两个主变形数值相等符号相反。

和应力状态一样，变形金属中任一点变形状态也可以用三个主变形来表示，在三个主变形中数值最大的称为最大主变形。显而易见，最大主变形比其他两个主变形更能反映变形过程的情况。因此，任何变形过程的变形程度，一般都用最大主变形表示。例如轧制时以压下量表示，拉拔时用伸长率表示，挤压时用断面收缩率表示等。

2.3.3.2 主变形图示

在压力加工原理中，同样为研究问题的方便，而采用了主变形图示。所谓主变形图示，是用来表示三个主变形存在与否，符号的正负，而不注明它的具体数值的简明立方示意图形。

由于塑性变形时，工件受体积不变条件的限制，所以可能的变形图示仅有如图 2-25 所示的三种。

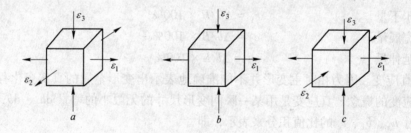

图 2-25 主变形图示

（1）第一类变形图示表明一向缩短两向伸长。轧制、自由锻等属于此类变形图示。

（2）第二类变形图示表明一向缩短一向伸长。轧制板带（忽略宽展）时属此类图示。

（3）第三类变形图示表明两向缩短一向伸长。挤压和拉拔等塑性加工过程是此类图示。

主应力图示有九种，主变形图示有三种。通过分析，各种塑性加工变形区的变形力学图示如表 2-2 所示。

表 2-2 塑性变形过程时变形区的变形力学图示

序号	成型方法名称	工序简图	变形区域（阴影区）	变形区变形力学简图 主应力图	变形区变形力学简图 主变形图	变形区塑性流动性质
a	轧制（纵轧）	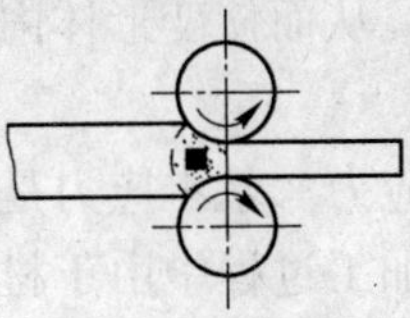	轧辊间	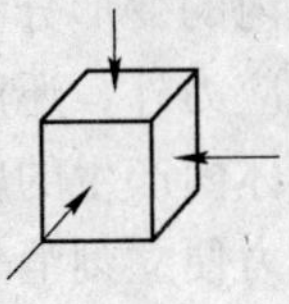	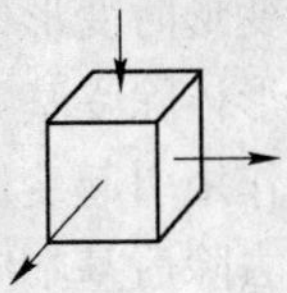	变形区不变 稳定流动
b	拉拔	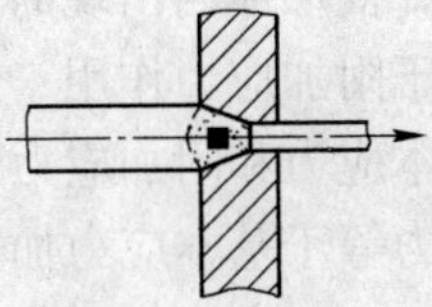	模子锥形腔	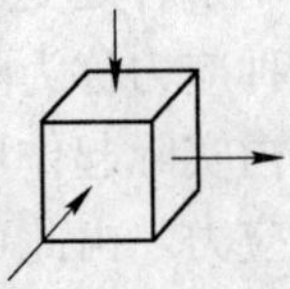	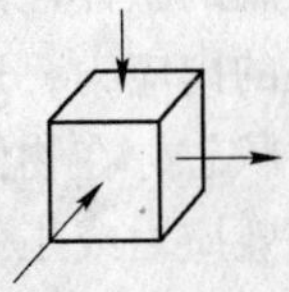	变形区不变 稳定流动
c	正挤压	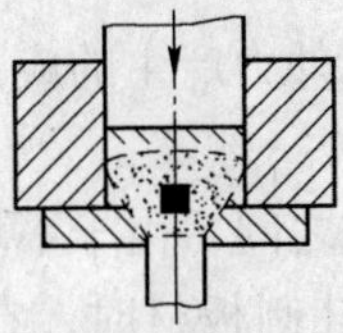	接近凹模口	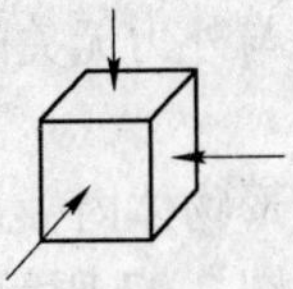	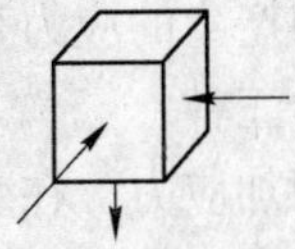	变形区不变 稳定流动
d	反挤压	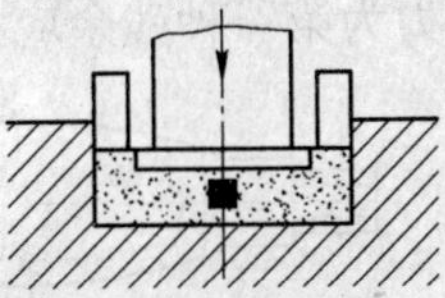	冲头下部分	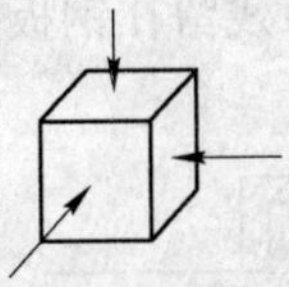	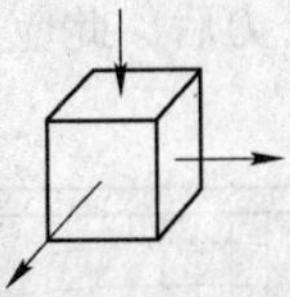	变形区变化 非稳定流动
e	镦粗	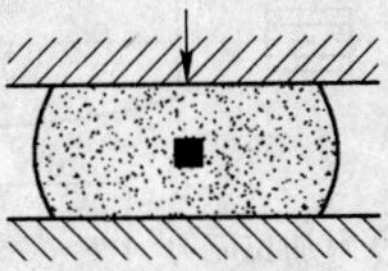	全部体积	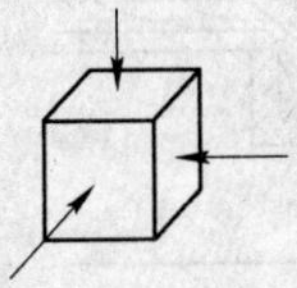	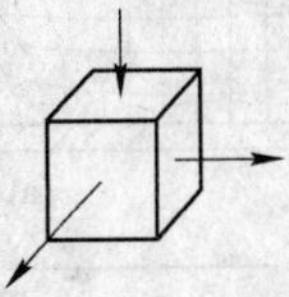	变形区变化 非稳定流动
f	开式模锻	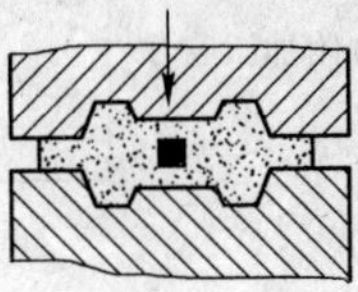	全部体积	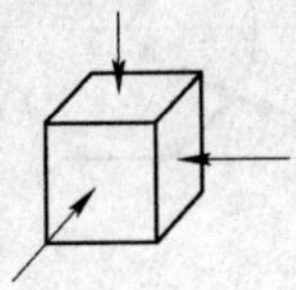	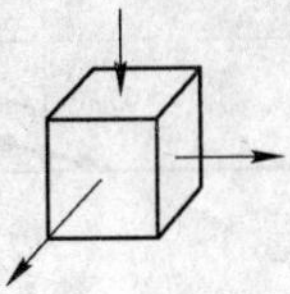	变形区变化 非稳定流动
g	闭式模锻	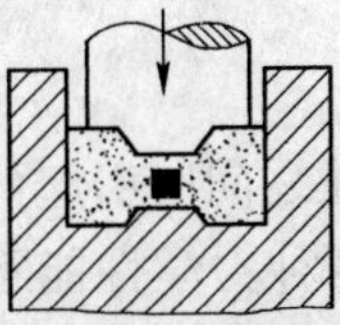	全部体积	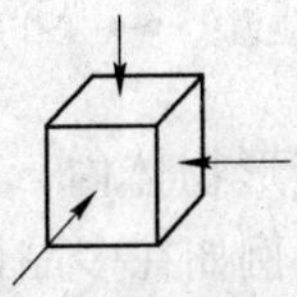	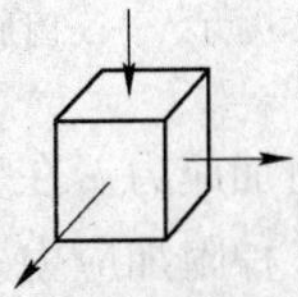	变形区变化 非稳定流动
h	拉深	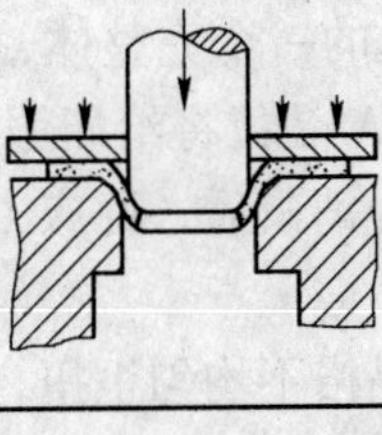	压边圈下板料	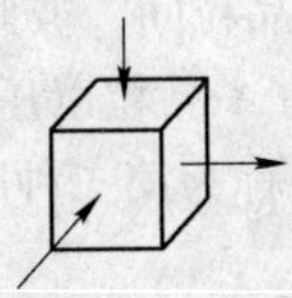	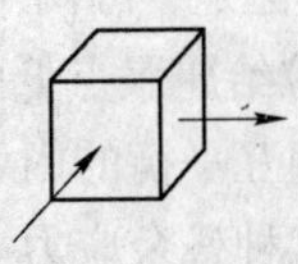	变形区变化 非稳定流动

2.3.4 金属塑性变形的不均匀性

2.3.4.1 附加应力和基本应力

金属塑性变形时变形体内的变形分布是不均匀的，从而使变形体内的应力分布也不均匀。此时，变形体除受基本应力外，还产生附加应力。

由于外力作用引起变形体内产生的应力叫做基本应力。基本应力是在外力作用下所发生的，当外力去除后基本应力便立刻消失。金属塑性加工过程中由于材料各部分之间的变形不均匀和金属的整体性限制了各处变形的自由发展，变形体内出现的互相制约、互相平衡而符号相反的内应力，这种应力称为附加应力。由于附加应力作用，改变了物体内的应力分布和应力状态，在物体内实际起作用的应力为基本应力和附加应力之合力。通常把这种应力叫做有效应力或工作应力。由此可知，工作应力等于基本应力加上附加应力。如图2-26为挤压时各种应力的分布情况。

附加应力产生的应力是与外力无关的，所以它对由外力产生的应力而言是附加的，附加应力通常分三种：

第一种附加应力。在变形物体内，几个大部分区域之间，由于不均匀变形所引起的应力称为第一种附加应力。如图2-27所示，用凸形轧辊轧制板材时，在板材内引起附加应力。当去掉外力后，此应力残留在钢板内，又称此应力为第一种残余应力。

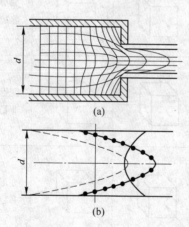

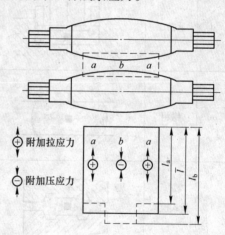

图2-26 挤压时金属流动（a）及纵向的应力分布（b）　图2-27 用凸形轧辊轧制板材的情况
　　——基本应力；- - -附加应力；●●●工作应力

第二种附加应力。在变形物体内，两个或几个晶粒之间所引起的相互平衡的附加应力，称为第二种附加应力。例如在多晶体金属中，有两种力学性能不同的晶粒（如低碳钢中铁素体与珠光体），屈服点低的晶粒在某一方向比屈服点高的晶粒有更大的尺寸变化（见图2-8）。但是，因两个晶粒间，彼此是联系在一起的一个完整体，变形结果将使屈服点高的B晶粒给屈服点低的A晶粒以压应力；反之，A晶粒将给屈服点高的B晶粒以拉应力，如此相互平衡的内力称为第二种附加应力。外力消失后，此应力残留在物体内，称此应力为第二种残余应力。

第三种附加应力。在一个晶粒内各部分间，由于晶格不均匀歪扭，引起相互平衡的附加应力，称此应力为第三种附加应力。如多晶体某个晶粒在塑性变形时，沿滑移面上产生剪切变形，滑移面产生破坏和扭曲，导致接近滑移面的原子晶格的畸变，由此畸变引起晶粒内的各部分间相互平衡的附加应力。塑性变形停止后，称残留在晶粒内的附加应力为第三种残余应力。实验表明，第三种残余应力在塑性变形后占残余应力总数的90%以上。

2.3.4.2　变形不均匀分布的原因

影响变形不均匀分布的原因很多，主要可归纳为以下几点：

（1）接触摩擦。圆柱体镦粗时，如图 2-28 所示，由于表面接触外摩擦的影响，圆柱体坯料转变成鼓形。根据变形难易程度，变形体大致可为三个区域，即受外摩擦影响显著的难变形区（Ⅰ），与外作用力成 45°角的最有利方位的易变形区（Ⅱ），变形难易程度介于二者之间的自由变形区（Ⅲ）。沿轴向应力的分布是周边低中心部高，其原因是外层所受的摩擦力小，变形阻力小，中间层变形时除受其本身与工具接触表面之间的摩擦力外，还受到来自外层的阻力。因此，从试件的周边到中心部三向压应力越来越显著，尤其是中心部变形较为困难。为了获得同样尺寸

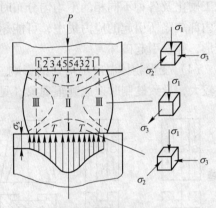

图 2-28　圆柱体镦粗的变形及应力分布

的轴向变形，显然单位压力从周边到中心部是逐渐增加的，应力分布当然是不均匀的。从径向应力作用看来，摩擦力的作用从工具与金属接触表面至远离该表面中心部是逐渐减弱的，所以导致距该接触表面越远部位所受径向应力越小，故变形较易。

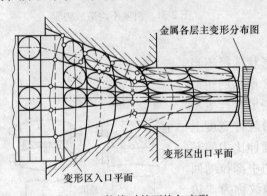

图 2-29　拉拔时的不均匀变形

如图 2-29 用坐标网格法研究圆棒材拉伸时金属的流动，把金属圆棒材试样沿轴线纵向剖开，在剖面上刻上直角坐标网格，再把试样合在一起进行拔制，变形后沿变形区纵剖面剖开观察原来的坐标网格，其形状和尺寸有下列主要变化：1）坐标网格的各纵坐标线，在拔制变形前是直线，在拔制变形中变成曲线，并且弯向拉伸方向，这些线的曲率是在变形区中逐渐增大的；2）坐标网格的横坐标线拔制变形后仍然是直线，但在靠近中心部各层正方形的坐标网格变成了矩形，其内切圆变成正椭圆，在轴向被拉伸，在径向被压缩，而在靠近模子外层，正方形的坐标网格变成了平行四边形，其内切圆变成了斜椭圆。从坐标网格的变化可以知道，由于外摩擦的存在，圆棒在拔制过程中，金属流动和变形是不均匀的。纵坐标线在通过变形区时曲率逐渐增加，说明变形时内、外层金属流动速度不一致。由于外层金属的流动受外摩擦的阻力较大，因此内层金属流动速度比外层的快。外摩擦系数越大，内、外层金属流动速度的差值越大，故由于外摩擦的影响，拔制圆棒材时产生了不均匀变形。

（2）变形物体形状的影响。将铅板折叠成窄边、宽边和斜边（见图2-30），在平辊上以相同的压下量进行轧制，结果沿试样宽度上压下率分布不等。中间部分自然伸长小，两边部分自然伸长大，但轧件是一个完整体，于是中部便受有附加拉应力，两边受附加压应力。图2-30（b）由于试样中部承受的拉应力较大（因中部小压下量区域的截面积小），故该部分被拉裂。这说明应力和变形在变形金属内是不均匀分布的。

（3）变形物体性质不均匀的影响。当金属内部的化学成分、杂质、组织、方向性、加工硬化及各种不同相的不均匀分布时，都使金属产生应力及变形的不均匀分布。由于金属内部缺陷所引起的应力集中，可能超过物体平均应力的好几倍，所以易使部分金属首先变形，并易引起破坏。

（4）变形物体温度不均匀的影响。平辊轧制薄钢板，由于加热造成钢板上、下层温差较大，导致轧制时造成缠辊现象（见图2-31）。

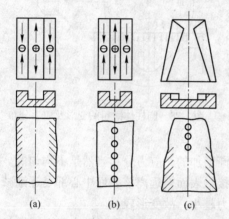

图2-30　变形体形状引起的不均匀变形
（a）窄边；（b）宽边；（c）斜边

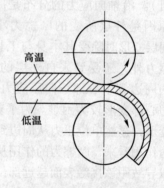

图2-31　温度不均造成缠辊

（5）加工工具形状的影响。加工工具形状选择不当时，也会引起金属的不均匀变形。如图2-32所示的矩形断面坯料，在凹形、凸形轧辊上进行轧制变形时产生不均匀变形。若在凹形辊型中轧制板材时，沿轧件宽度上边部压下量比中部压下量大，对应的边部延伸比中间部分延伸大，伸长较大的边部会被伸长较小的中部拉缩回来一部分，由此而形成波浪或皱纹，此种皱纹称为"边部浪形"。相反，在凸形辊型中轧制板材时，轧件中部压下量比边部压下量大，中部伸长相应大，但受伸长较小的边部拉缩作用，往往形成中间皱纹，称"中间浪形"。

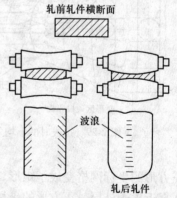

图2-32　工具形状对变形的影响

（6）变形物体内残余应力的影响。如变形物体内有±100MPa残余应力（见图2-33），由外力作用产生基本应力为−500MPa，而变形金属屈服点为450MPa，则变形金属右半部先达到屈服点而先变形；左半部未达到屈服点而未变形。因此，物体内产生应力和变形的不均匀分布。

2.3.4.3 不均匀变形引起的后果

由于变形和应力的不均匀分布，使物体内产生附加应力，这将会引起下列后果：

（1）变形抗力升高。当应力不均匀分布时，可能加强同名应力状态或使异名应力状态变为同名应力状态。如拉伸带缺口试样（或拉伸出现细颈状态）时，由单向拉应力变为三向拉应力状态，而使变形抗力增加；变形物体各部分应力状态不一致时，变形不均匀，已达到屈服极限值的部分产生了变形，其余部位没有达到屈服极限值，因而没有变形。若使物体各部分同时产生塑性变形，则必须增加外力。

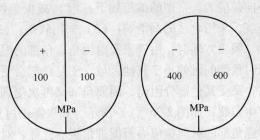

图 2-33　残余应力对应力分布的影响

（2）降低金属的塑性。由于应力的不均匀分布，可能出现拉应力而使金属塑性降低或局部应力超过金属的强度极限时，造成金属破坏。

（3）降低产品质量。如上所述，由于变形及应力的不均匀分布，使物体产生附加应力，外力去掉后，则该应力留在物体内成残余应力，使物体的力学性能降低。同样，由于不均匀变形在金属内各个部分的变形程度不同，热处理后各部分的晶粒度亦不同。如图2-34 所示是工具与工件接触表面摩擦系数不同的条件下，以同一变形程度进行变形，再结晶后沿轴线晶粒大小的分布。

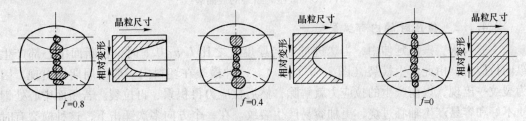

图 2-34　摩擦系数不同再结晶晶粒度分布

（4）降低工具寿命。由于不均匀变形造成工具不均匀磨损，而降低工具寿命。

2.4　金属在加工变形中的断裂

金属在加工过程中，由于不均匀变形，甚至在加热质量好的条件下，也会产生各种裂纹。塑性较低的材质和加热质量不好的情况下更为严重。由于铸态组织塑性较低，所以低塑性的钢与合金在开坯阶段更容易发生断裂。

2.4.1 金属锻压时的断裂

2.4.1.1 锻压时的表面裂纹

镦粗塑性较低的钢与合金饼材时，时常出现侧面纵裂。产生这种裂纹的主要原因，是由于鼓形处受环形拉应力所致。在锻压温度过高时，由于晶粒间的强度大大削弱而常常产生晶粒边界拉裂，其裂纹和环向拉应力方向近于垂直，如图 2-35（a）。当锻造温度较低时，常出现穿晶切断，其裂纹和环向拉应力方向接近成 45°，如图 2-35（b）。

在镦粗塑性较低的坯料时，为了防止这种开裂，必须尽量减少由于出现鼓形而引起的环向拉应力。常用的措施如下：（1）减少工件与工具间的接触摩擦，降低工具表面的粗糙度，采用合适的润滑剂；（2）采用软垫；（3）采用活动套环的包套镦粗。

锻压方坯时，由于未及时倒角，角部的温度就会迅速降低，角部的变形抗力增大，锻压时角部的延伸小于其他区域，于是角部会受纵向附加拉应力。由于角部温度降低产生收缩，又受其他部分阻碍，因而角部又再次受到纵向拉伸应力。在这些拉应力作用下，便会产生角裂，如图 2-35（c）所示。如果锤击过重（即一次变形量较大），则鼓形加剧也会增强角部的纵向拉应力而促进角裂。此外，对由于温度过低，塑性迅速下降的金属，在加热时产生过热和过烧的坯料，更易于产生角裂。

为了防止角裂，在锻压时应及时倒棱，加热时防止角部过热和过烧，必要时应轻打试样，一旦发现角裂，应及时去除以免扩展。

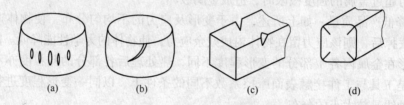

图 2-35 锻压时断裂的表面裂纹

2.4.1.2 锻压时的内部纵裂

实验表明，锻压延伸中，当送进量 L 与厚度 h 之比 $L/h < 0.5$ 时，在断面中心部产生纵向拉应力，由此产生横裂（图 2-36（a））。这种横裂在坯料内一般呈周期性出现，因为裂纹一出现，以前产生的拉应力就解除，然后拉应力再积累、再拉裂。若断面中心处钢质不好和容易产生轴心过烧，更加容易产生裂纹。在一个方向多次锤击下，这种横裂有时会扩展到侧表面。对同样厚工件，增加送进量 L 使变形向内部深入，减小纵向拉应力，便会防止横裂。送进量不能过大，否则又会促使产生对角十字裂口。

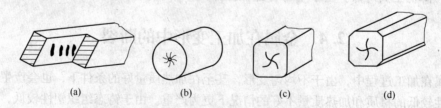

图 2-36 锻压时断裂的内部裂纹

图 2-37 用平头锤锻圆锭（坯）时，断面的中心部分受到水平拉应力 σ_2 作用，产生如图 2-38（a）所示的裂口，当翻钢 90° 锻压后，便会产生如图 2-38（b）所示的裂口。这样，在锻压开坯时，若用平头锤由圆锭靠翻 90° 锻成方坯时，便可能在坯料的中心处产生如图 2-36（d）所示的横竖十字裂口，若用平头锤靠旋转锻造圆坯时，便会在坯料中心处

产生如图 2-36（b）所示的孔腔，即不规则的放射状裂纹（图 2-38（c））。

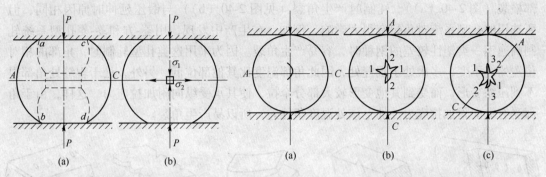

图 2-37 用平头锤锻压圆坯的情况　　　　图 2-38 用平头锤锻压圆坯裂口情况

　　用平头锤锻压方坯时产生的对角十字断裂如图 2-36（c）所示，锻压时由于接触面上外摩擦的作用，在锻件的横断面上按其变形程度的不同，可分为三个区域。如图 2-39（a）所示，靠近接触面处为难变形区（图中 A 区），对角十字区（图中 a，b 区）为变形最激烈的区域。压缩时，难变形区 A 在垂直方向移动，同时 A 区也拖动与它相邻接的 a 区金属沿箭头方向移动。由于变形最激烈的横断面中部金属向外流动的结果，便推动着 B 区金属沿横向移动，即产生宽展。与此同时，B 区也拖动着与它相邻接的 b 区金属沿箭头方向移动，于是 a 和 b 区的金属便在坯料的对角线方向产生激烈的相对错动。如图 2-39（b）所示，翻转 90° 后压缩时，a、b 区金属的错动方向便对调，在这样反复激烈的错动下，最后坯料的对角线处开裂。

　　实际上，有柱状交界的对角线处更易产生这种开裂，对于容易产生过烧的钢与合金，高速重打时，在变形激烈的对角线处由于温升过高使之过烧，也容易产生这种开裂。如果坯料断面中心钢质不好（如钢锭断面中心常常是杂质聚积、疏松和容易过烧的部位），便首先从中心部产生对角十字裂口（图 2-36（c））。如果坯料角部薄弱，便首先从接近角部的对角线处开裂（图 2-35（d））。

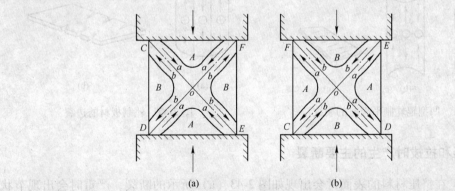

图 2-39 在"锻造十字"区金属的流动方向
（a）锤头在 A 区压缩；（b）锤头在 B 区压缩

2.4.2 轧板时的边裂和薄件的中部开裂

　　轧制时常出现的断裂形式如图 2-40 所示，轧制厚件（$L/h_0 < 0.5$ 时，$h_0 = (H+h)/2$

为轧件平均厚度）时与锻压情况类似，由于轧件断面中心部产生纵向拉应力，会导致内部横裂（图 2-40（a））。轧制时产生角裂（见图 2-40（b））与锻压延伸时原因相同，但所选用的孔型系统对角裂有很大影响。例如，在生产中发现，用菱-方和菱-菱孔型系统轧制高速钢一类塑性较差的钢种时，容易产生角裂。因为采用这类孔型轧制时，角部的相对位置始终不变，多次处于辊缝处，因此角部温度比其他部位低。另外，处于辊缝处角部得不到压缩变形，而受到其他变形较大部分牵拉，使其承受纵向附加拉应力。这样，由于角部受有纵向附加拉应力，加上该处温度塑性差，所以易产生角裂。

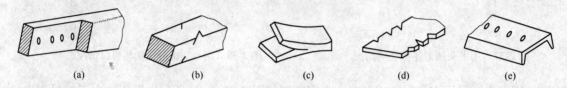

图 2-40　轧制时断裂的主要形式

如图 2-41 所示，凹辊轧板时，中部受纵向附加拉应力，边部受纵向附加压应力，轧板就会产生中部裂口。当板材塑性不好时，凸辊轧板就会出现边裂（图 2-42），用凹辊。如果板材塑性很好，则用凸辊轧薄板时中部会由于附加压应力而皱褶，当用凹辊轧薄板时，边部也会产生褶皱。

实际上，在轧板时即使是轧件宽度上压下率相同，低塑性材料也会边裂，因为这时沿宽度上各部分的自由延伸不同。边部受拉应力，这是因为轧件中间受横向摩擦阻力大，因此自由宽展小，延伸就大。由于金属是一个整体，受外端作用，以平均延伸出辊，这样板的边部就受纵向附加拉应力。

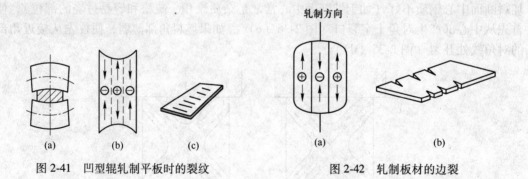

图 2-41　凹型辊轧制平板时的裂纹　　　　　图 2-42　轧制板材的边裂

2.4.3　挤压和拉拔时产生的主要断裂

挤压时，在挤压材料的表面常会出现如图 2-43（a）所示的断裂，严重时会出现节状裂口，产生这种裂口与挤压时金属的流动特点有关。挤压时，由于挤压缸和模孔的摩擦力的阻滞作用，使挤压件表面层向外流动得慢，内层流动得快。但金属是一个整体又受外端作用，使金属各层的延伸"拉齐"，于是在挤压材的外层受纵向附加拉应力。一般来说，此附加应力越趋近于变形区的出口，其数值越大。如果在 a—a 截面表层上，由于较大附加拉应力作用而使其工作应力变为拉应力，并且达到了实际的断裂强度 σ_f 时，则在表面上就会发生向内扩展的裂纹，其形状与金属通过模孔的速度有关。裂纹的发生消除了在裂纹范围以内附加应力，故只有当第一条裂纹的末端 K 走出 a—a 线以后才停止继续扩展，才有因附加拉应力作用再产生第二条裂纹的情形（图2-44（b）），依此类推。这样，挤压时就发生了一系列周期性的断裂。当材料表面温度降低而使其塑性下降的情况下，便会促使这种断裂的发生。

图 2-44 所示为拉拔棒材常出现的内部横裂，这种裂纹与拉拔棒材产生的表面形状有关。如图2-44（b）所示，当 l/d_0 较小时，模壁对棒材的压变形深入不到轴心层，而产生表面变形，结果导致轴心层产生附加拉应力。此附加拉应力与拉拔时的纵向基本应力结合起来，就使轴心层的纵向拉伸工作应力很大，便产生如图2-44（a）所示的内部横裂。

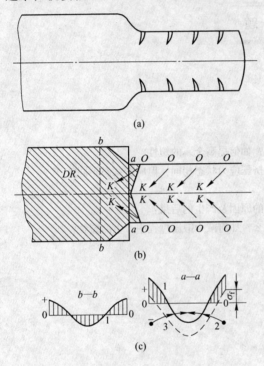

图 2-43 挤压时的断裂
（a）挤压时的断裂；（b）挤压时通过变形区裂纹的形成
（O—裂纹起点；K—裂纹终点；
DR—变形区）；
（c）挤压时纵向应力分布图（1—附加应力；
2—基本应力；3—工作应力）

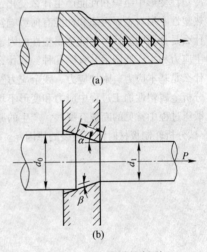

图 2-44 拉拔时的断裂
（a）拉拔时的内裂；（b）拉拔过程

2.4.4 影响断裂类型的因素

根据条件的不同，任何材料都可能产生两种不同类型的断裂：脆性断裂和韧性断裂。这取决于变形温度、变形速度、应力状态和材料本性。

（1）变形温度的影响。除面心立方金属外，其他金属随温度下降可能发生由韧性向脆性转变，其标志是，一定温度以下面缩率、伸长率或冲击韧性急剧下降。大体上，体心立方金属拉伸时变脆的温度约在 $0.1T_{熔}$ 以下（$T_{熔}$ 为熔点，K），金属间化合物大约在

$0.5T_{熔}$ 以下。韧性-脆性转变是因为一些金属的屈服强度随温度的变化，温度越低，屈服强度越高，但脆性强度与温度变化几乎无关，当塑性变形在断裂发生之前发生，即为韧性断裂。

（2）变形速度的影响。屈服应力对变形速度比较敏感，当变形速度大于临界变形速度 $\dot{\varepsilon}_k$ 时，$\sigma_s<\sigma_f$，产生脆性断裂，而当变形速度小于 $\dot{\varepsilon}_k$ 时，$\sigma_s>\sigma_f$，产生韧性断裂。

（3）应力状态的影响。当有三向拉应力时，有效切应力将减少，为了使材料屈服，拉伸应力值增高。反之，若在拉伸的同时有流体静压力作用，材料的屈服变得更为容易。实验表明，脆断强度也会因三向拉应力状态而有所提高。

习　题

2-1　简述滑移和孪生两种塑性变形机理的主要区别。

2-2　与单晶体变形相比，多晶体变形有哪些特点？

2-3　冷塑性变形中组织和性能产生什么变化？

2-4　热塑性变形对金属组织和性能有何影响？

2-5　什么是金属的塑性？影响金属塑性的因素有哪些？如何提高金属的塑性？

2-6　主应力和主应变图示共有哪几种？为什么轧制和挤压应力状态相同，但应变状态不同？

2-7　什么是基本应力、附加应力、残余应力？

2-8　分析金属塑性加工过程中应力和变形不均匀分布的原因及产生的后果？

2-9　锻压过程中常见的断裂有哪些？产生的原因是什么？如何减少锻压过程中产生的裂纹？

2-10　试分析轧制板材时出现边裂的原因？

3 轧制成型原理

3.1 轧钢生产系统

生产出合格的钢铁材料需经过从铁矿石开采、炼铁、炼钢和轧钢等阶段，各个阶段又包括很多复杂的工序。如图 3-1 所示为从炼铁、炼钢直到轧制成材为止的生产工艺简图。

组织钢铁生产时，根据原料来源、产品种类以及生产规模之不同组成各种轧钢生产系统。例如：按生产规模划分为大型、中型和小型的生产系统；按产品种类分则有板带钢、型钢、合金钢以及混合生产系统。每一种生产系统的车间组成、轧机配置及生产工艺过程又是千差万别的。

（1）板带钢生产系统。板带钢生产广泛采用先进的连续轧制方法，生产规模越来越大。例如，一套现代化的宽带热连轧机年产量达 300 万~600 万吨；一套宽厚板轧机年产约 100 万~200 万吨。采用连铸板坯作为轧制板带钢原料，特厚板的生产往往还采用重型钢锭锻压成坯作为原料。

（2）型钢生产系统。型钢生产系统的规模并不是很大。就其本身规模而言也可分为大型、中型和小型三种生产系统。一般年产 100 万吨以上的可称为大型系统，年产30 万~100 万吨的为中型系统，年产 30 万吨以下的称为小型系统。

（3）混合生产系统。在一个钢铁企业中可同时生产板带钢、型钢或钢管时，称为混合系统。无论在大型、中型或小型企业中，混合系统都比较多，优点是可以满足多品种的需要。

（4）合金钢生产系统。由于合金钢的用途、钢种特性及生产工艺都比较特殊，材料也比较稀贵，产量不大而产品种类繁多，故它常属于中型或小型的型钢生产系统或混合生产系统。由于有些合金钢塑性较低，故开坯设备除轧机以外，有时还采用锻锤。

现代化的轧钢生产系统向着大型化、连续化、自动化的方向发展，原料断面及重量日益增加，生产规模日益加大。

3.2 轧钢生产工艺

由钢锭或连铸坯轧制成具有一定规格和性能的钢材的一系列加工工序的组合称为轧钢生产工艺过程。如何能够优质、高产、低成本地生产出合乎技术条件的钢材，是制定轧钢生产工艺过程的总任务和总依据。由各种轧制产品技术条件要求、工艺性能以及各生产厂的具体情况的不同，决定了生产工艺过程是不同的。从轧钢生产过程的各个阶段来看，可分为轧制前的准备、加热、轧制、精整及热处理等工序。

碳素钢和合金钢典型生产工艺过程如图 3-2 所示。

52

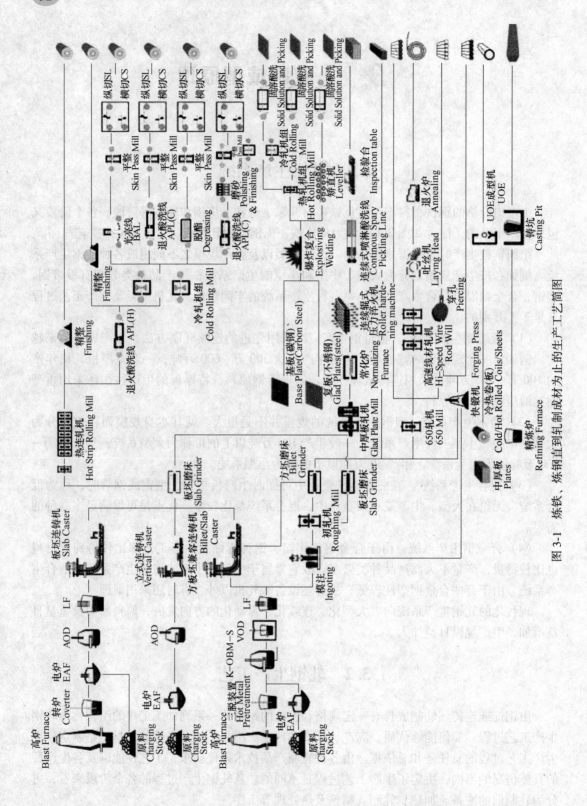

图 3-1 炼铁、炼钢直到轧制成材为止的生产工艺简图

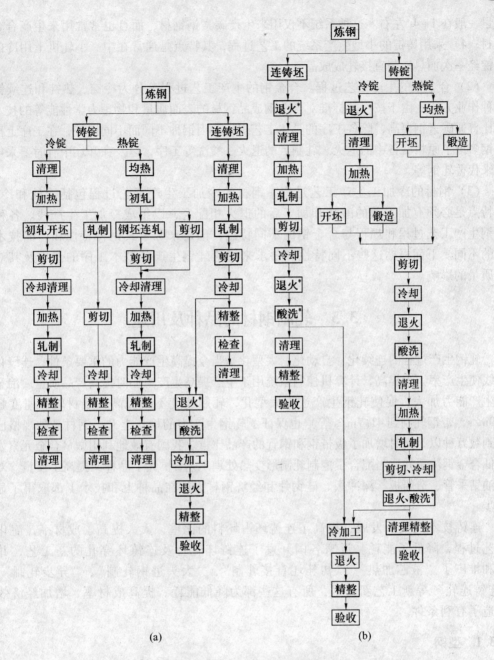

图 3-2 生产工艺过程流程图

(a) 碳素钢和低合金钢；(b) 合金钢（带 * 号的工序有时可略去）

(1) 碳素钢的生产工艺过程。碳素钢的生产工艺过程一般可分为四个基本类型：
1) 采用连续铸坯的生产系统的工艺过程，其特点是不需要大的开坯机，无论是板钢或型钢一般多是一次加热轧出成品，现在已得到广泛的应用；2) 采用铸锭的大型生产系统的工艺过程，其特点是必须有能力强大的初轧机或板坯机；钢锭重量大的，一般采用热锭作业及二次或三次加热轧制的方式；3) 采用铸锭的中型生产系统的工艺过程，其特点是一般有 φ(650~900) mm 二辊或三辊开坯机，通常采用冷锭作业及二次加热轧制方式，钢锭重量一般在 1~4t 左右。这种系统不仅用来生产碳素钢钢材，而且也常常用来生产合金钢钢材；4) 采用铸锭的小型生产系统的工艺过程，其特点是通常在中、小轧机上用冷的小钢锭经一次加热轧制直接轧成成品。

（2）合金钢的生产工艺过程。合金钢的生产工艺过程可分为冷锭、热锭和连续铸坯三种作业方式。由于按产品标准对合金钢成品钢材的表面质量和物理力学性能等的技术要求比普通碳素钢要高，除各工序的具体工艺规程会因钢种不同而不同以外，在工序上比碳素钢多出了原料准备中的退火、轧制后的退火、酸洗等工序，以及在开坯中有时要采用锻造来代替轧钢等。

（3）钢材的冷加工生产工艺过程。钢材的冷加工生产工艺过程包括冷轧和冷拔，其特点是必须有加工前的酸洗和加工后的退火相配合，以组成冷加工生产线。各种碳素钢生产工艺过程和规程与合金钢的不同特点，都是来源于其钢种特性和产品技术要求的不同。下面根据这些不同特性和要求来讨论轧钢生产各基本工序的作用及其对产品质量的影响。

3.3 轧制钢材的品种及用途

轧钢生产过程的连续化、自动化、大型化是当今提高生产能力的重要条件，连续化作业线使生产率大为提高，计算机控制系统用于生产提高生产力同时提高产品质量。冶金企业生产能力加大，促使轧钢生产过程大型化，轧制速度不断提高（线材轧制速度超过 110m/s，带钢轧制到 41.7m/s 等）也保证了轧钢生产力的稳步上升。钢材品种规格已扩大到数万种以上同时增加了板带钢和钢管的产品比重。我国有效地利用微量合金元素发展了低合金钢体系并适当配合了控制轧制形变热处理工艺，扩大了品种又提高了质量。对于石油钻采管、造船板、深冲板、硅钢片和经济钢材无论在品种上和技术上都取得了显著进步。

连铸技术的飞跃发展，提高了连铸坯占坯料的比重，大大提高了成材率，简化了工艺过程，降低了能耗。近来各国开发了连铸坯轧管及连铸坯穿孔的新工艺，并试验和推广了"液芯加热"、"初轧坯直接轧制"、"大头进钢轧制"、"异步轧制"及"连铸连轧"等新工艺新技术，所有这些都为降低能耗、提高成材率、增加经济效益创造了有利条件。

3.3.1 型钢

全长具有一定断面形状和尺寸的实心钢材称为型钢。型钢品种很多，按其断面形状可分为简单断面型钢（方钢、圆钢、扁钢、角钢等）和复杂断面型钢（槽钢、工字钢、钢轨等）；按其用途又可分为常用型钢（方钢、圆钢、扁钢、角钢、槽钢、工字钢等）和特殊用途型钢（钢轨、钢桩、球扁钢、窗框钢、汽车挡圈等）按其生产方法还可分为轧制型钢、弯曲型钢、焊接型钢等。型钢是一种实心断面钢材，通常按其断面形状分类。

（1）简单断面型钢。如图 3-3（a）所示，大致包括：

1）方钢。断面形状为正方形的钢材称为方钢，其规格以断面边长尺寸的大小来表

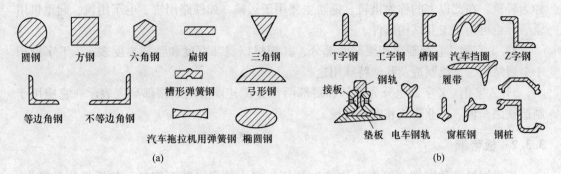

图 3-3 部分型钢示意图

(a) 简单断面型钢；(b) 复杂断面型钢

示。最常轧制的方钢边长为 5~250mm，个别情况还有更大些的。方钢可用来制造各种设备的零部件，铁路用的道钉等。

2）圆钢。断面形状为圆形的钢材称为圆钢，其规格以断面直径的大小来表示。圆钢的直径一般为 5~200mm，在特殊的情况下可达 350mm。直径为 5.5~9mm 的小圆钢称为线材，用于拔制钢丝、制造钢丝绳、金属网、涂药电焊条芯、弹簧、辐条、钉子等；直径 10~25mm 的圆钢，是常用的建筑钢筋，也用以制作螺栓等零件；直径 30~200mm 的圆钢用来制造机械上的零件；直径 50~350mm 的圆钢可用作无缝钢管的坯料。

3）扁钢。断面形状为矩形的钢材称为扁钢，其规格以厚度和宽度来表示。通常轧制的扁钢厚度从 4mm 到 6mm，宽度从 10mm 到 200mm。多用做薄板坯，焊管坯以及用于机械制造业。

4）六角钢。其规格以六角形内接圆的直径尺寸来表示。常轧制的六角钢其内接圆直径为 7~80mm。多用于制造螺帽和工具。

5）三角钢、弓形钢和椭圆钢。这些断面的钢材多用于制作锉刀。三角钢的规格用边长尺寸表示，常轧制的三角钢边长为 9~30mm。弓形钢的规格用其高度和宽度表示，一般的弓形钢高 5~12mm，宽度为 15~20mm。椭圆钢规格是以长、短轴尺寸来表示，其长轴长度为 10~26mm，短轴长度为 4~10mm。

6）角钢。有等边、不等边角钢两种，其规格以边长与边厚尺寸表示。常用等边角钢的边长为 20~200mm，边厚为 3~20mm。不等边角钢的规格分别以长边和短边的边长表示，最小规格的不等边角钢长边为 25mm，短边为 16mm；最大规格的不等边角钢长边为 200mm，短边为 125mm。角钢多用于金属结构、桥梁、机械制造和造船工业，常为结构体的加固件。

（2）复杂断面型钢。如图 3-3（b）所示，经常轧制的品种有：

1）工字钢。工字钢规格以高度尺寸表示。一般的工字钢有 10~63 号，即高度等于 100~630mm。特殊的高度可达 1000mm。工字钢广泛地应用于建筑或其他金属结构。

2）槽钢。其规格以高度尺寸表示。一般的槽钢有 5~40 号，即高度等于 50~400mm。槽钢应用于工业建筑、桥梁和车辆制造等。

3）钢轨。钢轨的断面形状与工字钢相类似，所不同的是其断面形状不对称。钢轨规格是以每米长的质量来表示。普通钢轨的质量范围是 5~75kg/m，通常在 24kg/m 以下的称为轻轨，在此以上的称为重轨。钢轨主要用于运输，如铁路用轨、电车用轨、起重机用轨等，也可用于工业结构部件。

4）T 字钢。它分腿部和腰部两部分，其规格以腿部宽度和腰部高度表示。T 字钢用于金属结构、飞机制造及其他特殊用途。

5）Z 字钢。Z 字钢也分为腿部和腰部两部分，其规格是以腰部高度表示。它应用于制造铁路车辆、工业建筑和农业机械。

3.3.2 板带钢

板带钢是一种宽度与厚度比值（B/H 值）很大的扁平断面钢材，包括板片和带卷。板带钢按其厚度一般分为厚板、薄板、极薄带材（箔材）；按制造方法可分为热轧板带钢和冷轧板带钢；按用途还分为锅炉板、桥梁板、造船板、汽车板、镀层板及电工钢板等。通常是按其厚度分类，可分为：

（1）厚板。厚板属于热轧钢板，厚 4~500mm 或以上（其中 4~20mm 者为中板，20~60mm 者为厚板，60mm 以上者为特厚板），宽至 5000mm，长达 25000mm 以上，一般是成张供应。主要用于锅炉、造艇、车辆、桥梁、槽罐、化工装置等。

（2）薄板热轧、冷轧皆可生产薄板，厚 0.2~4mm，宽至 2800mm。可剪成定尺长度供应，也可成卷供应。用于汽车、电机、变压器、仪表外壳、家用电器等。

（3）极薄带材。极薄带材或称箔材，属于冷轧产品，一般厚度为 0.001~0.2mm，宽度为 20~6000mm，常以带卷供应。用于表面包层和包装，可起隔冷、隔热、隔潮、隔音等作用。诸如精密仪器、电容器等零件，造船和车辆工业中的绝热层、建筑工业中的防水层，食品、化妆品盒等。

3.3.3 管材

凡是全长为中空断面且长度与周长的比值较大的钢材称为钢管。钢管规格用其外形尺寸（外径或边长）和壁厚（或内径）表示。它的断面形状一般为圆形，也有方形、矩形、椭圆形等多种异型钢管（见图 3-4）及变断面钢管。

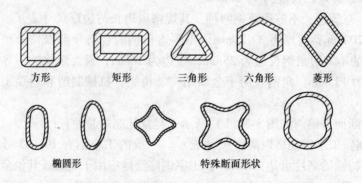

方形   矩形   三角形   六角形   菱形

椭圆形   特殊断面形状

图 3-4 异型钢管示例

钢管按用途分为管道用管、锅炉用管、地质钻探管、化工用管、轴承用管、注射针管等；制造方法分为无缝钢管、焊接（有缝）钢管及冷轧与冷拔钢管；按管端状态可分为光管和车丝（带螺纹的）管，后者又分为普通车丝管和端头加厚的车丝管；按外径和壁厚之比的不同，还可分为特厚管、厚壁管、薄壁管和极薄壁管。各种钢管的规格按直径与壁厚组合也非常多，其外径最小可达 0.1mm，大至 4000mm；壁厚薄达 0.01mm，厚至 100mm。随着科学技术的不断发展，新的钢管品种还在不断增多。

钢管用途也很广，其中高级的无缝钢管主要用途是高压用管、化工用管、油井用管，炮管、枪管，也用于航空、机电、仪器仪表元件等，一般的焊接钢管可用于煤气管、水道用管、自行车和汽车用管等。钢管的产量一般约占钢材总产量的 8%～16%。

3.4 轧 制 设 备

3.4.1 轧钢机的基本组成

轧制钢材的设备称为轧钢机（见图 3-5）。轧钢机由轧辊、组装轧辊用的机架、使上下轧辊旋转的齿轮座、电动机等部分组成，此外还有连接用的中间接轴和联轴节等部件。通常称为工作机座，电动机、传动机械三大组成部分（见图 3-6）。

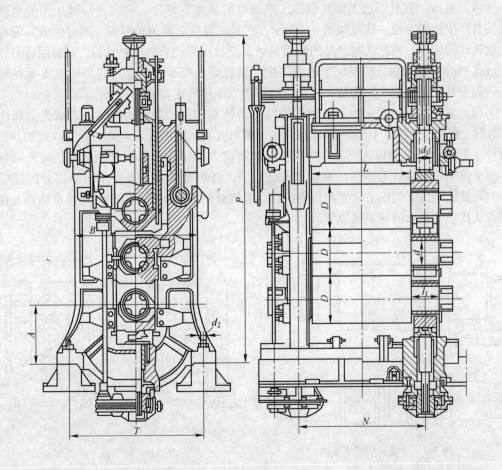

图 3-5　三辊式轧钢机工作机座

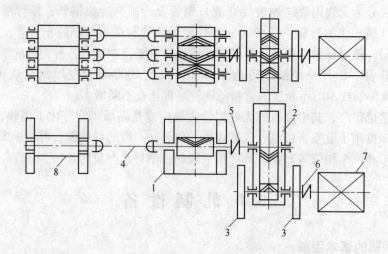

图 3-6　三辊式轧钢机主机列简图

1—齿轮座；2—减速箱；3—飞轮；4—万向接轴；5—主联轴节；

6—电动机联轴节；7—主电动机；8—工作机座

（1）轧辊。在轧制加工中轧辊是压缩成型的最重要部件，它直接与被加工的金属接触使其产生塑性变形。轧辊如图 3-7 所示，它是由辊身、辊颈和辊头三部分组成。辊身是轧制轧件的部位。根据轧制产品的断面形状，板材用圆柱形的平辊轧制，型材用带有轧槽组成孔型的型辊轧制。辊颈位于辊身两侧，是轧辊的支承部位，用它将轧辊支承在轴承上。辊头是轧辊与联接轴相接，用以传递扭转力矩使轧辊旋转的部分。

（2）机架。机架是由组装轧辊用的两个铸铁或铸钢的牌坊所组成。它承受金属作用在轧辊上的全部压力，因此在强度和刚度上都对其有较高的要求。机架有闭口式和开口式两种（见图 3-8）。闭口式机架主要用在轧制负荷大的初轧机和板材轧机上，而开口机架多用于像型钢、线材等那些经常换辊的轧机上。在机架上安装有支承辊颈部分的轧辊轴承、调整轧辊压下的压下装置和用来保持空载辊缝的平衡装置，以及把轧件正确导入孔型或者从孔型中导出的导卫装置等。

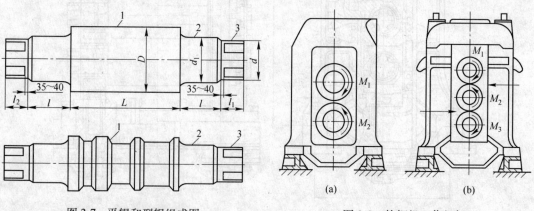

图 3-7　平辊和型辊组成图

1—辊身；2—辊颈；3—辊头

图 3-8　轧钢机工作机架

（a）闭口式机架；（b）开口式机架

（3）导卫装置。导卫装置是型钢轧机不可缺少的诱导装置。导卫装置的主要作用是把轧件正确地送入轧辊和引导轧件顺利地出轧辊，防止轧件扭转、旁窜和缠辊，在个别情况下有使金属变形和翻钢作用。导卫装置按其作用分为入口导卫及出口导卫。构成导卫装置的主要零件有横梁、导板、夹板及夹板盒、卫板、导管、扭转导板、扭转辊及围盘。

导板的种类有很多，形状和结构最简单的要属平面导板。导板被固定在横梁上，作为轧件进入孔型或离开轧辊导向之用。卫板安装在轧件出口侧的横梁上，以使轧件能顺利地离开轧辊，使轧件不下弯也不上翘。简单卫板的形状与安装方法，如图3-9所示。

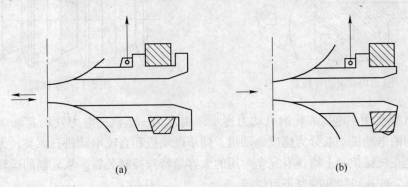

(a)　　　　　　　(b)

图 3-9　卫板的形状与安装方式
(a) 可逆式轧机用；(b) 非可逆式轧机用

轧制某些较大的简单断面型钢，仅需安装一块下卫板即可保证轧机安全工作。在很多轧制情况下，一般都需同时安装上下卫板。轧制某些异形断面型钢，卫板的作用就更为突出的重要，此时为简化卫板的形状与安装，通常总是将其作成若干小块一分卫板，分别装在上、下轧槽的不同部位上。这些部位应该是轧件脱槽有困难而容易引起缠辊的地方，如孔型的闭口部分等。

近代有些小型轧机使用结构比较紧凑，设计比较合理的滚动导板盒，使用效果很好。图3-10为一种轧制圆钢使用的滚动导板盒。在由水平机座组成的连轧上，轧件由一架轧机进入另一架轧机时，在其间有时需要进行90°或45°翻钢，就在前一架轧机轧件的出口处采用扭转辊（轧件断面大时）或扭转管（断面小或速度低时）将轧件扭转某一角度，使轧件在前进过程中陆续进行翻转，直至进入下一架轧机时正好翻转成所需角度。大的扭转辊须安装在轧机前面的专门框架上，如图3-11所示。

（4）齿轮机座。齿轮机座是把电动机的动力传递分配到各个轧辊上，使轧辊互相朝着相反方向旋转的装置。二辊或四辊式轧机的齿轮机座有两个齿轮，而三辊式轧机的齿轮机座有三个齿轮。通常是由直径相等的人字齿轮所组成，亦即这些人字齿轮传动比$i=1$。二辊或四辊式轧机的齿轮机座下齿轮为主动的，三辊式轧机的齿轮机座中齿轮或下齿轮为主动的。

（5）联接轴和联轴节。联接轴用于将转动从电动机或齿轮机座传递给轧辊，或从一个工作机座的轧辊传递给另一工作机座的轧辊。联轴节的用途是将主机列中的传动轴连接起来，有连接电动机轴与减速箱轴的电动机联轴节和连接减速箱轴与齿轮机座轴的主联轴节之分。

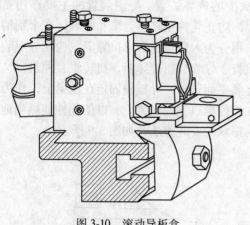

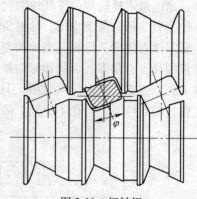

图 3-10　滚动导板盒　　　　　　　　　图 3-11　扭转辊

（6）轧钢机用主电机。轧钢机动力逐步地由水力—蒸汽—电力发展起来。现代轧钢机上所使用的电动机一般分为感应电动机、同步电动机和直流电动机三大类，无论在电动控制上还是在机械控制上均备有完全耐用的大容量特殊控制装置。从轧制的运转状态还可分为不变速、变速可逆和变速不可逆等。

3.4.2　轧钢机的分类

为了轧制种类繁多的钢材，亦需采用多种类型的轧机。通常按轧机的用途、轧辊的装配形式、轧机的排列方式三种情况来分类。

3.4.2.1　按轧机的用途分类（表3-1）

表 3-1　按轧机的用途分类

轧钢机名称	轧辊尺寸/mm	轧钢机用途
初轧机	直径 1000~1400	将 3~15t 钢锭轧成 150~370mm 方、圆、矩形大钢坯
扁坯初轧机	直径 1100~1200	将 12~30t 钢锭轧成 300mm×1900mm 以下的扁钢坯
钢坯轧机	直径 450~750	将大钢坯轧成 40mm×40mm~150mm×150mm 的钢坯
钢轨、钢梁轧机	直径 750~900	轧制标准钢轨，与高度 240~600mm 的钢梁
大型轧钢机	直径 650~750	轧制大型钢材：80~150mm 的方、圆钢，高度 120~240mm 的工字钢与槽钢等
中型轧钢机	直径 350~650	轧制中型钢材：38~80mm 的方、圆钢，高度至 120mm 的工字钢与槽钢，50mm×50mm~100mm×100mm 的角钢等
小型轧钢机	直径 250~350	轧制小型钢材：8~50mm 的方、圆钢，20mm×20mm~50mm×50mm 的角钢等
线材轧机	直径 250~300	轧制拉 φ5~9mm 的线材
厚钢板、中钢板轧机	辊身长 2000~5000	轧制厚度 4mm 以上的中、厚钢板
带钢轧机	辊身长 500~2500	轧制 400~2300mm 宽带钢
薄钢板轧机	辊身长 800~2000	热轧厚度 0.2~4mm 的薄钢板

（1）初轧机将钢锭轧成半成品的轧机，即轧成方坯、扁坯或板坯等。初轧机以轧辊

直径大小命名，例如 1150 初轧机，表示初轧机的轧辊直径为 1150mm。

（2）型钢轧机用于轧制型钢。型钢轧机一般用轧辊直径或齿轮机座中的人字齿轮的节圆直径来表示。

（3）板带钢轧机用于轧制板带钢。板带钢轧机以轧辊的辊身长度来表示，辊身长度决定了在该轧机上所轧板带钢的最大宽度。例如 1200 板带钢轧机，表示该轧机轧辊的辊身长度是 1200mm，能轧最宽约为 1000mm 的板带钢。

（4）钢管轧机用于轧制钢管。钢管轧机以能轧钢管的最大外径来表示，例如 140 轧管机组，表示能生产钢管的最大外径为 140mm。

（5）特种轧机轧制车轮、轮箍、钢球、齿轮、轴承环等。

3.4.2.2 按轧辊的装配形式分类 （表3-2）

表 3-2 按轧辊的装配形式分类

轧辊装配示意图	轧机名称	用 途	轧辊装配示意图	轧机名称	用 途
	二辊轧机	（1）轧制初轧坯及型钢； （2）生产薄板（周期式叠板轧机）； （3）冷轧钢板及带钢		八辊轧机	冷轧薄带钢
	三辊轧机	轧制钢坯及型钢		十二辊轧机	冷轧薄带钢
	三辊劳特式轧机	轧制中厚板		十四辊轧机	冷轧薄带钢
	四辊轧机	轧制中厚板冷轧及热轧钢板和带钢		十六辊轧机	冷轧薄带钢
	二十辊轧机	冷轧薄和极薄带钢		四辊万能轧机	轧制宽边工字钢
	行星轧机	热轧带钢		四辊万能轧机	轧制厚板

轧辊装配示意图	轧机名称	用　途	轧辊装配示意图	轧机名称	用　途
	立辊轧机	轧制板坯或厚板的侧面		二辊穿孔机	管坯穿孔
				三辊轧机	轧制钢管，管坯穿孔
	二辊万能轧机	轧制板坯及厚板		钢球轧机	轧制钢球

　（1）水平式轧机。指轧辊水平放置的轧机。这类轧机又以轧辊数目和装配方式分为二辊轧机、三辊轧机、四辊轧机、八辊轧机、十二辊轧机、十四辊轧机、十六辊轧机、二十辊轧机和行星轧机等。

　（2）立式轧机。指轧辊垂直放置的轧机。

　（3）万能轧机。在工作机座中既布置有水平辊又布置有立辊的轧机。

　（4）斜辊轧机。轧辊倾斜放置的轧机。

3.4.2.3　按轧机的排列方式分类

　（1）单机架轧机。轧件在仅有的一个机架中完成轧制。

　（2）横列式轧机。数个机架横向排列的轧机。该轧机往往由一个电机驱动，轧件依次在各个机架中轧制一道或多道。

　（3）纵列式轧机。数个机架按轧制方向顺序排列，轧件依次在各个机架中只轧制一道。

　（4）连续式轧机。数个机架按轧制方向顺序排列，轧件同时在各个机架中轧制且使轧件在每一机架的秒流量体积维持不变。

　（5）半连续式轧机。一般是指横列式和连续式的组合，但对半连续板带钢轧机则是纵列式和连续式的组合。

　最后还应指出，广义的轧钢机不只是一个工作机座或一个轧钢机主机列，它还包括加热、输送、剪切、矫直、卷绕和收集包装等设备。一般说来，把使轧件在旋转的轧辊间变形的轧钢机为主要设备；把用以完成其他辅助工序的设备均称为辅助设备。

3.5　轧制理论基础

　轧制过程是指被轧制的金属体（轧件）借助于旋转轧辊与其接触摩擦作用，被曳入轧辊的缝隙间，再在轧辊压力作用下，使轧件在长、宽、高三个方向上完成塑性变形的过程。简而言之，是指轧件由摩擦力被拉入旋转轧辊之间，受到压缩进行塑性变形的过程。通过轧制，使轧件具有一定的形状、尺寸和性能。

3.5.1 纵轧变形区及变形表示方法

为了揭示轧制过程的变形规律，以应用最为广泛，最具代表性的简单轧制过程为例，定性分析各种轧制过程所共同具有的变形规律及相关参数。简单轧制过程是轧制理论研究的基本对象，它应具备以下条件：轧件除受轧辊作用外，不受其他任何外力作用；两个轧辊均为主传动，且其直径相等，转速相同；轧制过程对两个轧辊完全对称，轧辊无轧槽；轧件的机械性质均匀。

理想的简单轧制过程在实际生产中很难找到，但是为了讨论问题方便，常常把复杂的轧制过程简化成简单轧制过程。

3.5.1.1 轧制变形区及主要参数

如图 3-12 所示，轧制变形区是指轧件充填辊间那部分金属体积，即从轧件入辊的垂直平面到轧件出辊的垂直平面所围成的区域 AA_1BB_1，通常又把它称为几何变形区。轧制变形区主要参数如下。

（1）咬入角（α）。轧件与轧辊相接触的圆弧所对应的圆心角称为咬入角（亦称接触角）。由图 3-12 看出，压下量与轧辊直径及咬入角之间有如下关系：

$$\Delta h = 2(R - R\cos\alpha)$$

由 $\cos\alpha = 1 - \dfrac{\Delta h}{D}$，得

$$\sin\frac{\alpha}{2} = \frac{1}{2}\sqrt{\frac{\Delta h}{R}}$$

当 α 很小时（$\alpha < 10° \sim 15°$），取 $\sin\dfrac{\alpha}{2} \approx \dfrac{\alpha}{2}$，可得

$$\alpha = \sqrt{\frac{\Delta h}{R}} \tag{3-1}$$

式中　D，R——轧辊的直径和半径；

　　　　Δh——压下量。

（2）接触弧长（l）。轧件与轧辊相接触的圆弧的水平投影长度称为接触弧长，即图 3-12 中的 AC 段。通常又把 AC 称为变形区长度。接触弧长度随轧制条件不同而不同，一般有以下两种情况：

1）两轧辊直径相等时接触弧长度。由图 3-12 中的几何关系可知：

$$l = \sqrt{R\Delta h - \frac{\Delta h^2}{4}} \tag{3-2}$$

由于式（3-2）中根号里第二项较第一项小得多，因此可以忽略不计，则接触弧长度计算公式变为

$$l = \sqrt{R\Delta h} \tag{3-3}$$

用式（3-3）求出的接触弧长度实际上是 AB 弦的长度，可用它近似地代替 AC 长度。

2）两轧辊直径不等时接触弧长度。可按下式确定：

$$l = \sqrt{\frac{2R_1R_2}{R_1 + R_2}\Delta h} \tag{3-4}$$

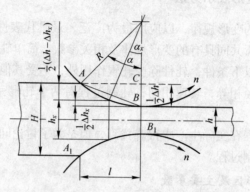

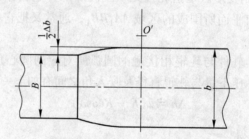

图 3-12   变形区的几何形状

3.5.1.2 纵轧时变形表示方法

（1）用绝对变形量表示。用轧制前、后轧件绝对尺寸之差表示的变形量称为绝对变形量。绝对压下量为轧制前、后轧件厚度 H、h 之差，即 $\Delta h = H - h$；绝对宽展量为轧制前、后轧件宽度 B、b 之差，即 $\Delta b = b - B$；绝对延伸量为轧制前、后轧件长度 L、l 之差，即 $\Delta l = l - L$；用绝对变形不能准确地说明变形量的大小，但在变形程度大的轧制过程中常用。

（2）用相对变形量表示。用轧制前、后轧件尺寸的相对变化表示的变形量称为相对变形量。

相对压下量： $\dfrac{H-h}{H} \times 100\%$ ；或 $\dfrac{H-h}{h} \times 100\%$ ；或 $\ln\dfrac{h}{H}$

相对宽展量： $\dfrac{b-B}{B} \times 100\%$ ；或 $\dfrac{b-B}{b} \times 100\%$ ；或 $\ln\dfrac{b}{B}$

相对延伸量： $\dfrac{l-L}{L} \times 100\%$ ；或 $\dfrac{l-L}{l} \times 100\%$ ；或 $\ln\dfrac{l}{L}$

前两种表示方法只能近似地反映变形的大小，但较绝对变形表示法更准确，后一种方法导自移动体积的概念，能够正确地反映变形的大小。由于取用对数值计算较为麻烦，故在简单轧制条件下，常采用前两种表示方法。

（3）用变形系数表示。用轧制前、后轧件尺寸的比值表示变形程度，此比值称为变形系数。

压下系数：
$$\eta = \frac{H}{h}$$

宽展系数：
$$\beta = \frac{b}{B}$$

延伸系数：
$$\mu = \frac{l}{L}$$

根据体积不变原理，三者之间存在 $\eta = \mu \cdot \beta$ 的关系。变形系数能够简单而正确地反映变形的大小，因此在轧制变形方面得到极为广泛的应用。

3.5.2 轧制过程建立条件

轧件与轧辊接触开始到轧制结束，轧制过程一般分为三个阶段。从轧件与轧辊开始接触到充满变形区结束为第一个不稳定过程；轧件充满变形区后到尾部开始离开变形区为稳定轧制过程；尾部开始离开变形区到全部脱离轧辊为第二个不稳定过程。轧制过程能否建立就是指这三个过程能否顺利进行。在生产实践过程中，经常能观察到轧件在轧制过程中出现卡死或打滑现象的发生，说明轧制过程出现障碍。下面分析影响轧制过程顺利进行的两个重要条件。

（1）咬入条件。轧制过程能否建立，首先取决于轧件能否被旋转轧辊顺利曳入，实现这一过程的条件称为咬入条件。轧件实现咬入过程，外界可能给轧件推力或速度，使轧件在碰到轧辊前已有一定的惯性力或冲击力，这对咬入顺利进行有利。因此，轧件如能自然地被轧辊曳入，其他条件下的曳入过程也能实现。所谓"自然咬入"是指轧件以静态与辊接触并被曳入，轧件受力分析如图3-13所示。

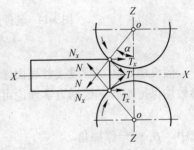

图3-13 咬入时轧件受力

在接触点（实际上是一条沿辊身长度的线）轧件受到轧辊对它的压力 N 及摩擦力 T 作用。N 沿轧辊径向，T 沿轧辊切线方向且与 N 力垂直。T 与 N 满足库仑摩擦定律

$$T = f \cdot N \tag{3-5}$$

式中 f——摩擦系数。

定义轧制中心线为轧件纵向对称轴线，则咬入条件为轧制线上沿轧制方向力的矢量和大于或等于零，即

$$T_x - N_x \geq 0 \tag{3-6}$$

所以
$$f \geq \tan\alpha \tag{3-7}$$

由于摩擦系数可用摩擦角 β 表示，$f = \tan\beta$

所以
$$\beta \geq \alpha \tag{3-8}$$

即咬入条件为摩擦角 β 大于咬入角 α，β 越大于 α，轧件越易被曳入轧辊内。

当 $\alpha = \beta$ 时，为咬入的临界条件，把此时的咬入角称为最大咬入角，用 α_{max} 表示。它

取决于轧件和轧辊的材质、接触表面状态和接触条件等。

（2）稳定轧制条件。轧件被轧辊曳入后，轧件前端与轧辊轴心连线间夹角 δ 不断减小（见图3-14（a）），一直到 $\delta = 0$（见图3-14（b）），进入稳定轧制阶段。表示 T 与 N 之合力 F 作用点的中心角 φ 在轧件充填辊缝的过程中不断变化。随着轧件逐渐充满辊缝，合力作用点向轧件轧制出口方向倾斜，φ 角自 $\varphi = \alpha$ 逐渐减小，向有利于曳入方面发展。进入稳定轧制阶段后，合力 F 对应的中心角 φ 不再发生变化，并为最小值，即

$$\varphi = \alpha_y / K_x \tag{3-9}$$

式中　K_x ——合力作用点系数；

　　　α_y ——稳定轧制阶段咬入角。

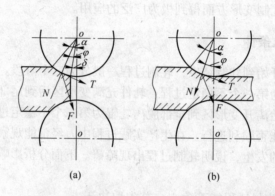

图 3-14　轧件充填辊缝过程中作用力条件的变化图解

（a）充填辊缝过程；（b）稳定轧制阶段

假设稳定轧制阶段接触表面摩擦系数为 f_y，轧件厚度、压下量、轧制力和其他相关参数均保持不变，根据力学理论可得

$$\alpha_y \leqslant K_x \cdot \beta_y \tag{3-10}$$

式中　β_y ——摩擦角。

该式表明，当 $\alpha_y \leqslant K_x \cdot \beta_y$ 时，轧制过程顺利进行，反之，轧件在轧辊上打滑不前进。一般，稳定轧制阶段，$\varphi = \alpha_y / 2$，即 $K_x \approx 2$，故可近似写成 $\beta_y \leqslant \alpha_y / 2$。因此，假设由咬入阶段过渡到稳定轧制阶段的摩擦系数不变及其他条件相同时，稳定轧制阶段最大咬入角是刚刚咬入时最大咬入角的两倍。

从咬入时 $\beta \geqslant \alpha$ 到稳定轧制时 $\beta_y \leqslant \alpha_y / 2$ 之比较可以看出：开始咬入时所要求的摩擦条件高，即摩擦系数大；随轧件逐渐充填辊间，水平曳入力逐渐增大，水平推出力逐渐减小，越容易咬入；开始咬入条件一经建立起来，轧件就能自然地向辊间充填，建立稳定轧制过程；稳定轧制过程比开始咬入条件容易实现。

（3）孔型中轧制时的咬入条件。孔型中轧制，咬入过程的基本原理与平辊轧制板材情况完全相同，只是多了孔型侧壁斜度对轧件受力条件影响。型钢生产中采用孔型系统较多，其孔型形状亦不尽相同，但就其开始咬入时轧件与轧辊的接触情况而言，基本可归纳为如下两种情况：第一，与平辊轧制矩形件相似（见图3-15（a），（b）），轧件先与孔型顶部接触；第二，轧件先与孔型侧壁接触（见图3-15（c），（d）），这是孔型中最有代表性的一种接触。

　　下面分析箱形孔型轧制矩形件时，轧件先与孔型侧壁接触时的咬入条件（见图3-16）。N、T、N_o 分别为轧辊孔型侧壁斜度作用给轧件的正压力，轧辊作用给轧件的摩擦力，轧辊作用给轧件的径向力；θ 为孔型侧壁斜度夹角。

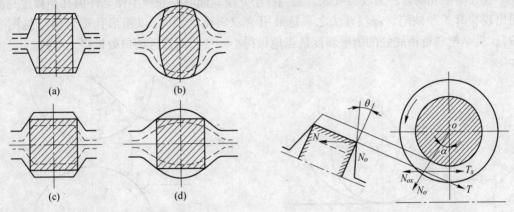

图 3-15　孔型中轧件与轧辊接触　　　　图 3-16　孔型中轧制受力分析

　　随着轧件填充孔型，实现咬入的条件仍然是 $T_x \geqslant N_{ox}$（见图3-16），即

$$T \cdot \cos\alpha \geqslant N_o \cdot \sin\alpha \ , \ T/N_o \geqslant \tan\alpha$$

因为

$$N_o = N \cdot \sin\theta$$

得

$$\frac{f}{\sin\theta} \geqslant \tan\alpha \ , \ \frac{\tan\beta}{\sin\theta} \geqslant \alpha$$

因此

$$\frac{\beta}{\sin\theta} \geqslant \alpha \tag{3-11}$$

　　由式（3-11）可知，当 $\theta = 90°$ 时，与平辊轧制条件相同，$\beta \geqslant \alpha$；当 $\theta < 90°$ 时，极限咬入角 $\alpha_{\max}$ 增大了 $\dfrac{1}{\sin\theta}$ 倍。可见，孔型中轧制时，孔型侧壁斜度夹角 θ 值越小咬入越是有利。这是因为 θ 值小，β 值增加意味着 T_x 值大，更容易把轧件拖入轧辊辊缝中。

　　（4）改善咬入条件的措施。改善咬入条件可以更顺利地完成轧制过程，是提高轧机生产率潜在措施之一。对于咬入条件，凡是能够降低咬入角 α 和提高摩擦角 β 的措施皆有利于咬入。

　　1）降低咬入角。由前面分析可知，轧制过程的咬入条件一般写成 $\alpha < \alpha_{\max} = \beta\sin\theta$，因此改善咬入条件的基本途径为：①减少实际咬入角 α；②增加极限咬入角 $\alpha_{\max}$。当摩擦系数 f 及孔型侧壁斜度均为一定时，$\alpha_{\max}$ 值是固定的，此时只有减小实际咬入角 α。由 $\Delta h = D(1 - \cos\alpha)$ 关系知

$$\alpha = \cos^{-1}\left(1 - \frac{\Delta h}{D}\right) \tag{3-12}$$

　　据此减小实际咬入角。有如下办法：

　　在不改变压下量的情况下增大轧辊直径（见图3-17）；在不改变辊径 D 的情况下（在已有轧机上）减小压下量；在辊径及压下量均保持不变的条件下，通过预先将轧件头部做成楔形，轧制钢锭时，可让小头先进轧辊，或者实行撞击喂料，即利用一定的冲击力使

轧件头部在咬入时被撞扁的方法来减小 α 值（见图 3-18）。

增加极限咬入角 α_{max} 值，可以通过减小孔型侧壁斜度角及增大摩擦系数 f（增大摩擦角）来达到。

在孔型中轧制时：为改善咬入，适当减小 θ 角，同时要兼顾不使轧件因孔型被过充满而出现"耳子"缺陷。兼顾方法之一是采用"双斜度孔型"。以箱形孔型为例（见图 3-19），就是把靠近槽底处的侧壁斜度适当地做得小一些，而接近槽口处做得大一些。

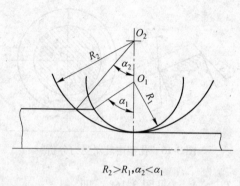

图 3-17 增大轧辊直径的咬入情况

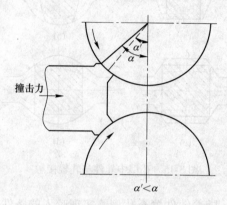

图 3-18 带楔形端轧件咬入

2）增加摩擦系数。如何增加摩擦系数 f 来改善轧制时的咬入条件，从影响摩擦系数的诸因素的讨论加以阐明。

根据迄今所掌握的资料，轧制中摩擦系数主要与轧辊和轧件的表面状态、轧制时轧件对轧辊的变形抗力以及轧辊线速度的大小有关。温度因素的影响则是通过对轧件表面（氧化）状态及变形抗力的影响而起作用的。

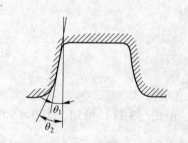

图 3-19 孔型侧壁斜度对咬入的影响

轧辊表面状态影响因素是：轧辊表面越光滑，硬度越高，摩擦系数便越小。实际上新辊比旧辊咬入能力差，硬面铸铁轧辊比硬度较低的钢轧辊咬入能力差。

对初轧机和开坯机而言，为增加开坯机生产能力，一般都力争在设备条件允许情况下采用尽可能大的道次压下量，此时轧辊咬入能力往往成为限制道次压下量增加的主要因素。为增加咬入能力，则在轧机的某几个孔型上经常采用刻痕或堆焊等法，以增加摩擦系数。然而在精轧孔型中以及在轧制表面质量要求较严的合金钢材时采用刻痕或堆焊方法是不适宜的。

轧件表面状态对摩擦系数的影响主要表现为氧化铁皮的影响。附着在轧件表面上的氧化层因其化学成分、厚度以及在不同的条件（如温度）下的强度与黏性的不同而对摩擦系数影响亦不同。

热轧时，轧制速度越大，摩擦系数越小。冷轧时，轧制速度降低摩擦系数增加，从而有助于轧件的咬入。在速度可调的初轧机或毛坯轧机上，为了改善咬入条件，增加道次压下量，往往采用"低速咬入高速轧制"的操作法。

3.5.3 轧制金属变形规律

3.5.3.1 沿轧件断面高向变形分布

关于轧制时变形的分布有两种不同理论，一种是均匀变形理论，另一种是不均匀变形理论。后者比较客观地反映了轧制时金属变形规律。均匀变形理论认为，沿轧件断面高度上的变形、应力和金属流动的分布都是均匀的，造成这种均匀性的主要原因是由于未发生塑性变形的前后外端的强制作用，因此又把这种理论称为刚性理论。不均匀变形理论认为，沿轧件断面高度上的变形、应力和金属流动分布都是不均匀的（见图3-20）。其主要内容有：沿轧件断面高度上的变形、应力和流动速度分布都是不均匀的；在几何变形区内，在轧件与轧辊接触表面上，不但有相对滑动，而且还有粘着，即轧件与轧辊间无相对滑动；变形不但发生在几何变形区以内，而且在几何变形区以外也发生变形，其变形分布也是不均匀的。这样就把轧制变形区分成变形过渡区、前滑区、后滑区和粘着区（见图3-20）；在粘着区内有一个临界面，在这个面上金属的流动速度分布均匀，并且等于该处轧辊的水平速度。

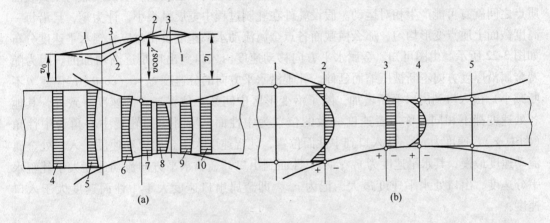

图 3-20　不均匀变形理论金属流动速度和应力分布

（a）金属流动速度分布：1—表面层金属流动速度；2—中心层金属流动速度；3—平均流动速度；4—后外端金属流动速度；5—后变形过渡区金属流动速度；6—后滑区金属流动速度；7—临界面金属流动速度；8—前滑区金属流动速度；9—前变形过渡区金属流动速度；10—前外端金属流动速度

（b）应力分布：+ —拉应力；− —压应力；1—后外端；2—入辊处；3—临界面；4—出辊处；5—前外端

大量实验证明，不均匀变形理论是比较正确的，其中以塔尔诺夫斯基实验最具代表性。用研究沿轧件对称轴的纵断面上的坐标网格的变化，证明了沿轧件断面高度上的变形分布是不均匀的。塔尔诺夫斯基根据实验研究指出，沿轧件断面高度上的变形不均匀分布与变形区形状系数有很大关系。当 $l/\bar{h} > 0.5 \sim 1.0$ 时，即轧件断面高度相对于接触弧长度不太大时，压缩变形完全深入到轧件内部，形成中心层变形比表面层变形要大的现象；当 $l/\bar{h} < 0.5 \sim 1.0$ 时，随着变形区形状系数的减小，外端对变形过程影响变得更为突出，压缩变形不能深入到轧件内部，只限于表面层附近的区域；此时表面层的变形较中心层要大，金属流动速度和应力分布都不均匀（见图3-21）。

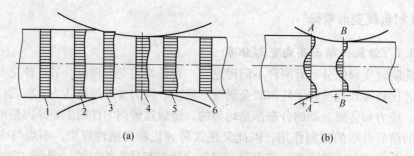

图 3-21 $l/\bar{h}<0.5\sim1.0$ 时金属流动速度与应力分布
（a）金属流动速度分布：1，6—外端；2，5—变形过渡区；3—后滑区；4—前滑区
（b）应力分布：A-A—入辊平面；B-B—出辊平面

3.5.3.2 前滑与后滑

轧制过程中，当轧件由轧前厚度 H 轧到轧后厚度 h 时，随着厚度逐渐减小，变形区内金属各质点的流动速度不可能完全相同。金属各质点之间，以及金属表面质点与工具表面质点之间就有可能产生相对运动。假设轧件在轧制过程中宽展量很小，计为零，且沿每一高度截面上质点变形均匀，那么横截面各点金属流动水平速度及相对应轧辊水平速度分布如图 3-22 所示。由图可知，金属水平方向移动速度由入口到出口是逐渐增加的。因为随着金属沿厚度方向不断被压缩而延伸。轧辊沿水平方向的分速度 $v_0=v\cdot\cos\theta$（v 不变，θ 不断减小）由入口到出口不断增加，除了沿变形区中间某一位置二者的速度一致外，其他各处速度都不相同。称二者速度一致的位置为中性面，所对应的轧辊中心角为中性角（图中 γ），速度为 v_γ。从入口到中性面位置，轧辊速度大于金属流动速度，入口处金属流动速度最慢，其水平速度为 v_H；从中性面到出口，金属水平方向流动速度大于轧辊水平分速度，出口处水平速度最大，记为 v_h，即金属出口速度大于中性面速度大于入口速度：

$$v_h>v_\gamma>v_H$$

金属出口速度大于轧辊速度

$$v_h>v$$

金属入口速度小于轧辊水平分速度

$$v\cdot\cos\alpha>v_H$$

设变形区内任意位置水平速度为 v_x，由体积不变定律可得

$$v_x=v_h\cdot F_h/F_x=v_H\cdot F_H/F_x$$

式中 F_H，F_h，F_x ——入口截面、出口截面及任意截面面积；
         v_H，v_h，v_x ——入口截面、出口截面及任意截面金属平均运动速度。

通过研究沿轧件断面高度上的变形分布规律可知，在轧件入口截面到中性面变形区域内，金属沿轧制方向流动速度小于轧辊沿轧制方向分速度，即 $v\cos\alpha>v_H$，这种现象称为后滑，此区域称为后滑区。在中性面到轧件出口截面变形区域内，金属沿轧制方向分速度大于轧辊沿轧制方向分速度，即 $v_h>v$，这种现象称为前滑，此区域称为前滑区。

前滑与后滑是轧制变形特有的变形现象，它们对连轧生产有着重要意义。因为要保持

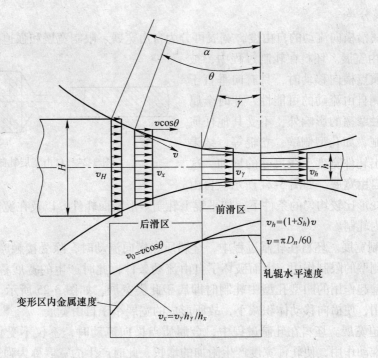

图 3-22 轧制过程速度图示

轧件同时在几个轧机上进行轧制，必须使各机架速度协调，为此要精确计算前滑与后滑；另外，在张力轧制时，为了精确控制张力，也要计算前滑与后滑。

3.5.3.3 宽展

A 宽展及其实际意义

轧制过程中，轧件厚度方向受到轧辊压缩作用，金属将按照最小阻力定律向纵向和横向流动。由移向横向的体积所引起的轧件宽度的变化称为宽展。一般将轧件在宽度方向线尺寸的变化，即绝对宽展直接称为宽展。虽然用绝对宽展不能准确反映变形的大小，但是由于它简单、明确，在生产实际中得到极为广泛的应用。

轧制中的宽展可能是希望的，也可能是不希望的。纵轧的目的是为了得到延伸，除了特殊情况外，应该尽量减小宽展，降低轧制功能消耗，提高轧机生产率。在孔型轧制中，掌握宽展变化规律，正确计算宽展尤为重要。

正确估计轧制中的宽展是保证断面质量的重要环节，若计算宽展大于实际宽展，孔型充填不满，造成很大的椭圆度，如图 3-23（a）所示。若计算宽展小于实际宽展，孔型充填过满，形成耳子，如图 3-23（b）所示，以上两种情况均造成轧制废品。因此，正确地估计宽展对提高产品质量，改善生产技术经济指标有着重要的作用。

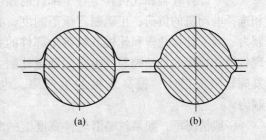

图 3-23 由于宽展估计错误产生的缺陷
（a）未充满；（b）过充满

B 宽展分类

根据金属沿横向流动的自由度，宽展可分为自由宽展、限制宽展和强迫宽展。

（1）自由宽展。坯料在轧制过程中，被压下的金属质点横向移动时，具有向垂直于轧制方向两侧自由流动的可能性，此时金属流动除受接触摩擦的影响外，不受其他任何的阻碍和限制，如孔型侧壁、立辊等，结果明显地表现出轧件宽度上线尺寸的增加，这种情况称为自由宽展，如图 3-24 所示。自由

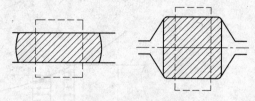

图 3-24 自由宽展轧制

宽展发生在变形比较均匀的条件下，如平辊上轧制矩形断面轧件，以及在宽度有很大余量的扁平孔型内轧制。

（2）限制宽展。坯料在轧制过程中，金属质点横向流动时，除受接触摩擦的影响外，还承受孔型侧壁的限制作用，因而破坏了自由流动条件，此时产生的宽展称为限制宽展。如在孔型侧壁起作用的凹型孔型中轧制时即属于此类宽展，如图 3-25 所示。由于孔型侧壁的限制作用，使横向移动体积减小，故所形成的宽展小于自由宽展。

（3）强迫宽展。坯料在轧制过程中，金属质点横向流动时，不仅不受任何阻碍，且受到强烈的推动作用，使轧件宽度产生附加的增长，此时产生的宽展称为强迫宽展，如图 3-26 所示。由于存在有利于金属质点横向流动的条件，所以强迫宽展大于自由宽展。

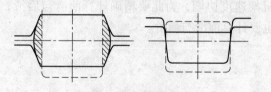

图 3-25 孔型限制宽展

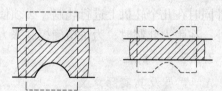

图 3-26 辊凸强迫宽展轧制

3.5.4 轧制压力工程计算

在轧制过程中，金属对轧辊的作用力有两个：一是与接触表面相切的摩擦应力的合力——摩擦力；二是与接触表面相垂直的单位压力的合力——正压力。这两个力在垂直于轧制方向上的投影之和，即平行轧辊中心连线的垂直力，通常称为轧制力。

为了计算轧辊和轧机其他各个部件的强度，以及校核和选择电动机的负荷，正确制定压下制度，必须要确定轧制力；为了计算轧辊和轧机其他各个部件的弹性变形，实现板厚和板形的自动控制，也必须确定轧制力；为了充分发挥轧机的潜力，提高轧机的生产率，也需要确定轧制力。

一般情况下，如果忽略沿轧件宽度上的摩擦应力和单位压力的变化，并取轧件宽度等于 1 个单位时，轧制力可以用下式来表示（见图 3-27）：

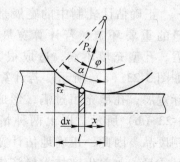

图 3-27 作用在轧辊上的力

$$P = \int_0^\alpha p_x \frac{\mathrm{d}x}{\cos\varphi}\cos\varphi + \int_\gamma^\alpha \tau_x \frac{\mathrm{d}x}{\cos\varphi}\sin\varphi - \int_0^\gamma \tau_x \frac{\mathrm{d}x}{\cos\varphi}\sin\varphi \qquad (3\text{-}13)$$

上式右边的第二项和第三项分别为后滑和前滑区摩擦力在垂直方向上的分力，它们与第一项相比其值甚小，可以忽略不计，则轧制力可写成下式：

$$P = \int_0^l p_x \mathrm{d}x \qquad (3\text{-}14)$$

实际上这个数值常用下式计算：

$$P = \bar{p}F \qquad (3\text{-}15)$$

式中　F——轧件与轧辊的接触面积；

　　　$\bar{p}$——平均单位压力，可由下式决定：

$$\bar{p} = \frac{1}{F}\int_0^l p_x \mathrm{d}x \qquad (3\text{-}16)$$

　　　p_x——单位压力。

因此，确定轧制力归根结底在于确定两个基本参数：计算轧件与轧辊间的接触面积；计算平均单位压力。

第一个参数，关于接触面积的数值，在大多数情况下是比较容易确定的，因为它与轧辊和轧件的几何尺寸有关，通常可用下式确定：

$$F = l\bar{b} \qquad (3\text{-}17)$$

式中　l——接触弧长度；

　　　$\bar{b}$——轧件平均宽度，一般等于轧件入辊和出辊处的宽度的平均值，即：

$$b = \frac{b_0 + b_1}{2}$$

第二个参数，关于平均单位压力的确定，由于它受很多因素的影响，因此计算起来比较复杂，但可以把这些影响因素归结为两大类：一类是影响金属力学性能的因素，主要是影响金属线性变形（简单拉压）抗力的因素；另一类是影响金属应力状态特性的因素，即接触摩擦力、外端和张力等。

把这两类因素归结起来，平均单位压力为：

$$\bar{p} = n_\sigma \sigma'_s \qquad (3\text{-}18)$$

式中　n_σ——应力状态影响系数；

　　　σ'_s——金属真实变形抗力，它是指金属在当时的变形温度、变形速度和变形程度下的线性变形抗力。

3.5.4.1　金属实际变形抗力的确定

金属实际变形抗力与下列因素有关：

$$\sigma'_s = n_\varepsilon n_T n_u \sigma_s \qquad (3\text{-}19)$$

式中　n_ε——变形程度影响系数；

　　　n_T——变形温度影响系数；

　　　n_u——变形速度影响系数；

　　　σ_s——在一定温度、速度和变形程度范围内测得的屈服极限。

（1）金属及合金屈服极限 σ_s 的确定。有些金属压缩时的屈服极限比拉伸时大，如钢压缩时的屈服极限比拉伸时约大 10%；而有些金属压缩和拉伸时的屈服极限相同。因此，在选取 σ_s 时，一般最好用压缩时的屈服极限，因它与轧制变形较接近。另外，也有些金属在静态力学性能实验中很难测出 σ_s，尤其是在高温下更是困难，这时可以用屈服强度 $\sigma_{0.2}$ 来代替。但上式中的 σ_s 是在特定条件下测得的，其值可查相关实验曲线。

（2）变形程度影响系数 n_ε 的确定。变形程度影响系数可以分冷轧和热轧两种情况。冷轧时，金属的变形温度低于再结晶温度，因此金属只产生加工硬化现象，变形抗力提高，所以在冷轧时只需要考虑变形程度对变形抗力的影响。在一般情况下，这种影响是用金属屈服极限与压缩率关系曲线来判断，其变化规律对不同金属是不同的，纯金属的硬化比合金要小些。

变形程度影响系数 n_ε 是表示变形程度对金属屈服极限的影响，对于冷轧时的 n_ε 又称为加工硬化系数，可近似地由下式决定：

$$n_\varepsilon = \frac{\sigma_{s0} + \sigma_{s1}}{2\sigma_s} \tag{3-20}$$

式中　σ_{s0}——金属轧前的屈服极限；

　　　σ_{s1}——金属轧后的屈服极限；

　　　σ_s——无加工硬化时金属静态拉压时的屈服极限。

热轧时，金属虽然没有加工硬化，但实际上变形程度对屈服极限是有影响的。各种钢的实验表明，在较小变形程度时（一般在 20%~30% 以下），屈服极限跟随变形程度加大而剧烈提高；在中等变形程度时，即大于 30%，屈服极限随变形程度加大，提高的速度开始减慢；在很多情况下，当继续增大变形程度时，屈服极限反而有些降低。从图 3-28（a）、（b）中可查出铝合金热轧时的变形程度影响系数 n_ε。

（3）变形温度影响系数。轧制温度对金属屈服极限有很大影响。一般情况是随着轧制温度升高，屈服极限下降，这是由于降低了金属原子间的结合力。轧制温度对金属屈服极限的影响用变形温度系数 n_T 来表示，其值也可以由图 3-28（a）、（b）查得。在确定温度影响系数时，一方面要有可靠的屈服极限与温度关系的资料；另一方面还要确定出金属热轧时的实际温度，即要确定热轧时温度的变化。

（4）变形速度影响系数 n_u 的确定。冷轧时由于金属以加工硬化为主，所以变形速度对屈服极限影响不大，可不考虑。但在热轧时，随变形速度的提高，金属屈服极限增加。变形速度的这种影响可用变形速度影响系数 n_u 来考虑。图 3-28 给出了铝合金的变形速度影响系数 n_u 与变形速度的关系曲线，可查得速度影响系数 n_u。图中的平均变形速度可由下式确定：

$$\bar{u} = \frac{\upsilon}{h_0}\sqrt{\frac{\Delta h}{R}} \tag{3-21}$$

（5）冷轧和热轧时金属真实变形抗力 σ_s' 的确定。冷轧时温度和变形速度对金属变形抗力影响不大，因此 n_T 和 n_u 可以近似取为 1，只有变形程度才是影响变形抗力的主要因

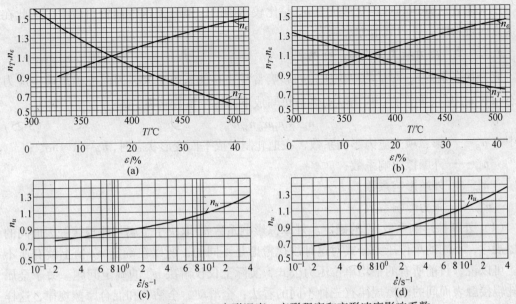

图 3-28 纯铝和 LF21 变形温度、变形程度和变形速度影响系数

（a），（b）纯铝和 LF21 的温度系数 n_T 和变形程度系数 n_ε；（c），（d）纯铝和 LF21 的变形速度系数 n_u

素，所以此时实际变形抗力 σ_s' 为：

$$\sigma_s' = n_\varepsilon \sigma_s \tag{3-22}$$

因为

$$n_\varepsilon = \frac{\sigma_{s0} + \sigma_{s1}}{2\sigma_s}$$

所以

$$\sigma_s' = \frac{\sigma_{s0} + \sigma_{s1}}{2\sigma_s} \cdot \sigma_s = \frac{\sigma_{s0} + \sigma_{s1}}{2} \tag{3-23}$$

热轧时金属真实变形抗力确定方法：根据金属热轧时平均变形程度、平均变形温度和平均变形速度直接从图 3-29 中查出金属真实变形抗力 σ_s'。从这类图中查出的数值不是每一个系数的单独值，而是各个系数的乘积，即：

$$\sigma_s' = n_\varepsilon n_T n_u \sigma_s \tag{3-24}$$

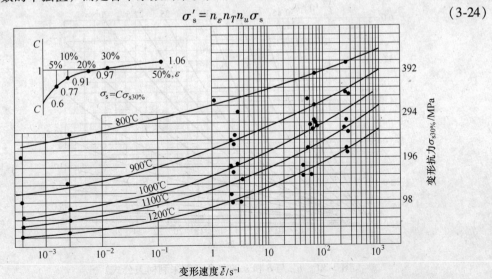

图 3-29 不锈钢 1Cr18Ni9Ti 的变形温度、变形速度对变形抗力的影响（$\varepsilon = 30\%$）

用上述方法得到的真实变形抗力 σ'_s 是比较精确的,但有关这方面资料较少,因此在无这方面资料时,可用其他方法确定。

3.5.4.2 应力状态系数 n_σ 的确定

应力状态系数 n_σ 对平均单位压力的影响常常比其他系数更大,因此准确地确定应力状态系数 n_σ 是很重要的。应力状态系数可写成下面四个系数乘积,即:

$$n_\sigma = n_\beta n'_\sigma n''_\sigma n'''_\sigma \tag{3-25}$$

式中　　n_β ——第二项主应力影响系数,在把轧制看成平面变形状态时,$n_\beta = 1.15\sigma_s$;

　　　　n'_σ ——外摩擦影响系数;

　　　　n''_σ ——外端影响系数;

　　　　n'''_σ ——张力影响系数。

(1)外摩擦影响系数 n'_σ 的确定。外摩擦影响系数 n'_σ 取决于金属与轧辊接触表面间的摩擦规律,不同的单位压力公式对这种规律考虑是不同的,所以在确定 n'_σ 值上就有所不同。可以说,目前所有的平均单位压力公式,实际上仅仅解决 n'_σ 的确定问题。关于金属与轧辊接触表面间的摩擦规律有三种不同的看法:全滑动、全粘着和混合摩擦规律,这样就有三种确定 n'_σ 的计算公式,即有三种计算平均单位压力的公式。

1)接触表面摩擦规律按全滑动($\tau_x = fp_x$)时 n'_σ 的确定属于这种类型的有采利柯夫、勃朗特-福特和斯通等公式。采利柯夫公式根据采利柯夫单位压力公式,经积分后,得出采利柯夫计算 n'_σ 的公式:

$$n'_\sigma = \frac{\overline{p}}{K} = \frac{2h_\gamma}{\Delta h(\delta - 1)}\left[\left(\frac{h_\gamma}{h_1}\right)^\sigma - 1\right] \tag{3-26}$$

$$\frac{h_\gamma}{h_1} = \left\{\frac{1 + \sqrt{1 + (\delta^2 - 1)\left(\dfrac{h_0}{h_1}\right)}}{\delta + 1}\right\}^{1/\delta}$$

为了计算方便,采利柯夫将公式(3-26)绘成曲线,如图3-30所示。根据压缩率 $\Delta h/h_0$

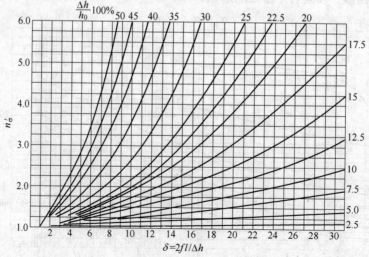

图 3-30　n'_σ 与 δ 和 ε 的关系(按采利柯夫公式)

和 δ 之值，便可以从图中查出 n_σ' 之值，从而可计算出平均单位压力：$\overline{P} = n_\sigma' K$。

以上公式从对接触表面摩擦规律考虑来看，它们适用于冷轧。

2）接触表面摩擦规律按全粘着 $\tau_x = K/2$ 时 n_σ' 的确定。具有代表性的是西姆斯平均单位压力公式。得出西姆斯平均单位压力公式：

$$n'_\sigma = \frac{p}{K} = \frac{\pi}{2}\sqrt{\frac{1-\varepsilon}{\varepsilon}}\tan^{-1}\sqrt{\frac{\varepsilon}{1-\varepsilon}} - \frac{\pi}{4} - \sqrt{\frac{1-\varepsilon}{\varepsilon}}\sqrt{\frac{R}{h_1}}\ln\frac{h_v}{h_1} +$$

$$\frac{1}{2}\sqrt{\frac{1-\varepsilon}{\varepsilon}}\sqrt{\frac{R}{h_1}}\ln\frac{1}{1-\varepsilon} \tag{3-27}$$

为了计算方便，西姆斯把公式（3-27）绘成曲线，如图 3-31 所示。根据 ε 和 R/h_1 之值便可从图中查出 n_σ' 之值。从对接触表面摩擦规律考虑来看，西姆斯公式适用于热轧。

3）接触表面摩擦规律按混合摩擦（有滑动又有粘着）时 n_σ' 的确定。采利柯夫曾经注意到接触表面摩擦规律比较复杂，只按全滑动或者全粘着来考虑显然是不全面的，因此他提出应按混合摩擦规律来考虑，既有滑动又有粘着，分段写出摩擦应力 τ_x 的方程式，并分段积分，得出平均单位压力公式才是较正确的。但在整个接触表面上的摩擦规律至今仍然是很不清楚的，因此正确地分段写出 τ_x 的变化规律还是不可能的。只能假定在粘着区内的摩擦应力

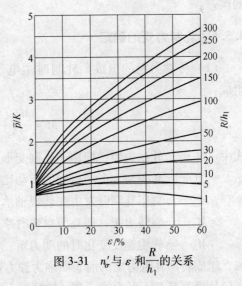

图 3-31 n_σ' 与 ε 和 $\dfrac{R}{h_1}$ 的关系

τ_x 都符合 $\tau_x = K/2$，而在滑动区内的摩擦应力 $\tau_x = fp_x$，所以按混合摩擦规律来考虑 τ_x 的变化也是一种近似方法，只不过较全滑动或全粘着要全面一些。

应指出在这些平均单位压力公式中，要想找出一个普遍万能的公式适用于各种轧制条件是不可能的。当前主要应该验证现有各个公式的适用范围和确定各种类型轧机的实用计算公式，必要时可以根据大量的实测数据找出适用于一定条件下的实用经验公式。

（2）外端影响系数 n_σ'' 的确定。外端影响系数 n_σ'' 的确定是比较困难的，因为外端对单位压力的影响是很复杂的。在一般的轧制条件下，外端的影响都可忽略不计。实验研究表明，当 $l/\overline{h} > 1$ 时，n_σ'' 接近于 1；如在 $l/\overline{h} = 1.5$ 时，n_σ'' 不超过 1.04；而在 $l/\overline{h} = 5$ 时，n_σ'' 不超过 1.005。因此，在计算平均单位压力时，可取 $n_\sigma'' = 1$，即不考虑外端的影响。

（3）张力影响系数 n_σ''' 的确定。采用张力轧制能使平均单位压力降低，其降低值较单位张力的平均值 $\dfrac{q_0 + q_1}{2}$ 大，而单位后张力 q_0 的影响又比单位前张力 q_1 影响大。张力降低平均单位压力，一方面由于它能够改变轧制变形区的应力状态，另一方面它能减小轧辊的弹性压扁。因此，不能单独求出张力影响系数 n_σ'''。通常用简化的方法考虑张力对平均单位压力的影响，即把这种影响考虑到 K 里去，认为张力直接降低了 K 值。在入辊处其 K 值降低按（$K-q_0$）来计算，在出辊处其 K 值降低按（$K-q_1$）来计算，所以 K 值的平均降

低值 K' 为：

$$K' = \frac{(K - q_0) + (K - q_1)}{2} = K - \frac{q_0 + q_1}{2} \tag{3-28}$$

应当指出，这种简化考虑张力对平均单位压力的影响方法，没有考虑张力引起临界面位置的变化。前面已经讨论过张力能引起临界角的改变，有张力和无张力时临界面的位置是不同的，所以单位压力分布图形也是不同的，因而对平均单位压力的影响也不同。这种把张力考虑到 K 值中去的方法是建立在临界面位置不变的基础上，只有在单位前后张力相等，即 $q_0 = q_1$ 时，应用才是正确的，或者有 q_0 与 q_1 相差不大时应用，否则会造成较大的误差。

3.5.5　轧制力矩的确定

（1）传动力矩的组成。轧制时主电动机轴上转动轧辊所必需的力矩由下面 4 部分组成：

$$M = \frac{M_z}{i} + M_m + M_k + M_d \tag{3-29}$$

式中　M_z——轧制力矩，即用于轧制变形的力矩；

　　　i——轧辊与主电动机间的传动比；

　　　M_m——克服轧制时发生在轧辊轴承、传动机构等的附加摩擦力矩；

　　　M_k——空转力矩，即克服空转时摩擦力矩；

　　　M_d——轧辊速度变化时的动力矩。

组成转动轧辊力矩的前 3 项称为静力矩，即指轧辊做匀速转动时所需力矩。这 3 项对任何轧机都是必不可少的。在一般情况下，以轧制力矩为最大，只有在旧式轧机上，由于轴承中的摩擦损失过大，有时附加摩擦力矩才有可能大于轧制力矩。在静力矩中，轧制力矩是有效部分，至于附加摩擦力矩和空转力矩是由于轧机零件和机构的不完善引起的有害力矩。

换算到主电动机轴上的轧制力矩与静力矩之比的百分数称为轧机的效率：

$$\eta = \frac{\dfrac{M_z}{i}}{\dfrac{M_z}{i} + M_m + M_k} \times 100\% \tag{3-30}$$

随轧制方法和轧机结构的不同（主要是轧机轴承构造），轧机的效率在很大的范围内波动，即 $\eta = 50\% \sim 95\%$。

动力矩只产生在轧辊不均匀转动时。如可调速的可逆式轧机，当轧制速度变化时，便产生克服惯性力的动力矩，其数值可由下式确定：

$$M_d = \frac{GD^2}{375} \frac{dn}{dt} \tag{3-31}$$

式中　G——转动部分的重量；

　　　D——惯性直径；

$\dfrac{\mathrm{d}n}{\mathrm{d}t}$——角加速度。

（2）轧制力矩的确定。在转动轧辊所需力矩中，轧制力矩是最主要的。用金属对轧辊的垂直压力 P 乘以力臂 a（见图 3-32），即：

$$M_{z1} = M_{z2} = P \cdot a = \int_0^l x(P_x \pm \tau_x \tan\varphi)\,\mathrm{d}x$$

$$(3\text{-}32)$$

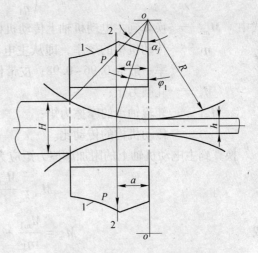

图 3-32　按轧制力计算轧制力矩
1—单位压力曲线；2—单位压力图形重心线

式中　　M_{z1}，M_{z2}——上、下轧辊的轧制力矩。

因为摩擦力在垂直方向上的分力相比很小，可以忽略。所以

$$a = \frac{\int_0^l xP_x\,\mathrm{d}x}{P} = \frac{\int_0^l xP_x\,\mathrm{d}x}{\int_0^l P_x\,\mathrm{d}x} \qquad (3\text{-}33)$$

从上式可看出，力臂 a 实际上等于单位压力图形的重心到轧辊中心连线的距离。为了消除几何因素对力臂 a 的影响，通常不直接确定出力臂 a，而是通过确定力臂系数 ψ 的方法来确定，即：

$$\psi = \frac{\varphi_1}{a_j} = \frac{a}{l_j} \qquad \text{或} \qquad a = \psi l_j$$

式中　　φ_1——合压力作用角，见图 3-32；

　　　　a_j——接触角；

　　　　l_j——接触弧长度。

因此，转动两个轧辊所需的轧制力矩为：

$$M_z = 2Pa = 2P\psi l_j \qquad (3\text{-}34)$$

上式中的轧制力臂系数 ψ 根据大量实验数据统计，其范围为：热轧铸锭时，$\psi = 0.55 \sim 0.60$；热轧板带时，$\psi = 0.42 \sim 0.50$；冷轧板带时，$\psi = 0.33 \sim 0.42$。

（3）附加摩擦力矩的确定。所谓附加摩擦力矩，是指克服摩擦力所需的力矩，此摩擦力是轧件通过轧辊时在轧机传动机构和轧辊轴承中产生的。组成附加摩擦力的主要部分是轧辊轴承中的摩擦力矩。对上下两个轧辊（共四个轴承）而言，此力矩值为：

$$M_{m1} = \left(\frac{P}{2} \cdot \frac{d_1}{2} f_1\right) \times 4 = P d_1 f_1 \qquad (3\text{-}35)$$

式中　　P——作用在四个轴承上的总负荷，它等于轧制力；

　　　　d_1——轧辊辊颈直径；

　　　　f_1——轧辊轴承摩擦系数，它取决于轴承构造和工作条件：滑动轴承金属衬热轧时，$f_1 = 0.07 \sim 0.10$；滑动轴承金属衬冷轧时，$f_1 = 0.05 \sim 0.17$；滑动轴承塑料衬，$f_1 = 0.01 \sim 0.03$；液体摩擦轴承，$f_1 = 0.003 \sim 0.004$；滚动轴承，$f_1 = 0.003$。

组成附加摩擦力矩的第二部分是轧机传动机构中的摩擦力矩，即减速机座、齿轮机座

中的摩擦力矩。这个力矩一般根据传动效率便可确定:

$$M_{m2} = \left(\frac{1}{\eta_1} - 1\right)\frac{M_z + M_{m1}}{i} \qquad (3-36)$$

式中　M_{m2}——换算到主电动机轴上传动机构的摩擦力矩;

η_1——传动机构的效率,即从主电动机到轧机的传动效率,一级齿轮传动的效率一般取 0.96~0.98;皮带传动效率取 0.85~0.90;

M_z——轧制力矩;

M_{m1}——轧辊轴承的摩擦力矩;

i——传动机构的传动比。

换算到主电动机轴上的附加摩擦力矩应为:

$$M_m = \frac{M_{m1}}{i} + M_{m2} \qquad (3-37)$$

或

$$M_m = \frac{M_{m1}}{i\eta_1} + \left(\frac{1}{\eta_1} - 1\right)\frac{M_z}{i} \qquad (3-38)$$

对于四辊轧机其附加摩擦力矩等于式(3-38)的第一项乘以工作辊和支承辊间的传动比,即:

$$M_m = \frac{M_{m1}}{i\eta_1} \cdot \frac{D_1}{D_2} + \left(\frac{1}{\eta_1} - 1\right)\frac{M_z}{i} \qquad (3-39)$$

式中　D_1,D_2——工作辊和支承辊直径。

(4)空转力矩的确定。空转力矩是指在空转时转动轧机一系列零件(轧辊、接轴、联轴器和齿轮等)所需的力矩,一般是根据转动的零件和重量及其轴承中的摩擦圆半径来计算。但由于这些转动的零件重量、轴承直径和摩擦系数以及它们转速不同,所以空转力矩应等于换算到主电动机轴上转动每一个零件所需的力矩之和,即:

$$M_k = \sum M_{k^n}$$

式中　M_{k^n}——换算到主电动机轴上的转动每一个零件所需的力矩。

如果用零件在轴承中的摩擦圆半径与力来表示 M_{k^n},则:

$$M_{k^n} = \frac{G_n f_n d_n}{2i_n}; \qquad M_k = \sum M_{k^n} = \sum \frac{G_n f_n d_n}{2i_n} \qquad (3-40)$$

式中　G_n——零件的重量;

f_n——轴承中的摩擦系数;

d_n——辊颈直径;

i_n——主电动机与零件的传动比。

实际上按公式(3-40)计算空转力矩是很复杂的,通常还可按经验办法确定:

$$M_k = (0.03 ~ 0.05)M_e$$

式中　M_e——主电动机额定转矩,对新式轧机系数可取下限,对旧式轧机系数可取上限。

(5)静负荷图。为了校核和选择主电动机,以及计算轧机各部件强度,除了知道力矩的数值外,还需要知道力矩随时间的变化,这样就需要绘成图。把力矩随时间变化图称为静负荷图。要画出静负荷图,首先要决定轧件在整个轧制时间内的传动静负荷(静力矩），其次决定各道次的轧制时间和间歇时间。

如前面所指出的，静力矩由下面三项组成：

$$M_j = \frac{M_z}{i_c} + M_m + M_k \qquad (3-41)$$

静负荷图中的静力矩可以用上式加以确定。

每一道次的轧制时间 t_n，可由下式确定：

$$t_n = \frac{L_n}{\overline{v}_n}$$

式中　L_n——轧件轧后长度；

$\overline{v}_n$——轧件出辊平均速度，忽略前滑时，它等于轧辊圆周速度。

两道次间的间歇时间，可根据轧件送入轧辊所必须完成的各个动作（沿辊道的运送、轧辊的抬起与下降、轧机的逆转等）的时间来计算。

静负荷图的绘制，就是要画出一个轧制周期内负荷随时间的变化。一个轧制周期指轧件从第一道次进入轧辊到最后一道离开轧辊和下一个轧件开轧时为止，经过这样一个轧制周期，负荷随时间的变化规律又重新出现。

一个轧制周期所需的时间为：

$$t_\Sigma = \sum t_n + \sum t'_n$$

式中　$\sum t_n$——在一个轧制周期内的轧制时间之和；

$\sum t'_n$——在一个轧制周期内轧制道次的间歇时间之和。

图 3-33 给出两类基本的静负荷图。

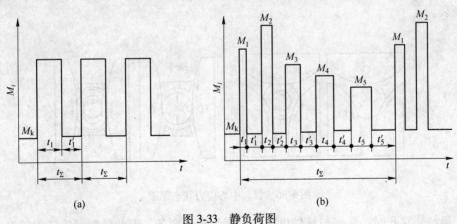

(a)　　　　　　　　　　　　　　(b)

图 3-33　静负荷图
（a）一个轧件只轧一道；（b）一个轧件轧五道

3.5.6　斜轧原理

3.5.6.1　斜轧孔腔的形成

锻造实心圆毛坯时，每锤锻一次，圆毛坯绕本身轴线转动一下，因此圆毛坯在径向受到连续的锤锻和压缩。每次锤锻时，径向的压缩量称为单位压缩量。因横向锻造时，单位压缩量小，因此发生表面变形（圆毛坯横锻试验证明，单位压缩量小于6%时，则发生表面变形）。由于连续地多次径向压缩，当径向总压缩量达到一定数值时，毛坯轴心部位便出现撕裂。图3-34为5CrNiMo钢在850～1100℃温度范围内锻造后，其中心部产生撕裂的情形。

二辊斜轧穿孔机穿孔管坯时，圆管坯在未和顶头相遇之前，管坯中心部位有撕裂现象发生，导致成品管内表面有内折缺陷。可穿性越低的管坯，产生撕裂的可能性越大。图3-35为二辊斜轧穿孔机无顶头斜轧20号钢时，管坯直径75mm，总压下率为16%，穿孔温度1200℃，其管坯中心撕裂的图示。

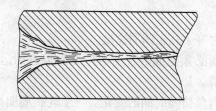 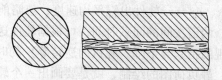

图3-34   锻造时坯料中心撕裂   图3-35   斜轧时坯料中心撕裂

由此可知，圆管坯进行锻造或二辊斜轧机斜轧时，实心管坯产生纵向内撕裂部位叫做孔腔，同时将撕裂的产生过程称为孔腔形成过程。

三辊斜轧穿孔机斜轧穿孔试验证明，顶头前管坯中心部位从未发现有孔腔形成现象。而二辊穿孔顶头前管坯中心部位产生了孔腔。图3-36（a）所示三辊穿孔管坯中心在横向只受轧辊外力作用产生压应力，而无拉应力；图3-36（b）所示二辊穿孔管坯中心在轧辊外力作用方向，产生压应力，在导板方向受拉应力，在交变拉、压应力作用下，导致中心产生撕裂。

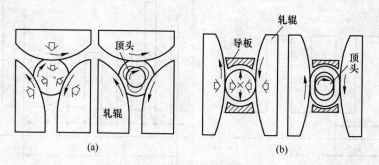

图3-36   管坯中心应力状态图示

二辊斜轧穿孔时，轧辊与轧件纵向接触面为细长窄条，因此轧辊对管坯作用力近似于集中载荷，又因为轧辊每旋转半圈的压下量小（约小2%～4%），从而造成表面变形。图3-37为斜轧圆管坯在外力P作用下管坯横断面图示，由图可知，管坯的一部分受轧辊的直接作用，即所谓直接作用区；另一部分受轧辊的间接作用，该部分称为间接作用区。由于载荷集中，直接作用区的应力获得优先发展，应力值较大；而在随着离开集中载荷作用下的直接作用区所形成的间接作用区中，由于应力分布在比直接作用区接触面积大得多的面积上，因此应力分散，其值急剧下降。由此不难看出，斜轧穿孔时，表面首先产生塑性变形，而随着接近坯料中心其塑性变形逐渐减小，表面变形的金属优先向横向扩展（横断面由圆形变成椭圆形）和纵向延伸。由于纵向表面变形的结果，在管坯端部形成漏斗形凹陷。可见，无论表面横变形或纵变形，其结果都导致外层变形的金属具有很大的流动速度，造成"拉"中间区域金属向横向扩展及纵向延伸。所以斜轧穿孔变形是极不均匀的变形，在管坯中心产生很大的拉应力（横向），该力是形成孔腔的主要应力。

由于斜轧过程是螺旋轧制，随着管坯不断的旋转和前进，径向压缩量不断增大，因此塑性变形不断地逐渐积累和发展，最后渗透到中心，使其中心也产生塑性变形。

我们可以用许多同心圆环代表管坯，在外力 P 作用下外层圆环因表面层塑性变形大，圆的周长增加也大（横向扩展），而内层圆环由于塑性变形小，圆的周长增加得小，则中心部分塑性变形更小，横向扩展也很小，这样，由各层圆环之间产生的大小不同的间隙（图 3-38），明显看出斜轧的真实现象。管坯是一个完整的整体，彼此间紧密联系，因此外层金属必然拉内层金属横向扩展，在中心产生很大拉应力。结果斜轧穿孔时，顶头前部区域管坯中心为一向压缩（外力方向）、二向拉伸（横向、纵向）的应力状态。

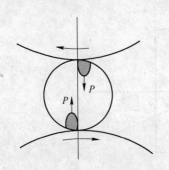

图 3-37　圆管坯受力的横截面图示

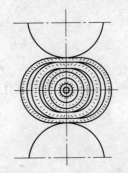

图 3-38　管坯变形示意图

3.5.6.2　斜轧穿孔运动学分析

热轧无缝管生产中广泛采用斜轧过程。最早是利用二辊或三辊斜轧穿孔机的穿孔过程将实心管坯穿成空心毛管，以后利用三辊斜轧管机辗轧毛管控制外径和壁厚；为了进一步提高钢管的壁厚精确度和表面质量，采用二辊或三辊斜轧均整机均整钢管；近年来，在热轧钢管精整中，为提高钢管的外径尺寸精度，又开始采用旋转定径机（斜轧）。因此，近年发展的三辊斜轧系统无缝钢管机组中各成型工序几乎都是斜轧过程。尽管机组中各斜轧机的作用不同，但斜轧过程运动学是一致的，其共同特点是轧辊向同一方向旋转，轧辊轴线与轧制线相互倾斜，因此，管坯被轧辊咬入后，靠轧辊和金属间的摩擦力作用，轧辊带动管坯（即毛管）旋转。又因为轧辊轴线与管坯轴线（轧制线）有一个交角（送进角 α）。而使管坯（即毛管）在旋转的同时做纵向移动，即变形区中管坯（即毛管）表面上任一金属质点做螺旋运动，亦即既旋转又前进。

正常轧制条件下，接触变形区内任意位置变形金属速度分析如图 3-39 所示。下面分析斜轧穿孔过程中轧件的运动速度，即分析轧辊轴线与轧制线相交 x 点的速度。

x 点的轧辊圆周速度

$$v_x = \pi \frac{D_x n}{60}$$

速度 v_x 分解为沿轧件轴向分速度 v_{xx} 及切向的分速度 v_{xy}：

$$v_{xx} = \pi \frac{nD_x}{60}\sin\alpha \ , \ v_{xy} = \pi \frac{nD_x}{60}\cos\alpha$$

式中　D_x——x 截面轧辊直径；

　　　n——轧辊转速。

轧辊在 x 点的轴向、切向速度靠摩擦传给轧件，与使轧件获得的相应速度

$$u_x = v_x \cdot S_x = \pi \frac{D_x n}{60} \cdot S_x$$

$$u_{xx} = \pi \frac{nD_x}{60}\sin\alpha \cdot S_{xx} \tag{3-42}$$

$$u_{xy} = \pi \frac{nD_x}{60}\cos\alpha \cdot S_{xy}$$

式中　S_{xx}，S_{xy}——变形时轧件与轧辊之间沿轴向和切向滑移系数。

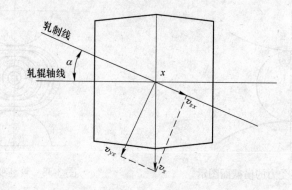

图 3-39　斜轧穿孔时轧件的运动速度

因斜轧穿孔变形区中有顶头参加变形，顶头给轧件相当大的轴向阻力（实测知二辊穿孔机穿孔轴向阻力约为轧制压力的 30%，三辊穿孔机穿孔约为 50%），所以轧件轴向速度小于相应点的轧辊轴向速度，往往在多数情况下，斜轧穿孔过程变形区中任一点均为后滑。

大量实验证实 S_{xx} 对生产过程影响较大，它关系到轧件通过同样长度的变形区时所需要的时间、轧件在变形区中受轧辊辗轧次数的多少、轧机小时产量、毛管表面质量、能量消耗和工具磨损等。因此，如何提高变形区出口截面的轴向滑动系数应给予足够的重视，大量实测资料表明二辊穿孔机穿孔出口截面轴向滑动系数 S_{xx} 为 $0.5 \sim 0.9$，三辊穿孔机穿孔比二辊穿孔机穿孔轴向滑动系数提高 $15\% \sim 20\%$。

习　　题

3-1　以产品的断面形状分，轧材可分为哪几类？

3-2　简述轧机形式，轧机主机列的组成及其作用。

3-3　什么是简单轧制？轧制变形区有哪些基本参数？

3-4　轧制时实现自然咬入的条件是什么？在实际轧制生产中改善咬入有哪些办法？

3-5　什么是宽展，宽展分为哪几种？

3-6　已知轧机的轧辊直径为 400mm，轧辊的圆周速度为 3m/s，轧制板带厚度逐道次的变化为 11mm→8mm→6mm→4mm→3mm。（1）求各道次的压下率；（2）计算第二道次的咬入角和变形区长度；（3）计算第三道次的平均变形速度。

3-7　轧制时主电动机轴上转动轧辊所需的力矩由哪几部分组成？

4 轧制成型工艺

4.1 板带材轧制

4.1.1 概述

板带产品外形扁平，宽厚比大，单位体积的表面积也很大。通常称剪切成定尺长度单张供应的为板材，成卷供货的称为带钢或板卷，宽度大于 800mm 的称作宽带钢。板材主要尺寸是厚度 H、宽度 B 与长度 L；带钢及板卷一般只标出厚度 H、宽度 B，再附加卷重 G，实际长度通过卷重换算。板带材几何外形特征通过宽厚比（B/H）显示，B/H 越大，越难保证良好板形和较窄公差范围。

（1）分类方法。板带材按规格一般可分为中厚板、薄板和极薄带材（箔材）三类。各国分类标准不尽相同，其间并无固定的明显界限；板带材按用途可分为造船板、锅炉板、桥梁板、压力容器板、焊管坯等热轧薄板，汽车板、镀锡板、镀锌板、电工钢板、屋面板、酸洗板等热轧和冷轧薄板带等，有关品种可参看国家标准；板带钢按轧制方法不同分为剪边钢板与齐边钢板。剪边钢板的最后宽度经剪切决定，而齐边钢板由带立辊钢板轧机轧出，轧后不剪纵边。

（2）产品技术要求。由于板带材有共同的外形特征，类似的使用要求，相近的生产条件，因此对它们的技术要求也有共同之处。概括起来就是"尺寸精确板形好，表面光洁性能高"。尺寸包括长、宽、厚，主要指厚度精度。因为决定着轧材性能参数，以及轧制工艺难度，企业控制厚度常采用负公差轧制（负公差轧制就是使终轧成品厚度比目标厚度偏小，但终轧成品厚度在成品负公差范围；负公差轧制有利于提高成材率，降低轧制成本，而且对设备没有提出附加要求）。

所谓板形直观讲是指板材的翘曲程度。板形精度要求高，就是指板形要平坦，无浪形、瓢曲等缺陷。例如，普通中厚板，其瓢曲程度每米长不得大于 15mm，优质板不大于 10mm，普通薄板原则上不大于 20mm。对板形要求是比较严格的，但要求的实现是很困难的，轧制力、来料凸度、热凸度、轧辊凸度、板宽及张力等各种因素变化都会对板形产生影响。

板带材常用于构件外表面，不仅从美观上要求其光洁整齐，也需保证表面质量。表面不得有气泡、结疤、拉裂、刮伤、折叠、裂缝、夹杂和压入氧化铁皮，因为这些缺陷不仅会损坏外观形象，而且还会降低性能或成为产生破裂和锈蚀的发源地，成为应力集中的薄弱环节。例如，硅钢片的粗糙度会直接影响磁性感应；深冲钢板表面氧化铁皮会使冲压件表面粗糙甚至开裂，并使冲压工具很快磨损报废；不锈钢等特殊用途板带钢，性能主要要求板带材具有较高力学性能、工艺性能和某些特殊钢板的特殊物理化学性能。

　　一般结构钢板只要求具备良好的工艺性能，如冷弯和焊接性能，对力学性能一般要求不严格。但对应用于重要环节的甲类结构钢板，要求保证力学性能，满足一定的强度和塑性要求；对于重要用途的结构钢板在性能上要有较好的综合性能，除了有良好的工艺性能，还要有一定的强度和塑性，而且有时还要求保证一定的化学成分，保证良好的焊接性能、冲击性能、冲压性能，一定的晶粒组织及组织均匀性等。造船板、锅炉板、桥梁板、高压容器板、汽车板、低合金结构板以及优质碳素钢板等都属于这一类。

　　一般锅炉钢板，除了满足一定强度、塑性和冲击韧性外，还要求具有均匀化学成分和细小结晶组织。为了减少锅炉钢板在工作中发生时效陈化现象，还必须进行时效敏感性试验，极力降低氧和氮含量以减少时效陈化危害。造船和桥梁钢板，除了必须具备良好的工艺性能和常温力学性能外，还要求有一定的低温冲击性能。有些特殊用途钢板，例如合金板、不锈钢板、硅钢片、复合板等，要求有高温性能、低温性能、耐酸、耐碱及耐腐蚀性能等，有的还要求一定的物理性能，如电磁性能等。

4.1.2　板带轧制技术的发展

4.1.2.1　板带轧制技术的发展过程

　　板带钢轧制的突出特点是轧制压力极大，在轧制过程中同时存在着轧件变形和轧机变形，因而发展轧件变形而控制轧机变形成为左右板带轧制技术发展的关键。板带钢轧制易于变形的两个途径：一是努力降低板带钢本身的变形抗力（内阻）；二是设法改变轧件变形时的应力状态，努力减少应力状态影响系数，即减小外摩擦对金属变形的阻力（外阻）。至于控制轧机的变形则包括增强和控制机架的刚性和辊系刚性，控制和利用轧辊的变形及采用各种控制措施。

　　（1）轧制技术围绕降低内阻的发展。降低内阻最有效的措施就是加热并在轧制过程中抢温、保温，使轧件具有较高而均匀的轧制温度。板带钢最早是在单机架和双机架上进行往复热轧的，早在1728年，英国威尔士（Wales）就能用轧制方法生产锡板了，其生产工艺是采取往复成块热轧方法，这种方法统治了板带钢生产长达200~300年之久。对于轧制厚度4mm以下的薄板，由于散热面积很大，使轧件温度降落十分迅速，且温度波动很大。温度降低会影响其变形的继续，温度不均会致使轧制力波动和轧机弹跳加大，继而引起板厚及板形不良，因此为生产这种薄板就采用叠轧方法。这种方法金属消耗大，产品质量低，劳动条件差，生产能力小，因此只适宜轧制不太长且不太薄的钢板，这显然满足不了对板带材的需求。为了克服这些缺点，争取轧制长度长的、质量好的带钢，出现了成卷连续轧制方法。

　　无头轧制技术也是目前热轧带卷生产的一大亮点，其代表为日本川崎钢铁公司。该公司于1996年3月在新建的2050热轧带钢轧机上成功应用了热带无头轧制技术，并已生产出0.76mm热轧带钢，我国目前已使用该项技术。实践表明，无头轧制技术能稳定地生产出常规热轧方法所不能生产的宽薄带钢及超薄热轧带钢，并能应用润滑轧制及强制冷却技术生产具有新材料性能的高新技术产品。

　　（2）轧制技术围绕降低外阻的发展。尽管热轧板带生产工艺在不断提高，但由于热轧过程中温度、速度等不定因素的影响，使其轧制压力波动无法抗拒，从而影响到板厚及板形波动。同时，由于热轧过程中不可避免地有氧化铁皮产生，自然会影响到表面质量，特别是当轧制薄板带产品时（一般 1mm 以下）。由于很难保证热轧温度，致使变形抗力迅速增加，轧制压力升高，轧制过程难以继续。而且由于轧制压力很大，变形不仅发生在板带上，轧辊也会受到板带反作用力，产生弹性变形，在轧制工艺中称之为"弹跳"，它是不可避免的轧制现象。由于热轧辊"弹跳"较大，其可轧制的最小板带厚度是有极限值的，太薄的带材是无法轧制的。上述因素的存在都是"冷轧"存在的必然性条件。就冷轧生产而言，不仅内阻大，而且外阻更大，此时应致力于降低外阻的影响。主要措施就是减小工作辊直径、采用优质轧制润滑液和采取张力轧制，以减小应力状态影响系数。其中最活跃的方法是减小工作辊直径，由此出现了从二辊到多辊各种板带轧机。

板带生产最初采用的是二辊轧机，为了减小轧制压力，就需减小轧辊直径，但为了让轧机减小弹跳，又必须有足够强度和刚性，必须增大辊径。增大辊径，又使轧制压力急剧增加，弹跳亦随之增大，以致在辊径与板厚之比（D/h）达到一定值后，就会使轧件延伸根本不可能继续。为了解决这一矛盾，只得采用大直径支承辊提高轧机强度和刚性以增加压下率，采用小直径工作辊降低轧制压力，并进一步减小变形热和摩擦热引起的温升，减小轧制压力波动，获得精度高的产品。支持辊与工作辊并用，很好地解决了上述主要矛盾，因此，1864 年出现了劳特式三辊轧机，1870 年出现了四辊轧机，此后不断减小工作辊径，并同时提高轧辊刚性，又陆续涌现了各种多辊轧机。多辊轧机多采用支承辊驱动，工作辊被动，往往会降低轧机咬入和传递力矩的能力；不对称异径轧机采用一个游动的小工作辊负责降低轧制压力，用另一个主动的大直径工作辊传递力矩和提供咬入能力。从降低金属轧辊间摩擦力出发，为了达到降低轧制压力的目的，采用的方法之一是异步轧制。异步轧制技术是使上下工作辊转速不同，从而使上下两辊接触表面上摩擦力大小相等，方向相反，对整个变形区而言，大大减轻或消除了摩擦力对压力状态的有害影响，使轧制压力大为降低，板带厚度精度和轧机轧薄能力都大大提高。1971 年苏联发明了包辊异步轧机，1977 年日本建成了 IPV 式四辊异步轧机。图 4-1 为各种轧机结构示意图。

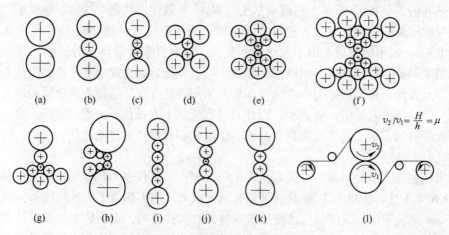

图 4-1 各种轧机结构示意图

（a）二辊式；（b）三辊式；（c）四辊式；（d）六辊式；（e）十二辊式；（f）二十辊式；（g）不对称八辊式；（h）偏八辊式；（i）HC 轧机；（j）异径五辊及泰勒轧机；（k）异径四辊；（l）异步二辊

轧制过程中采用润滑手段不仅可以通过降低摩擦系数减小轧制压力，同时还能使轧件表面质量得到改善，轧辊消耗减少，生产率提高，降低成本。不仅在冷轧时需采用润滑，在热轧过程中采用润滑也越来越受到重视，现有多家工厂在研究热轧润滑生产应用。在欧洲，世界上轧制润滑油生产厂商正在与钢厂合作研究高速钢轧辊和热轧润滑这一课题。热轧中采用润滑除了上述作用外，还具有减少氧化铁皮压入，改善轧辊表面状态的作用。瑞典 SSAB 钢厂采用热轧润滑使轧制压力减少最多达 36.3%。

(3) 轧制技术围绕控制轧机变形的发展。板带材轧制已进入高精度轧制阶段，要获得横向和纵向厚度高精度和板形高精度，采取了控制轧机刚性和轧辊变形的控制技术。由此出现了很多以控制厚度和板形为目的的新技术和新轧机。为了提高板带的厚度精度，一般是增大轧机牌坊和辊系的刚性，如增大牌坊立柱断面、加大支持辊直径、采用多辊或多支撑点的支持辊、提高轧辊材质的弹性模量及辊面硬度等。同时为提高板带厚度精度，要求轧机刚性可控。

不管轧机的刚性如何提高，轧机的变形只能减小而不能完全消除。因而在提高刚性的同时，必须控制和利用这种变形，以减小其对板厚的影响。目前板带纵向厚度自动控制问题已基本趋于解决。近年着重开发研究横向厚度和板形控制技术。控制板形和横向厚度差的传统方法是正确设计辊型和利用调辊温及压下量来控制辊缝实际形状，但反应缓慢而且能力有限。为进行有效控制，近代广泛采用了"弯辊控制"技术。为进一步改善板形，又出现了 VC 辊技术、CVC 技术、HVC 技术和 HC 轧机、PC 轧机等。

4.1.2.2 板带生产技术发展的主要趋势

(1) 热轧板带材短流程化、高效率化。这方面的技术发展主要体现在三个层次：

1) 常规生产工艺的革新。为简化工艺，缩短生产流程，节约能源，提高效益，充分利用连铸板坯为原料，不断开发和推广应用连铸板坯直接热装和直接轧制技术。

2) 薄板坯连铸连轧技术。20 世纪 80 年代末期，厚度 15~75mm 的宽薄板坯实现工业化生产，其后取消了加热炉和粗轧机，板坯通过近 100m 长的隧道炉进入精轧机进行直接轧制，组成由钢水快速直接生产热带卷的连铸连轧体系。最著名的是 CSP 工艺和 ISP 工艺。

3) 薄带连续铸轧技术。有色铝板带的连续铸轧早已在工业化生产中推广应用，用得最多的是双辊式薄带铸机。钢带连续铸轧还正在世界各地进行开发试验研究，预计实现工业化生产为期不远了。图 4-2 为各种金属连续铸轧机示意图。

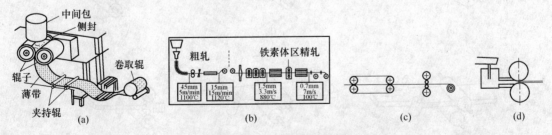

图 4-2　铸轧与连铸连轧示意图

(a) 带材双辊直接铸轧；(b) 薄板坯连续铸轧、连铸-连轧生产线；(c) 双带式铸轧机；(d) 铝板铸轧机

(2) 生产过程连续化。近代不仅热轧生产过程实现了连续铸造板坯和连铸连轧生产，而且为缩短冷轧过程的生产周期、提高产量和质量，不仅实现无头轧制及酸洗和冷轧的联

合，而且实现酸洗-冷轧-脱脂-退火-精整的全过程大联合，实现了完全连续化生产。

（3）采用自动控制不断提高产品精度和板形质量。板带材生产中，产品的厚度精度和平直度是反映板带质量的两项重要指标。由于液压压下厚度自动控制和计算机控制技术的采用，板带纵向厚度精度已基本满足。但横向厚度和板形的控制技术还不足，急待开发研究。为此近代各种高效控制板形的轧机、装备和方法不断涌现。

（4）开发研究不对称轧制技术。不对称轧制包括轧制速度的不对称、轧辊直径的不对称、驱动的不对称及轧制材料与辊面摩擦系数的不对称等多种情况。不对称轧制适于轧制硬质薄轧件，可大幅降低轧制压力，增大压下量，使轧件轧得更薄，提高厚度精度，减少薄边率。

（5）发展合金钢轧制及控轧控冷与热处理技术。利用锰、硅、钒、钛、铌等微合金元素生产低合金钢种，配合连铸连轧、控轧控冷和热处理工艺，可显著提高钢材综合性能。

4.1.3　热轧中厚板生产

由于汽车制造、船舶制造、桥梁建筑、石油化工等工业迅速发展，以及钢板焊接构件、焊接钢管及型材广泛应用，需要宽而长的中厚板，使中厚板生产得到快速发展。

4.1.3.1　中厚板轧机类型

中厚板生产距今已有 200 多年的历史，二辊可逆式轧机最早于 1850 年前后用于生产中厚板。1864 年美国创建了第一台生产中厚板的三辊劳特式轧机。随着时间的推移，为了提高板材的厚度及精度，美国于 1870 年又率先建成了四辊可逆式厚板轧机。20 世纪 70年代，轧机又加大了级别，主要是建造 5000mm 以上的特宽型单机架轧机，以满足航母和大直径长运输天然气所需管线用板需要。近年来，中厚板轧机的质量和生产技术都大大提高了，用于中厚板轧制的轧机主要有三辊式劳特轧机、二辊可逆式轧机、四辊可逆式轧机和万能式轧机等几种类型，如图 4-3 所示。旧式二辊可逆式和三辊劳特式轧机由于辊系刚性不够大、轧制精度不高，已被淘汰。

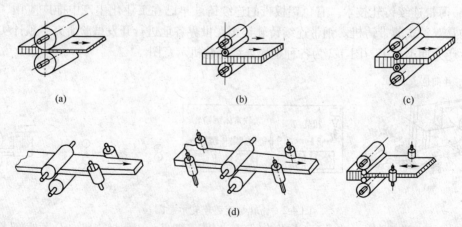

图 4-3　各种中厚板轧机

（a）二辊可逆式轧机；（b）三辊式劳特轧机；（c）四辊可逆式轧机；（d）万能式轧机

四辊可逆式轧机是现代应用最广泛的中厚板轧机，适于轧制各种尺寸和规格的中厚板，尤其是宽度较大，精度和板形要求较严的中厚板。这种轧机兼备二辊与三辊的特点，支承辊与工作辊分工合作，既降低了轧制压力，又大大增强了轧机刚性。

万能式轧机是在板带一侧或两侧具有一对或两对立辊的可逆式轧机。由于立辊的存在，可以生产齐边钢板，不再剪边，降低了金属消耗，提高了成材率。但理论和实践证明，立辊轧边只是对于轧件宽厚比（B/H）值小于 $60\sim70$（例如热连轧粗轧阶段）的轧制才能产生作用；对于 B/H 值大于 $60\sim70$ 的轧制，立辊轧边时钢板很容易产生横向弯曲，不仅起不到轧边作用，反而使操作复杂，易造成事故。

4.1.3.2 中厚板轧机布置及中厚板车间

中厚板轧机组成一般有单机架、双机架和连续式等类型。

（1）单机架轧机。一个机架既是粗轧机，又是精轧机，在一个机架上完成由原料到成品的轧制过程，称为单机架轧机。单机座布置的轧机可以选用任何一种厚板轧机，由于粗精轧在一架上完成，产品质量较差，轧辊寿命短，但投资省、建厂快，适用于产量要求不高对产品尺寸精度要求较宽的中型钢铁企业。图 4-4 是单机座 4200mm 厚板生产车间平面布置简图。轧机是一台四辊万能轧机，轧辊尺寸 $\phi980mm/1800mm\times4200mm$，立辊直径 $\phi1000mm$，辊身长 1100mm。年产量 40 万～60 万吨，以合金钢为主。该车间有均热炉一座，轧机后有热剪机和七辊热矫直机，矫直后的钢板经过冷却、检查、修磨和剪切，加工成一定尺寸。对于需要热处理的钢板，可进行调质处理、常化处理等。

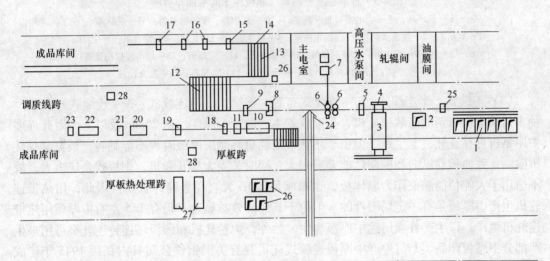

图 4-4 单机座 4200mm 厚板生产车间平面布置简图

1—均热炉；2—车底式炉；3—连续式炉；4—出料机；5—高压除鳞箱；6—4200mm 万能轧机；7—发电机-电动机组；8—热剪机；9—热矫直机；10—常化炉；11—压力淬火机；12—冷床；13—翻板机、检查修磨台；14—辊道；15—双边剪；16—定尺剪；17—打印；18—热矫直机；19—冷矫直机；20—淬火炉；21，23—淬火机；22—回火炉；24—收集装置；25—运锭小车；26—缓锭坑；27—外部机械化炉；28—翻板机

（2）双机架轧机。双机架轧机是把粗轧和精轧两个阶段不同任务和要求分别放到两个机架上完成，其布置形式有横列式和纵列式两种。由于横列式布置因钢板横移易划伤，换辊较困难，主电室分散及主轧区设备拥挤等原因，新建轧机已不采用，全部采用纵列式布置。与单机架形式相比，不仅产量高，表面质量、尺寸精度和板形都较好，并可延长轧

辊寿命，缩减换辊次数等。双机架轧机组成形式有四辊-四辊、二辊-四辊和三辊-四辊式三种。20世纪60年代以来，新建轧机绝大多数为四辊-四辊式，以欧洲和日本最多。这种形式轧机粗精轧道次分配合理，产量高，可使进入精轧机轧件断面较均匀，质量好；粗精轧可分别独立生产，较灵活。缺点是粗轧机工作辊直径大，轧机结构笨重复杂，投资增大。应指出，美国、加拿大和我国仍保留着相当数量的二辊-四辊式轧机。

　　由于各生产车间工艺及设备不同，车间布置各有特色。图4-5是日本住友金属鹿岛厚板厂车间平面布置。该厂采用双机架四辊可逆式轧机，粗轧机轧辊尺寸为 ϕ1010mm/2000mm×5340mm，电机容量为 2×4500kW，40/80r/min 直流电动机，轧制力达 90000kN；精轧机工作辊为 ϕ1000mm×4724mm，支承辊为 ϕ2000mm×4579mm，主传动为两台 5000kW，50/100r/min 直流电动机，面积达 137780m²，年产192万吨。

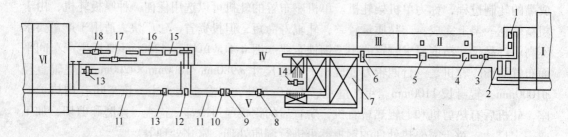

图4-5　日本住友金属鹿岛厚板厂车间平面布置图

Ⅰ—板坯场；Ⅱ—主电室；Ⅲ—轧钢间；Ⅳ—轧钢跨；Ⅴ—精整跨；Ⅵ—成品库

1—室状炉；2—连续式炉；3—高压水除鳞；4—粗轧机；5—精轧机；6—矫直机；7—冷床；
8—切头剪；9—双边剪；10—剖分剪；11—堆垛剪；12—定尺剪；13—超声波探伤设备；
14—压平机；15—淬火机；16—热处理炉；17—涂装机；18—抛丸设备

　　（3）连续式、半连续式、3/4连续式布置。连续式、半连续式、3/4连续式布置是一种多机架生产带钢的高效率轧机，目前成卷生产的带钢厚度已达25mm及以上，因此许多中厚钢板可在连续机上生产。但由于用热带连轧机轧制中厚板时板不能翻转，板宽又受轧机限制，致使板卷纵向和横向性能差异很大。同时又需大型开卷机，钢板残余应力大，故不适用于大吨位船舶上作为船体板，也难满足 UOE 大直径直缝焊管用。因此，用热带连轧机生产中厚板是有一定局限性的。但由于其经济效益显著，仍有1/5左右中厚板用热带连轧机生产，以生产普通用途中厚板为主。另外，炉卷轧机和薄板坯连铸连轧都可用来生产部分中厚板产品。专门生产中厚板连续式轧机只有美国钢铁公司日内瓦厂1945年建成的3350mm 半连续式轧机一套，用于生产薄而宽、品种规格单一的中厚板，不适合于多品种生产。因此，这类轧机未能得到大范围推广。

4.1.3.3　中厚板生产工艺

中厚板生产工艺过程包括原料准备、加热、轧制和精整等工序。

　　A　原料的准备和加热

　　轧制中厚板所用原料可以为扁锭、初轧板坯、连铸坯、压铸坯等，发展趋势是使用连铸坯。原料的尺寸选择原则：为保证板材的组织性能，原料应该具有足够的压缩比，因此在保证钢板压缩比的前提下原料厚度尺寸应尽可能的小，宽度尺寸应尽量的大，长度尺寸应尽可能接近原料的最大允许长度。

中厚板用的加热炉有连续式加热炉、室式加热炉和均热炉三种。均热炉用于由钢锭轧制特厚钢板；室式炉用于特重、特厚、特短的板坯，或多品种、少批量及合金钢的坯或锭；连续式加热炉适用于品种少批量大的生产。近年来用于板坯加热的连续式加热炉主要是推钢式和步进梁式连续加热炉两种。选择了合理加热炉型后，还要制定合理的热工制度，即加热温度、加热速度、加热时间、炉温制度及炉内气氛等，保证提供优质的加热板坯。

B 除鳞及成型轧制

加热时板坯表面会生成厚而硬的一次氧化铁皮，在轧制过程中还会生成二次氧化铁皮，这些氧化铁皮都要经过除鳞处理。用高压水除鳞方法几乎成为生产中除鳞的唯一方式。在高压水喷射下，板坯表面激冷，氧化铁皮破裂，高压水沿着裂缝进入氧化铁皮内，氧化铁皮破碎并被吹除，从而达到保证成品钢板获得良好表面质量目的。除鳞后，为了消除板坯表面因清理带来的缺肉、不平和剪断时引起的端部压扁等影响，为提高展宽轧制阶段板厚精度打下良好基础，还需要沿板坯纵向进行1~4道次成型轧制。

C 展宽轧制

展宽轧制是中厚板粗轧阶段，主要任务是将板坯展宽到所需要宽度，并进行大压缩延伸。各生产厂操作方法多种多样，一些主要生产方法如下：

(1) 全纵轧法。当板坯宽度大于或等于钢板宽度时，可不用展宽而直接纵轧出成品，称为全纵轧法。其优点是生产率高，且原料头部缺陷不致扩散到钢板长度上；但由于板在轧制中始终只向一个方向延伸，使钢中偏析和夹杂等呈明显条带状分布，板材组织和性能呈严重各向异性，横向性能（尤其是冲击韧性）常为不合格，因此这种操作方法实际用得不多。

(2) 综合轧法。先进行横轧，将板宽展至所需宽度后，再转90°进行纵轧，直至完成，是生产中厚板最常用方法。其优点是板坯宽和钢板宽度可以灵活配合，更适宜于以连铸坯为原料的钢板生产。同时，由于横向有一定变形，一定程度上改善了钢板组织性能和各向异性，但会使产量有所降低，并易使钢板成桶形，增加切损，降低成材率。这种轧制方法也称横轧-纵轧法。

(3) 角轧-纵轧法。使钢板纵轴与轧辊轴线呈一定角度送入轧辊进行轧制。送入角一般在15°~45°范围内，每一对角线轧制1~2道后，更换为另一对角线进行轧制。角轧-纵轧法优点是轧制时冲击小，易于咬入，板坯太窄时，还可防止轧件在导板上"横搁"。缺点是需要拨钢，操作麻烦，使轧制时间延长，降低了产量；同时，送入角和钢板形状难以控制，使切损增大，成材率降低，劳动强度大，难以实现自动化，故只在轧机较弱或板坯较窄时才用这种方法。

(4) 全横轧法。将板坯从头至尾用横轧方法轧成成品，称为全横轧法。这种方法只有当板坯长度大于或等于钢板宽度时才能采用。若以连铸坯为原料，则全横轧法与全纵轧法一样，会使钢板组织性能产生明显各向异性；但当用初轧坯为原料时，全横轧法优于全纵轧法，这是由于初轧坯本身存在纵向偏析带，随着金属横向延伸，轧坯中纵向偏析带的碳化物夹杂等沿横向铺开分散，硫化物形状不再是纵轧的细长条状，呈粗短片状或点网状，片状组织随之减轻，晶粒也更接近等轴晶，因而大大改善了钢板横向性能，显著提高了钢板横向塑性和冲击韧性，提高了钢板综合性能合格率；另外，全横轧比综合轧制法可以得到更整齐的边部，钢板不成桶形，减少了切损，提高了成材率；再有，由于减少了一次转钢时间，以及连续同向轧制，因此产量有所提高。因此，全横轧法经常用于初轧坯为原料的厚板厂，使由坯料到初轧坯到板材总变形过程中，其纵横变形之比趋近相等。

（5）平面形状控制轧法。平面形状控制轧法是对钢板矩形化的控制，如图 4-6 所示。在除鳞及成型阶段，钢板头尾部出现舌状，侧边出现凹形（见图 4-6(a)）。如图 4-6（b）所示，在展宽阶段，当成型轧制压下率大，而展宽轧制压下率小的情况下，头尾部呈凹形，侧边呈凸形；反之，头尾部仍呈凹形，侧边也呈凹形。在伸长轧制阶段，可能出现板形形状如图 4-6（c）所示。这些现象发生都是由于纵横变形不均引起的，致使轧后钢板平面形状不是矩形，造成钢板头、尾及侧边切损增加，降低成材率。为了提高成材率，涌现了多种平面形状控制轧制方法：

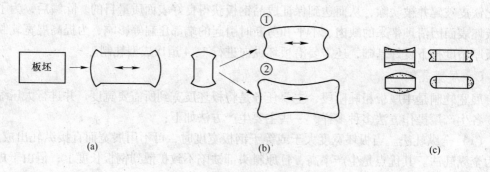

（a）   （b）   （c）

图 4-6   轧制过程平面形状变化
（a）除鳞及成型阶段；（b）展宽阶段；（c）伸长轧制阶段

1）厚边展宽轧制法（MAS）。这种方法是日本川崎制铁公司开发的，是通过控制辊缝开度改变轧材厚度的一种方法。原理如图 4-7 所示，虚线为未实施 MAS 钢板形状，实线为实施 MAS 以后钢板形状。它是根据每种尺寸钢板在终轧后桶形平面变化量，计算出粗轧展宽阶段坯料厚度的变化量，以求最终轧出钢板平面形状矩形化程度，成材率提高 4.4%。

2）狗骨（Dog Bone）轧制法。与 MAS 基本原理相同，预先将坯料横截面轧成狗骨状，以获得成品钢板矩形化。日本钢管公司福田厚板厂采用此法使切损减少 65%，成材率提高 2%。

3）薄边展宽轧制法。这种方法是在展宽轧制后紧接倾斜轧辊，只对板坯两侧边部进行轧制，使薄边展宽轧制板坯平面形状接近矩形，轧制过程如图 4-8 所示，工作原理如图 4-9 所示，其中图 4-9(a)和图 4-9(c) 分别为未实施和已实施薄边展宽轧制后板坯板宽方向与横截面形状特征。为了实施薄边展宽轧制，如图 4-9(b) 所示，需将上辊倾斜，只对影线部分进行轧制，经过两道次完成薄边展宽轧制过程。日本川崎制铁公司千叶厚板厂采用这种方法使成材率提高 1%。

4）立辊轧边法。这种轧制方法原理如图 4-10 所示。板坯成形轧制后转 90°横向轧边，展宽轧制后再转 90°进行纵向轧边，然后进行伸长轧制。这种方法除了能对平面形状控制以外，还能对钢板宽度进行绝对控制，生产齐边钢板。新日铁名古屋厚板厂采用立辊轧边法使厚板成材率提高 3%，达到 96.8%。

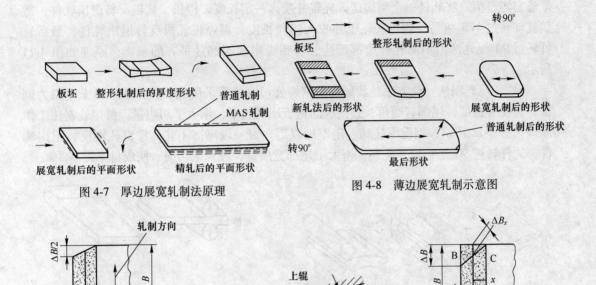

图 4-7　厚边展宽轧制法原理　　　　图 4-8　薄边展宽轧制示意图

图 4-9　薄边展宽轧制原理图

（a）展宽轧制后形状；（b）轧辊倾斜轧端部；（c）新轧制法轧后形状

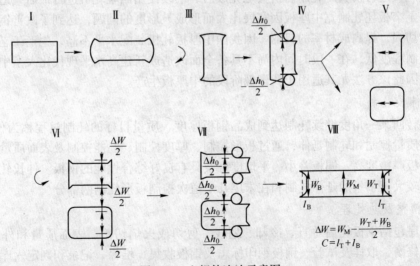

$$\Delta W = W_M - \frac{W_T + W_B}{2}$$

$$C = l_T + l_B$$

图 4-10　立辊轧边法示意图

Ⅰ—板坯；Ⅱ—成型轧制；Ⅲ、Ⅵ—转90°；Ⅳ—横向轧边；

Ⅴ—展宽轧制；Ⅶ—纵向轧边；Ⅷ—伸长轧制

5）咬边返回轧制法。采用钢锭作为坯料时，在展宽轧制完成后，根据设定咬边压下量确定辊缝值。将轧件一个侧边送入轧辊并咬入一定长度，停机，轧辊反转退出轧件，然后轧件转过180°将另一侧送入轧辊并咬入相同长度，再停机轧机反转退出轧件，最后轧件转过90°纵轧两道消除轧件边部凹边，得到头尾两端都是平齐的端部，原理如图4-11所示。

6）留尾轧制法。该方法是我国舞阳钢铁公司厚板厂采用的一种方法。由于坯料为钢锭，锭身有锥度，尾部有圆角，致使成品钢板尾部较窄，增大了切边量。留尾轧制法工作原理如图4-12所示，钢锭纵轧到一定厚度以后，留一段尾部不轧，停机轧辊反转退出轧件，轧件转过90°进行展宽轧制，增大了尾部宽展量，减少了切损，使成材率提高4%。

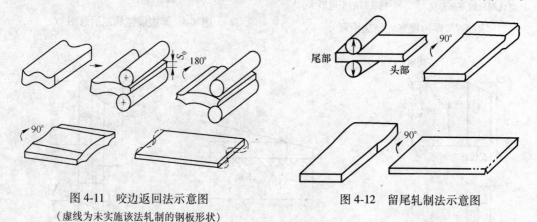

图4-11　咬边返回法示意图　　　　　图4-12　留尾轧制法示意图
（虚线为未实施该法轧制的钢板形状）

7）立辊挤头尾法。该方法是我国秦皇岛首钢板材有限公司最新发明的轧制方法。在横轧展宽至倒数第二道轧完后，启动立辊，将板坯停在立辊轧机处，使用动态立辊测量板坯长度尺寸，然后向立辊前部送钢。根据实测板坯长度及展宽比等，设定立辊压下量，并启动立辊轧机进行挤头尾轧制。挤头尾完成后，继续使用四辊轧机进行最后一道横轧。该工艺解决了窄板坯轧制宽中厚板因宽展比大而形成鼓形度的问题，达到了改善钢板平面形状，减少切损，提高成材率的目的。因我国中厚板轧机装配水平不高，生产工艺较落后，自动化控制程度低，在一段时间内尚不具备全面改造或新建高水平现代化大型中厚板轧机的能力，因此该方法尤其适用于我国现阶段的中厚板生产。

D　伸长轧制

板坯转回某一角度继续轧制达到成品钢板厚度、质量目标的轧制过程称为伸长轧制。其目的是质量控制和轧制延伸，通过板形控制、厚度控制、性能控制及表面质量控制等手段生产出板厚精度高、同板差小、平坦度好及具有良好综合性能的钢板。伸长轧制过程又分为采用较大压下量的延伸轧制和在末尾几个道次控制板形轧制两部分。

E　精整及热处理

该工序包括钢板轧后矫直、冷却、划线、剪切或火焰切割、表面质量和外形尺寸检查、缺陷修磨、取样及试验、钢板钢印标志及钢板收集、堆垛、记录和判定入库等环节。

为使板形平直，钢板在轧制以后必须趁热进行矫直，热矫直机一般在精轧机后，冷床前。热矫直机已由二重式进化为四重式，四重式矫直辊沿钢板宽度方向由几个短支承辊支撑矫直辊，以防止矫直力使矫直辊严重挠曲。冷矫直机一般是离线设计的，它除了用于热矫直后补充矫直外，主要用于矫直合金钢板，因为合金钢板轧后往往需要立即进行缓冷等处理。

矫直后钢板仍有很高温度，在送往剪切线之前，必须进行充分冷却，一般要冷却到150~200℃。圆盘式及步进式冷床冷却均匀，且不损伤板表面，近年来趋于采用这两种冷床。中厚板厂在冷床后都安装有翻钢机，其作用是为了实现对钢板上下表面进行质量检查，是冷床系统必备工艺设备。但此方法虽可靠却效率低，同时又是在热辐射条件下工作，工作环境差。现在已有厂家在输送辊道下面建造地下室进行反面检查。

钢板经检查后进入剪切作业线，首先进行划线，即将毛边钢板剪切或切割成最大矩形之前应在钢板上先划好线，随后切头、切定尺和切边。圆盘剪目前一般用于最大厚度为20mm的钢板，适用于剪切较长钢板；新设计现代化高生产率厚板车间，大都采用双边剪，剪切厚度达40~50mm钢板。日本采用一台双边剪与一台横切剪紧凑布置的所谓"联合剪切机"，不仅大大节约了厂房面积（仅需传统剪切线的15%），而且可使剪切过程实现高度自动化。

因钢板牌号和使用技术要求的不同，中厚钢板热处理工艺也不一样。常用热处理方法有正火、退火及调质。正火处理以低合金钢为主，通常锅炉和造船用钢板正火温度为850~930℃，冷却应在自由流通的空气中均匀冷却，如限制空气流通，会降低其冷却速度，达不到正火目的，有可能变为退火工艺；如强化空气冷却速度，有可能变成风淬工艺。正火可以得到均匀细小的晶粒组织，提高钢板综合力学性能。退火目的主要是消除内应力，改善钢板塑性；调质处理主要是通过淬火之后中温或高温回火取得较高强度和韧性的热处理工艺。

4.1.4　热连轧薄板带钢生产

热轧板带钢广泛用于汽车、电机、化工、造船等工业部门，同时作为冷轧、焊管、冷弯型钢等的生产原料，其产量在钢材总量所占比重最大，在轧钢生产中占统治地位。在工业发达国家，热连轧板带钢产量占板带钢总产量的80%左右，占钢材总产量的50%以上。20世纪60年代，美国首创快速轧制技术，使带钢热连轧技术进入第二代，其轧制速度达15~20m/s，计算机、测压仪、X射线测厚仪等应用于轧制过程，同时开始使用弯辊等板形控制手段，使轧机产量、产品质量及自动化程度得到进一步提高；20世纪70年代，带钢热连轧技术发展进入第三代，特点是计算机全程控制轧制过程，轧制速度可达30m/s，轧机产量和产品质量达到新的发展水平。特别是近年来，随着连铸连轧紧凑型、短流程生产线的发展，以及正在试验中的无头轧制，极大地改进了热轧生产工艺。同时，还出现了很多新技术，图4-13从节省能源、提高成品质量、提高轧机产量和提高成材率四个方面综合了热连轧板带材生产中出现的新技术。为与新发展的热轧带钢生产工艺相区别，将过去长期以来所采用的带钢热连轧生产工艺称为传统带钢热连轧工艺。

4.1.4.1　传统工艺流程

A　带钢热连轧机类型

一套带钢热连轧机由2~6架粗轧机和6~8架精轧机组成，由于精轧机组的组成和布置变化不大，带钢热连轧机类型普遍以其粗轧机组轧机架数和布置来区分。

（1）全连续式带钢热连轧机。粗轧机组有4~6架轧机，串列式布置，每架轧机轧制一道，无逆轧道次，其布置与组成如图4-14所示。一般前几架因为轧件较短，厚度较大，

图 4-13　板带热连轧生产新技术

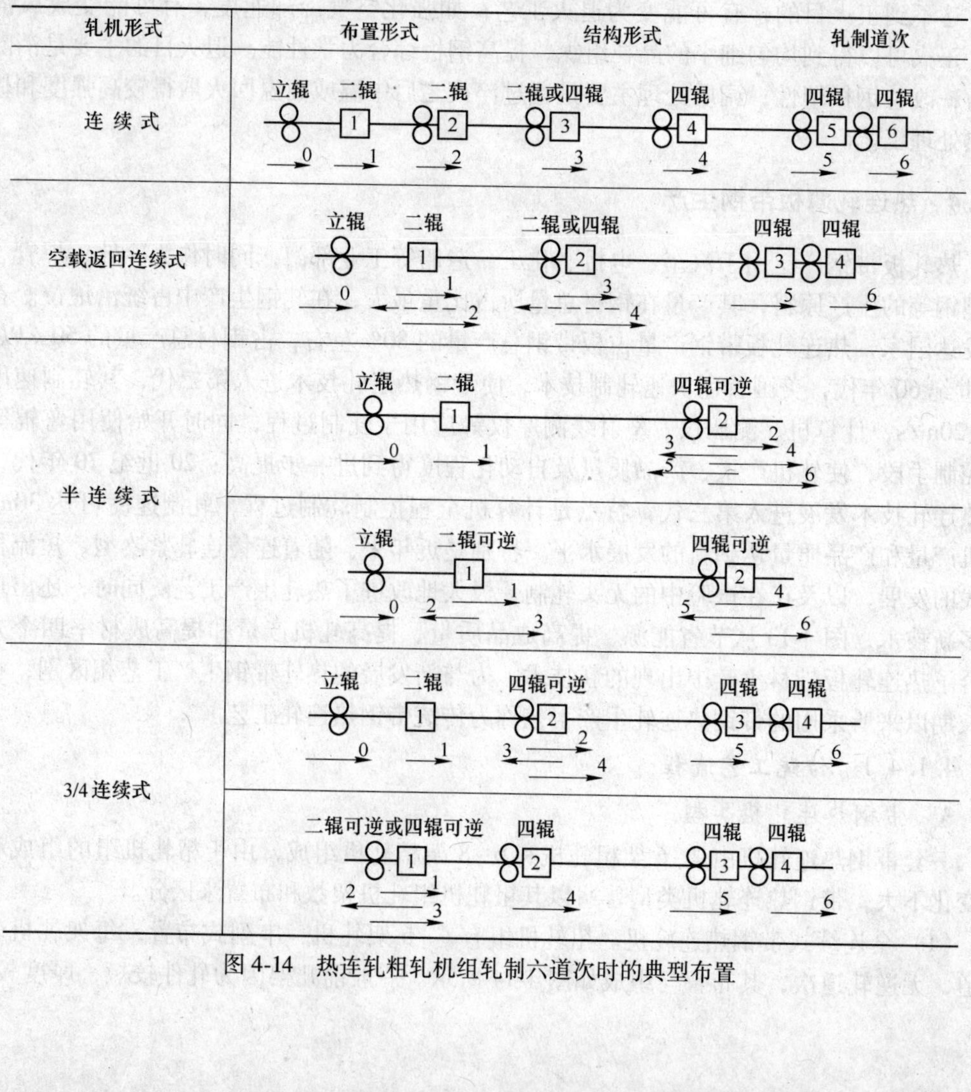

轧机形式	布置形式	结构形式	轧制道次
连 续 式			
空载返回连续式			
半 连 续 式			
3/4 连续式			

图 4-14　热连轧粗轧机组轧制六道次时的典型布置

难以实现连轧，后面两架采用近距离布置构成连轧，立辊是为了控制宽度。现代连轧机流程合理，产量大，但轧机架数多，投资大，生产线及厂房较长，适合于热轧带钢单一品种、大规模生产。

（2）半连续式热轧带钢连轧机。粗轧机有一架或两架轧机，如图4-14所示，后一种相当于双机架中厚板轧机，可设置于中板生产线，既生产板卷，又生产中板。上述两种半连续式共同特点是粗轧阶段有逆轧道次，轧机产量不高。但由于机架少，厂房短，投资少，且粗轧道次和压下量安排灵活，适用于产量要求不高、品种范围较宽的情况。

（3）3/4连续式热带钢连轧机。粗轧机由四架轧机组成：第一种是第一架为不可逆式二辊轧机，第二架为可逆四辊万能轧机，另一种是第一架为二辊可逆或四辊可逆，第二架不可逆，第三、四架为近距离布置构成连轧关系的不可逆式轧机，如图4-14所示。即粗轧机组仅有一架是可逆式轧机，其余三架均为不可逆轧机，称为3/4连轧。这种热带钢连轧机比全连轧机架数少，厂房短，投资少5%~6%，产量达400万吨/年，同时具有半连轧生产的灵活性和产品范围宽的特点，故得到广泛采用。

（4）空载返回连续式。这种连续式与全连续式区别在于轧机都是可逆的，只有当粗轧机架发生故障或损坏时才采用。

美国多采用全连轧方式，日本多为3/4连轧，我国武钢、宝钢和本钢的热带轧机也是3/4连轧。

由粗轧机组轧出的带坯，经百米长的中间辊道输送到精轧机组，带坯在进入精轧机组之前，要进行测温、测厚，接着用飞剪切头部和尾部。切头后的带坯即进行除鳞，进入一般由6~7架组成的精轧机组进行精轧。

B 生产工艺流程

一般工艺流程：原料准备→板坯加热→粗轧→精轧→冷却→卷取→精整。原料准备应根据板坯技术条件进行，缺陷清理后局部深度在8mm以内，常用原料有初轧板坯和连铸板坯。板坯加热应以保证良好塑性并易于加工为目的，随着对板带材质量性能要求的提高，加热温度现多取下限加热温度进行，可使原始奥氏体晶粒较小、轧后板带组织性能良好、精度高，同时还能节约能源。加热炉一般为3~5座连续式或步进式；板坯粗轧有两个成型过程：一是压下，二是轧边。粗轧压下量受精轧前端飞剪剪切板料尺寸限制，一般要轧制40mm以下，延伸系数可达8~12。轧边也称侧压，通过立辊轧制完成，轧边不仅仅是为了齐边，同时还用于除鳞，所以要有足够侧压量，一般大立辊轧机在较厚板坯上一次侧压50~100mm，轧边压下量一般为12.7mm左右；飞剪是为便于精轧机咬入，把轧件头部剪成V形或弧形。进入精轧机轧件已充满整个机组，使带钢同时在一组轧机上进行连轧，其中任何一架轧机工艺参数及设备参数发生波动都会对连轧过程发生影响，因此精轧机组自动化和控制水平很高。从精轧末架轧出的带钢，在由精轧机输送辊道输送到卷取机过程中进行水冷，以控制输送过程中的组织转变。实验证明，采用低压力大水量冷却系统使水紧贴于带钢表面形成层流可获得较好冷却效果。冷却到一定温度后进入卷取机进行卷取，卷取时钢卷在缓冷条件下发生组织变化，可得到要求的性能；卷取后钢卷经卸卷小车、翻钢机和运输链运送到钢卷仓库，作为冷轧原料或热轧成品卷出厂，或继续进行精整加工。精整加工机组有纵切机组、横切机组、平整机组及热处理炉等。精整加工后的钢板和窄带等经包装后出厂。

C 车间平面布置

热连轧薄板带钢车间平面布置主要因粗轧机组而不同，某公司 1700 热连轧带钢车间如图 4-15 所示。该车间具有三个与热轧跨间平行的板坯仓库跨间，三座六段连续式加热炉，轧机为 3/4 连续式，精轧机 7 架。该车间所用原料为初轧坯或连铸板坯，板坯尺寸为（150~250）mm×（800~1600）mm×（3800~9000）mm，最大坯重为 24t，以生产碳素钢为主，并能生产低合金钢、硅钢等。生产成品带钢厚度为 1.2~20mm，宽度 750~1550mm，轧机设计年生产能力 300 万吨。

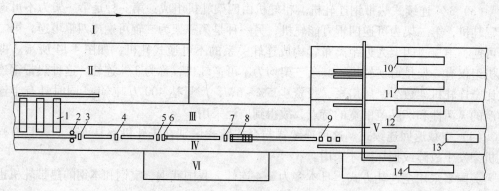

图 4-15　1700 热连轧带钢车间布置简图

Ⅰ—板坯修磨间；Ⅱ—板坯存放场；Ⅲ—主电室；Ⅳ—轧钢跨；Ⅴ—精整跨；Ⅵ—轧辊磨床
1—加热炉；2—大立辊轧机；3—二辊不可逆轧机；4—四辊可逆轧机；5—四辊轧机（交流）；6—四辊轧机（直流）；
7—飞剪；8—精轧机组；9—卷取机；10~12—横卷机组（F1~F7）；13—平整机；14—纵剪机组

4.1.4.2　热轧薄板带直接轧制工艺

为了节约热能消耗，热装工艺（D-HCR）首先被采用。所谓热装就是将连铸坯或初轧坯在热状态装入加热炉，热装温度越高，节能越多。20 世纪 70 年代，直接轧制技术（HDR）被广泛使用。所谓直接轧制是指板坯连铸或初轧之后不再进入加热炉加热，只略经边部补偿加热直接进行轧制。采用直接轧制比传统轧制方法节能 90% 以上，初轧坯直接轧制工艺（IH-DR）于 1973 年在日本实现。随着连铸技术在世界上许多钢铁生产国迅速普及，以及第一次世界石油危机的出现，1981 年 6 月，日本率先实现连铸坯直接轧制工艺（CC-DR）。CC-DR 生产程序非常简单，只包含连铸和轧制两个过程，如图 4-16、图 4-17 所示。连铸设备距离氧气顶吹转炉 600m，钢水由钢包车运输，经 RH 处理后由双流连铸机铸坯。切割后坯料由边部温度控制设备 ETC（感应加热装置）加热以补充其边部热量损失，然后通过回转机构输送至轧制线。板坯通过立式除鳞机（VSB）时，最多经过 5 个除鳞道次，最大可减少板坯宽度 150mm。经过粗轧机组轧制，使板坯厚度从 250mm 减少至 50~60mm。板坯边部由使用煤气烧嘴局部加热器 EQC 加热后送往精轧。直接轧制可节能 85%；由于减少烧损和切损，可提高成材率 0.5%~2%；简化生产工艺过程，减少设备和厂房面积，节约基建投资和生产费用；由于不经加热而使表面质量得到提高。

4.1.4.3　薄板坯连铸连轧工艺

所谓薄板坯指普通连铸机难以生产的，厚度在 60mm（或 80mm）以下，且可以直接进入热连轧机精轧机组轧制的板坯。1987 年 7 月，美国纽柯（Nucor）公司率先完成以废钢、电炉、薄板坯连铸连轧生产热带钢的工艺过程，也称为短流程轧制工艺（CSP）

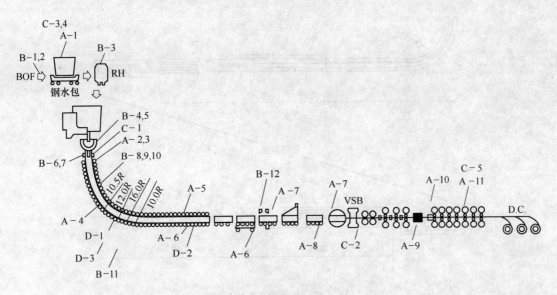

图 4-16　CC-DR 技术与工艺

(A)　温度控制

1—钢水转运 600m；2—恒高速浇铸；3—首块及末块板坯测量；4—雾化柔性二次冷却；

5—液面前端位置控制；6—铸机内部及辊道周围绝热；7—短运送线及转盘；8—边部温度补偿器（ETC）；

9—边部质量补偿器（EQC）；10—加厚中间坯；11—高速穿带

(B)　质量控制

1—转炉出渣孔堵塞；2—成分控制（P、S、O_2）；3—真空处理（RH）；4—钢包-中间包-结晶器保护；

5—加大中间包；6—结晶器液面控制；7—适当渣粉；8—缩短辊子间距；9—四点矫直；10—压缩铸造；

11—计算机系统判断质量；12—毛刺清理装置

(C)　成型过程控制

1—高速改变结晶器宽度；2—VSB 宽度大压下（5 道）；3—生产制度计算机控制系统；4—减少分级数；5—自由程序轧制

(D)　成型可靠性控制

1—辊子在线调整检查；2—辊子冷却；3—加强铸机及辊子强度

（Compact Stripe Production），如图 4-18 所示。该工艺由电炉炼钢，采用钢包冶金和保护浇铸，以 4～6m/min 速度铸出厚 50mm 宽 1371mm 的薄板坯，经过切断后，通过一座长达 64 米的直通式补偿加热炉，直接进入 4 架四辊式连轧机轧制成厚为 2.5～9.5mm 的钢带。由于该工艺用废钢代替生铁，50mm 厚薄连铸坯取消了轧机粗轧机，精轧机架数也减少至 4 个机架，使薄板坯连铸连轧建设投资减少约 3/4。由于连铸坯全部直接轧制，可节约能源 60%，提高生产率 6 倍，被称为钢铁工业的一次革命。

曼内斯曼-德马克冶金技术公司（MDH）发展了薄板坯连续铸轧工艺（ISP）（In Line Stripe Production），该工艺可生产连铸薄板坯厚度为 120～10mm，最大宽度达 2800mm。MDS 公司与意大利丹涅利（Danieli）公司于 1991 年在意大利建立了该生产线，如图 4-19 所示。该厂设计年产量为 50 万吨优质碳钢和不锈钢，单流结晶器规格为（650～1330）mm×（60～80）mm，出连续铸轧机组的产品尺寸为（650～1330）mm×（15～25）mm，最大铸速为 6m/min，板卷最大重量 26.6t。精轧后带钢尺寸为 1.7～12mm。与一般厚板坯相比，薄板坯晶粒非常细。该工艺设有新型浸入式水口的连铸结晶器；连铸时可以带液芯压下和软

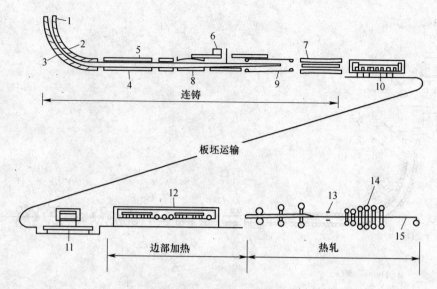

图 4-17　远距离 CC-DR 工艺

1—结晶器；2，7—板坯；3—喷雾冷却；4—连铸机内保温；5—通过液芯加热表面；
6—火焰切割；8—切割前保温；9—切割后保温；10—保温车；11—旋转台；
12—边部加热系统；13—辊道保温装置；14—热轧机；15—层流冷却及卷取

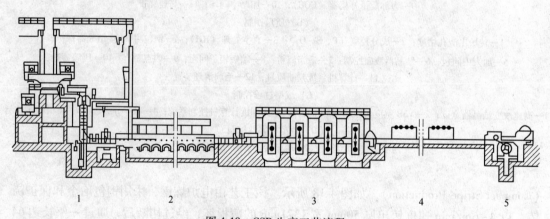

图 4-18　CSP 生产工艺流程

1—薄板坯连铸机；2—隧道式加热线；3—热带钢精轧机；4—层流冷却线；5—地下卷取机

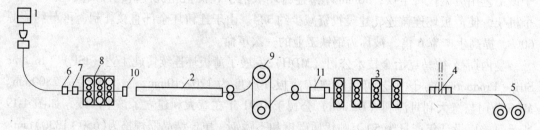

图 4-19　ISP 生产工艺流程

1—连铸；2—感应均热炉；3—精轧机；4—层流冷却；5—卷取机；6—矫直；
7—边部加热；8—轧机；9—热卷取机；10—切断机；11—除鳞

芯（半）凝固压缩，板坯足够薄，可直接进行热卷取；设有新型热卷取箱，利用热板卷进行输送保温，节能、节材，效益显著。

4.1.4.4　非连轧热轧薄板带钢生产

高速连铸连轧方法是当前板带生产主要方向，但不是唯一的。宽带钢轧机投资大，建厂慢，生产规模太大，受到资源等条件限制，在竞争中不如中小轧机灵活。随着发展中国家兴起、废钢日益增多和较薄板坯铸造技术的提高，中小型企业板带生产又日益得到重视和发展。

（1）炉卷轧机。炉卷轧机采用 1~2 架机架可逆轧制多道次，轧机前后设有卷取炉。粗轧阶段为单片轧制，将板坯厚度轧至不小于 25mm；精轧阶段，厚度小于 25mm 轧件出轧机后，进入卷取炉边轧边卷，可保证带钢温度均匀，如图 4-20 所示。该轧机主要优点是轧制过程中可以保温，因而可用灵活的道次和较少的设备投资（与连轧相比）生产出各种热轧板卷，适于生产批量不大而品种较多，尤其是加工温度范围较窄的特殊钢带。缺点是因铁皮氧化和轧辊表面粗糙而影响带钢表面质量。但现代炉卷轧机除汽车外板和镀锡原板等对表面质量要求特别高的产品外，均能生产；现代炉卷轧机收得率可达 96%~97%（连轧机收得率不小于 98%）。

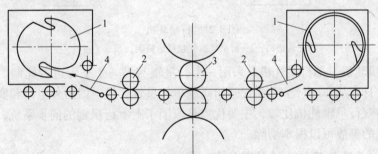

图 4-20　炉卷轧机轧制示意图

1—卷取机；2—拉辊；3—工作辊；4—升降导板

炉卷轧机按布置形式主要有由 1 架带立辊可逆式四辊粗轧机+1 架前后带卷取炉可逆式四辊精轧机组成的双机架带钢炉卷轧机；由双机架前后带卷取炉，中间设立辊串列布置可逆式四辊粗轧机组成的双机架炉卷轧机。这两种轧机都用于生产碳素钢或不锈钢带。还有 1 架机前带立辊，前后带卷取炉的可逆式四辊粗、精轧机，该轧机适用于生产钢板和钢板卷。

（2）行星轧机。行星轧机是一种特殊轧机，最早工业性轧机于 1950 年在法国正式建成，迄今国外行星轧机约有 30 余台，主要分布于美国、加拿大、英国、日本等国家，可生产板带宽度达 1780mm。从辊系结构上可以分为双行星轧机和单行星轧机两种形式。

1）双行星轧机。从结构上看，双行星轧机由上下两个直径较大的支承辊和围绕支承辊的很多对小直径工作辊组成。工作辊轴承分别嵌镶在位于支承辊两侧的轴承座圈套内，两个支承辊由主电机驱动，其转动方向与轧制方向一致。工作辊一方面随座圈围绕支承辊做行星式公转，另一方面又靠其与支承辊间的摩擦进行自转，如图 4-21 所示。森吉米尔型、普拉茨尔式以及钳式行星轧机都属于双行星轧机。从应用情况看，由于设备复杂、生产事故多、作业率低，能够正常使用的很少。

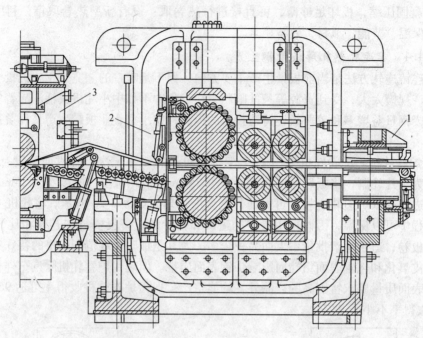

图 4-21　行星轧机

1—轧边机；2—行星轧机（包括送料辊）；3—平整机

2）单行星轧机。单行星轧机只采用一个行星辊与另一个平辊进行轧制。为克服双行星轧机弱点，日本从 20 世纪 50 年代开始研制单行星辊轧机。国内外生产和实践证明，单行星辊轧机与双行星辊轧机比较，主要优点是取消了上下行星辊的同步系统，由于同步系统失调而造成的事故可以根本消除。

4.1.4.5　热连轧薄板生产的新技术、新工艺

（1）热带无头轧制技术。日本川崎钢铁公司千叶厂于 1996 年 3 月新建的 2050mm 热轧带钢轧机上成功应用了热带无头轧制技术，并于 1996 年 10 月在世界上首次轧制出 0.8mm 厚热轧带钢，现已生产出 0.76mm 厚热轧带钢，该工艺是针对宽带钢轧机开发的。所谓无头轧制是在传统的热轧带钢轧制线上，采用中间坯热卷取箱、中间坯对焊机及精轧后带钢高速飞剪技术，实现精轧机组多块中间坯连续轧制，卷取机前切分卷取的新工艺。实践证明，无头轧制技术能稳定生产常规热轧方法不能生产的宽薄带钢及超薄热轧带钢，并能应用润滑轧制及强制冷却技术生产具有新材料性能的高新技术产品。

（2）热带钢半无头轧制技术。热带钢半无头轧制技术是将中间坯焊接，然后通过精轧机连续轧制，在进入卷取机之前用一台高速飞剪将其切分到要求卷重。该工艺可以应用于薄板坯连铸连轧生产线。SMS 公司推出了生产热轧超薄带为主的薄板坯连铸连轧生产线，这一生产线已在 Thyssen-Krupp 公司投产，连铸薄板坯不剪断进入隧道式加热炉，铸坯经均热后进入 7 机架连轧机组轧制成材。该生产线生产高强钢最小厚度为 1.2mm，低碳钢可达 0.8mm。半无头轧制技术利用连铸坯较长的特点，减少了穿带过程产生的带钢温度降低、厚度不易控制和生产不稳定等问题。

（3）Pony 轧制技术。由于超薄带产品利润较高，国内外都在研制其他投资小的生产方法。Pony 轧制就是一种新型超薄带轧机，是带有前后卷取机的单机架轧机。主要特点

是带有感应加热和高精度板形控制系统，可以保证带钢生产温度和尺寸精度。

（4）热轧润滑技术开发与应用。由于在同样条件下高速钢轧辊的应用会使轧制力增加 10%~20%，欲减少轧制力，保证设备负荷，热轧润滑是最有效的手段。在轧件进入辊缝之前，向轧件表面喷涂润滑剂，形成润滑膜，虽然油膜与轧辊接触时间只有百分之几秒，但在油膜烧掉之前可以起到润滑作用，可以降低轧辊与轧件间摩擦系数，降低轧制力和能耗；减少轧辊消耗和储备，提高作业率；减少氧化铁皮压入，改善辊表面状态。采用热轧润滑，每个机架每年大约可降低成本 20 万美元，考虑到带钢表面质量的提高及酸洗生产率的提高，在抵消设备投资和设备维护成本后，其经济效益提高很明显。因此，日本、欧洲等工业技术先进的国家板带热连轧机几乎都在使用热轧润滑技术。

（5）超薄带的生产技术。超薄带生产是指利用热带轧制生产工艺生产出 0.8 mm 以下带钢，可在一定范围内代替冷轧带钢。DNAANIELI 在埃及采用的 DSRP 生产线（见图4-22），在粗轧、精轧之间设置强力冷却系统，使带钢冷却到相变温度以下。其次精轧机各架采用润滑轧制，降低轧制力和功率。在热输送辊道中间设有近距离卷取机，防止带材发飘。

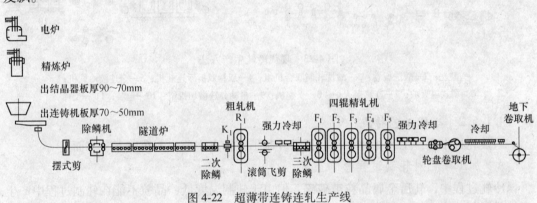

图 4-22　超薄带连铸连轧生产线

（6）薄带连续铸轧技术。钢水可直接铸成厚 2~5mm，宽 700~1330mm 的不锈钢带，铸速达 20~75m/min，生产线长仅 68.9m。

4.1.5　冷轧板带材生产

当薄板带材厚度小到一定程度时，由于保温和均温的困难，很难实现热轧，并且随着钢板宽厚比值增大，在无张力热轧条件下，要保证良好板形也非常困难。采用冷轧方法可以很好地解决这些问题。冷轧板带材其产品具有尺寸精确，性能优良，产品规格丰富，生产效率高，金属收得率高等特点。冷轧板带材主要产品有碳素结构钢板、合金和低合金钢板、不锈钢板、电工钢板及其他专业钢板等，已被广泛应用于汽车制造、航空、装饰、家庭日用品等各行业领域。

4.1.5.1　冷轧机类型及特点

用于冷轧生产的轧机通常分为单机架可逆式冷轧机和冷连轧机组。单机架生产规模小，一般年产 10 万~30 万吨，且调整辊型困难，但它具有设备少、占地面积小、建设费用低、生产灵活等特点。现代冷轧机有：四辊可逆式带钢轧机、HC 轧机、PC 轧机、MKW（偏八辊）轧机、森吉米尔轧机（Sendzimir Mill）等。单机架可逆式冷轧机采用二辊、四辊、多辊等辊系的轧机,二辊冷轧机一般仅作为平整机使用。多机架连续式带钢冷轧机简称冷连轧机组,有三机架冷连轧机、四机架冷连轧机、五机架冷连轧机及六机架冷连轧机等形式。

现代冷轧生产方法为全连续式(见图 4-23),可分成三类:

(1) 单一全连续轧机。冷轧带钢不间断轧制,宝钢 2030mm 冷轧厂属于该种形式。

(2) 联合式全连续轧机。将单一全连轧机与其他生产工序机组联合,如与酸洗机组联合、与退火机组联合等。

(3) 全联合式全连续轧机。将全部工序联合起来。

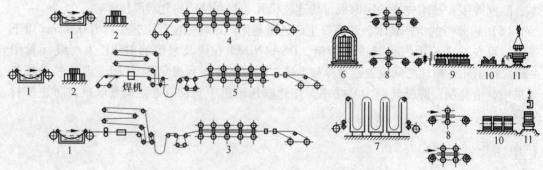

图 4-23　现代冷轧生产方法

1—酸洗;2—酸洗板卷;3—酸洗轧制联合机组;4—双卷双拆冷连轧机;5—全连续冷轧机;
6—罩式退火炉;7—连续退火炉;8—平整机;9—自动分选横切机组;10—包装;11—交库

4.1.5.2 冷轧工艺特点

与热轧板带生产工艺相比,冷轧板带轧制工艺特点主要表现在以下三方面。

A　加工硬化对轧制过程影响显著

冷轧过程中,轧后金属晶粒被破碎,但由于轧制温度低,晶粒不能在轧制过程中产生再结晶回复,产生加工硬化,变形抗力增大,塑性降低,容易产生破裂。在这种情况下若继续进行轧制,为克服由于加工硬化导致的增大的变形抗力,轧制压力必须相应提高;再继续,变形抗力继续增大,塑性继续降低,脆裂可能性更大,如此反复。当钢种一定时,冷轧变形量大小直接影响着加工硬化剧烈程度,当变形量达到一定值,加工硬化超过一定程度后,一般不能再继续轧制,否则会轧出废品。因此在冷轧时制定压下规程,决定变形量,必须知道金属加工硬化程度。一般在冷轧过程中,当具有 60%~80% 总变形量后,必须通过再结晶退火或固溶处理等方法对轧材进行软化热处理,使之恢复塑性,降低变形抗力,以利于继续轧制。生产过程中完成每次软化热处理之前完成的冷轧工作通常称为一个"轧程"。在一定轧制条件下,钢质越硬,成品越薄,所需的轧程越多。由于退火使工序增加,流程复杂,并使成本大大提高,而多次退火也不会对一般钢种最终性能产生多大影响(除非特殊要求钢种,如硅钢),因此一般希望能在一个轧程内轧出成品厚度,以获得最经济生产过程。

由于加工硬化,成品冷轧板带材在出厂之前一般需要进行一定的热处理,使金属软化,全面提高冷轧产品综合性能,或获得所需特殊组织和性能。

B　冷轧中采用工艺冷却与工艺润滑(工艺冷润)

冷轧过程中,由于金属变形及金属与轧辊间摩擦产生的变形热及摩擦热,使轧辊及轧件都会产生较大温升。辊面温度过高会引起工作辊淬火层硬度下降，并有可能促使淬火层内发生残余奥氏体组织分解，使辊面出现附加组织应力，甚至破坏轧辊，致使轧制不能正常进行；另外，辊温反常升高及分布或突变均可导致辊形条件破坏，直接有害于板形与轧制精度。轧件温度过高，会使带钢产生浪形，造成板形不良，一般带钢正常温度希望控制在 90~130℃。但实际生产中温度很容易高于 200℃，出现这种情况应停止生产。为了不使辊和轧件温度过高，并获得良好的温度分布，冷轧时要用正确的冷却与润滑方法进行轧制。

（1）工艺冷却。实践与理论研究表明，冷轧板带钢变形功约有 84%~88%转变为热能，使轧件与轧辊温度升高。变形发热率又正比于轧制平均单位压力、压下量和轧制速度，因此为保持正常轧制，必须加强冷轧过程中的冷却。水是比较理想的冷却剂，与油相比，水的比热比油大约一倍，热传导率为油的三倍多，挥发潜热为油的十倍以上，因此水比油有优越的吸热性能，且成本低廉，大多数轧机采用水或以水为主要成分的冷却剂。只有某些特殊轧机，如 20 辊箔材轧机，由于工艺冷却与轧辊轴承润滑共用一种物质才采用全部油冷，此时为保证冷却效果，需要供油量足够大。应该指出，水中仅含百分之几的油类就会使吸热能力下降约三分之一，因此，轧制薄规格产品高速冷轧机冷却系统往往是以水代替水油混合液（乳化液），以显著提高冷却能力。

（2）工艺润滑。轧制过程进行润滑可以降低轧辊与轧件间摩擦力，从而降低轧制压力，不仅有助于保证实现更大压下量，而且还可使轧机能够经济可行地生产规格更小的产品。此外，采用有效工艺润滑，直接对冷轧过程发热率以及轧辊温升起到良好的影响；在轧制某些产品时，采用工艺润滑还可以起到防止金属粘辊的作用。实践证明，使用润滑剂后，可使单位压力减少 25%~30%，轧制道次减少 24%~44%。通常润滑方式有两种：一是靠近轧辊辊身安装润滑油管，沿辊身有效长度均匀分布若干小油孔，此法多用于生产量不大的非可逆小型冷轧机；二是用泵将大量润滑剂循环喷射到轧辊上进行润滑和冷却，现代冷轧机多用此法。

冷轧板带常用的润滑剂有棕榈油等天然油脂、矿物油以及乳化液。天然油脂润滑效果优于矿物油，是由于在分子构造与特性上有质的差别。因此，用天然油脂作为润滑剂时其最小可轧厚度优于用矿物油作润滑剂的情况。生产实际表明，在现代冷轧机上轧制厚度在 0.35mm 以下白铁皮、变压器硅钢板以及其他厚度较小而钢质较硬品种时，在接近成品一、二道次中必须采用润滑效果相当于天然棕榈油的工艺润滑剂，否则，即使增加道次也难以轧制出所要求的产品厚度。棕榈油虽然润滑效果好，但来源短缺，成本昂贵，不可能被广泛应用。

典型五机架冷连轧机共有三套冷润系统，对厚度为 0.4mm 以上的产品，第一套为水系统，第二套为乳化液系统，第三套为清净剂系统。由酸洗线送来的原料板卷表面上已涂上一层油，足够供连轧机第一架润滑用，故第一架用普通冷却水即可；中间各架采用乳化液系统；末架可喷清洗剂以清除残留润滑油，使轧出的成品带钢不经电解清洗可不出现油斑，这种产品有"机上净"板带之称。

C 冷轧中采用张力轧制

冷轧过程中，特别是在成卷冷轧带钢（包括平整）轧制过程中，实行"张力轧制"是冷轧过程的一大特点。

（1）张力轧制。所谓"张力轧制"指轧件在轧辊中的辗轧变形，是在一定的前张力与后张力作用下进行的。习惯上把作用方向与轧制方向相同的张力称为前张力，作用方向与轧制方向相反的张力称为后张力。对于单机可逆式轧机，所需张力由位于轧机前后的张力卷筒提供，连续式冷连轧机各机架之间张力则依靠控制各机架轧制速度产生。

（2）张力作用：

1）自动调节带钢横向延伸，使之均匀化，从而起到纠偏作用。在张力作用下，若轧件出现不均匀延伸，则沿轧件宽度方向的张力分布将会发生相应变化。延伸大的一侧张力自动减小，延伸小的一侧张力自动增大，结果使横向延伸均匀化。横向延伸均匀是保证带钢出口平直，不产生跑偏的必要条件。这种纠偏作用是瞬时反应的，同步性好，无控制时滞，在某些情况下完全可以代替凸形辊缝法与导板夹送法，使轧件在基本上平行的辊缝中轧制时，仍有可能保证稳定轧制，有利于轧制更精确的产品，并可简化操作。张力纠偏缺点是张力分布改变不能超过一定限度，否则会造成裂边、轧折甚至引起断带。

2）使所轧带材保持平直和良好板形。当未加张力轧制时，不均匀延伸将使轧件内部出现分布不均匀的残余应力，易引起轧件板形不良。加上张力后，由于轧件不均匀延伸将会改变沿带材宽度方向的张力分布，而这种改变后的张力分布反过来又会促进延伸均匀化，大大减少了板面出现浪皱的可能，有利于保证良好板形，保证冷轧正常进行。当然，所加张力大小也不应使板内拉应力超过允许值。

3）降低轧制压力，便于轧制更薄产品。由于张力存在，改善了金属流动条件，有利于轧件延伸变形，势必会降低轧制压力，这是轧制更薄产品的重要条件。因为在大轧制压力条件下，轧辊辊面弹性压扁很大，自然会减少轧件最小可轧厚度，使轧件难于轧薄。所以对于轧制薄带钢来说，张力是不可缺少的条件。实践证明，后张力减少单位压力的效果较前张力更为明显。较大的后张力可使单位压力减少 35%，前张力仅能减少至 20%。因此，在可逆式冷轧机上通常采用后张力大于前张力的轧制方法，同时还可以减少断带的可能性。

4）可以起适当调整冷轧机主电机负荷的作用。当轧制高强度带钢时，有时会出现主电机能力不足的现象，在这种情况下，可以采用前张力大于后张力的轧制方法，不仅有利于变形，还可以防止松卷。

4.1.5.3 典型产品生产工艺

普通薄板带一般采用厚度为 1.5~6.0mm 热轧带钢作为冷轧坯料，冷轧板带钢生产工艺过程如下（见图 4-24）：热轧带钢（坯料）→酸洗→冷轧→退火→平整→剪切→检查分类→包装→入库。冷轧车间平面布置如图 4-25 所示。

（1）酸洗。冷轧板带材所用坯料热轧带钢表面有一层厚约为 0.1mm 的硬而脆的氧化铁皮，为了保证板带表面质量，在冷轧前必须将其去除，即除鳞。除鳞方法目前仍以酸洗为主，目前通常应用盐酸进行酸洗，盐酸能完全溶解氧化铁皮，不产生酸洗残渣，酸洗速度快，表面质量好；并且酸洗反应生成的亚铁盐易溶于水，易冲洗。

现代冷轧车间都设有连续酸洗加工线，盐酸酸洗机组分为塔式和卧式两种。塔式机组塔高一般为 20~45m，机组速度可达 300m/min，因为断带和跑偏等不易处理，多为卧式盐酸酸洗机组代替。图 4-26 为带钢连续卧式盐酸酸洗线，工序核心部分是酸洗、清洗、干燥三部分。清洗目的是去除酸洗后残留带钢表面的酸液，然后用蒸汽对带钢进行烘干。

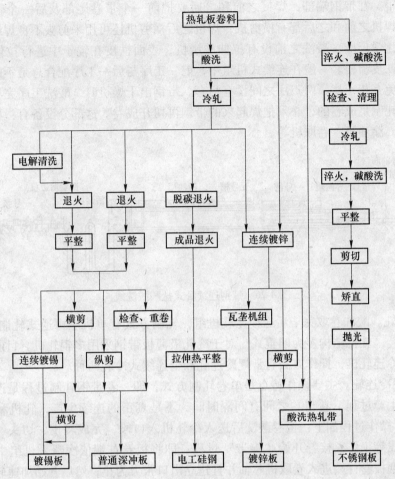

图 4-24　冷轧板带钢生产工艺流程

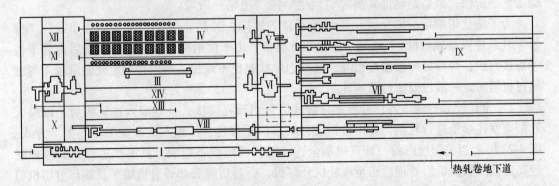

图 4-25　冷轧车间平面布置

Ⅰ—连续酸洗机组；Ⅱ—五机架冷连轧机；Ⅲ—电解清洗机组；Ⅳ—退火工段；
Ⅴ—单机式平整机；Ⅵ—双机平整机；Ⅶ—连续电镀锡机组；Ⅷ—连续镀锌机组；Ⅸ—剪切跨；
Ⅹ—油毡；Ⅺ—计算机房；Ⅻ—轧钢主电室；ⅩⅢ—轧辊工段；ⅩⅣ—机修、电修、液修

这三个工序都在槽内封闭进行，带钢必须连续通过，因此酸洗入口部分也是连续酸洗机组的重要组成部分。相关设备有：开卷机、横剪机、焊接机、入口活套车、拉伸破鳞机、张

紧辊、夹送辊。在带钢端部，焊接之前和之后要把前一个带卷尾部及后一个带卷头部剪齐，所以在焊机之前和之后都有横剪机，焊机之后横剪机还可用来剪去不良焊缝。为了加速酸洗过程化学反应，酸洗之前设有拉伸破鳞机，表面铁皮在辊子中进行拉伸及弯曲变形，使氧化铁皮疏松。一般在连续式机组中，前一工序与后一工序配合总是不能完全协调的，为了避免互相干扰，两工序之间设有活套。带钢出干燥机时，酸洗工序完毕。但由于在轧钢机上轧制是成卷的，必须把焊起来的带钢再切开成卷。这部分设备有：检查台、圆盘剪、横剪、涂油机、卷取机等。

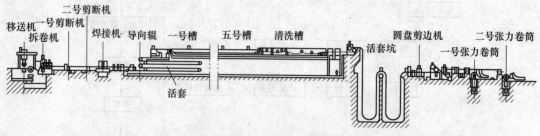

图 4-26　带钢连续卧式盐酸酸洗线

（2）冷轧。酸洗卷取完毕后送往冷轧机组，轧制方式有单机座可逆式轧制和 4~6 机座串列式连轧，轧机结构多为四辊式，对于冷轧极薄板带钢采用多辊轧机。目前广泛采用的是五机架冷连轧机，操作方法有常规冷连轧和全连续式冷轧两种。

1）常规冷连轧。主要操作特点是单卷轧制方式，即一卷带钢轧制过程是连续的，但对冷轧全部生产过程，卷与卷之间有间隔时间，不是真正的连续生产，轧机利用率仅为 65%~79%。操作过程如下：板卷酸洗后送入冷轧机入口段，完成剥皮、切头、直头及对正轧制中心线等工作；接着开始"穿带"过程，即将板卷首端依次喂入机组中各架轧辊之中，一直到板卷首端进入卷取机芯轴并且建立出口张力为止；然后开始加速轧制，即使连轧机组以技术上允许的最大加速度迅速从穿带时的低速加速到轧机稳定轧制速度，进入稳定轧制阶段；最后是尾部轧制时"抛尾"或"甩尾"阶段。

为了防止带钢跑偏或及时纠正板形不良等缺陷，并防止断带勒辊等操作事故，"穿带"轧制速度必须很低，"抛尾"阶段与此类似。由于供给冷轧用板卷是酸洗后由若干板卷焊接而成，焊缝处一般硬度很高，且其边缘状况也不理想，所以在稳定轧制阶段当焊缝通过机组时，一般也要实行减速轧制。

2）全连续式冷轧。操作特点是将酸洗后带钢预先拼接，一旦喂入连轧机后，以最大轧制速度连续地进行轧制，轧出带钢进行动态切断分卷，从根本上改变了单卷生产方式。图 4-27 所示为美国投产的一套五机架全连续冷轧机组设备组成。其操作过程：原料板卷经高速盐酸酸洗机组处理后送至冷轧机开坯机，拆卷后经头部矫直机矫平及端部剪切机剪齐，在高速内光焊接机中进行端部对焊，板卷拼接连同焊缝刮平等全部辅助操作共需 90s 左右。在焊卷期间，为保证轧机仍能按原速轧制，配备有专门的带钢活套仓，能储存 300m 以上带钢，可在连轧机维持正常入口速度前提下允许活套仓入口端带钢停留 150s。在活套仓出口端设有导向辊，使带钢垂直向上，由一套三辊式张力导向辊给 1 号机架提供张力。带钢在进入轧机前的对中工作由激光对中系统完成。在活套储料仓入口与出口处装有焊缝检测器，若在焊缝前后有厚度变化，由该检测器给计算机发出信号，以便对轧机进行相应调整。这种轧机连续的调整称为"动态变规格调整"，它只有借助计算机等控制手段才能实现。进行这种动态规格调整后，不同厚度两卷之间调整过渡段为3~10m。

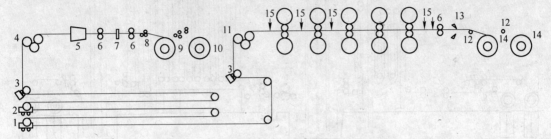

图 4-27　五机架全连续冷轧机组设备组成示意图

1，2—活套小车；3—焊缝检测器；4—活套入口勒导装置；5—焊缝机；
6—夹送辊；7—剪断机；8—三辊矫平机；9，10—开卷机；11—机组入口勒导装置；
12—导向辊；13—分切剪断机；14—卷取机；15—X 射线测厚仪

在末机架与两个张力卷筒之间装有一套特殊的夹送辊与回转式横切飞剪，控制系统对通过机组的带钢焊缝实行跟踪，当需要分切时，总保持在焊缝通过机组之后进行，以使焊缝总是位于板卷尾部。夹送辊的用途是当带钢一旦被切断，而尚未来得及进入第2张力卷筒重新建立张力之前，维持第五机架一定的前张力。此夹送辊在通常情况下并不与带钢相接触，当焊缝走近时，夹送辊即加速至带钢速度及时夹住带钢，一旦张力建立后再松开。

该机组由于消除了单卷轧制方式中卷与卷之间间隙时间以及穿带抛尾加减速的不良影响，可使轧机工时利用率达90%以上，同时减少了板卷首尾厚度超差及头尾剪切损失，大幅度提高了成材率，实现了真正意义上的连续轧制。

（3）脱脂。去除冷轧后带钢表面油污的工序称为脱脂。如果板带不经脱脂就退火，污物就会残留，影响表面质量。脱脂方法有电解净化法、刷洗净化法、气体清洗法以及机上洗净法等。一般普通脱脂线上可将刷洗净化和电解净化合并使用。净化液是碱类溶液，如苛性钠、硅酸钠、磷酸钠等，通常使用2%~4%硅酸盐溶液。

（4）退火。退火是冷轧薄板带钢生产的重要工序，一般有中间退火和成品退火两种。一些钢种，特别是加工硬化趋向严重的钢种，一个轧程轧到所需厚度后，需中间退火，以消除加工硬化，提高塑性，便于继续轧制。成品退火是从产品用途出发，为使其获得良好的力学性能而进行的。退火温度应在再结晶温度以上。退火方法主要有紧带卷退火、松带卷退火和连续退火。

连续退火的作业方式与连续酸洗相似，分为塔式和卧式两种。图4-28为塔式连续退火设备。根据以往经验，带钢连续退火后，硬度与强度偏高，而塑性与冲压性能则较低，故很长时间内连续退火不能用于处理深冲钢板和汽车钢板。日本通过对连续退火的研究表明，只要十分准确地保证锰和硫含量的比例，并在高于700℃卷取，就能对铝镇静深冲用钢连续退火。实践证明，经连续退火处理的带钢力学性能同于甚至优于罩式退火炉退火的带钢，经连续退火生产的深冲板塑性很高。这样一来，冷轧板带钢的主要品种都可以采用经济高效的连续退火处理，这是近年来在冷轧薄板热处理技术方面的一个突破。

（5）平整。成品带钢退火后还应进行平整，平整实质是一种小压下率（0.5%~4%）二次冷轧。平整多在单机座四辊平整机上进行，对于表面质量和板形要求较高的薄带钢，

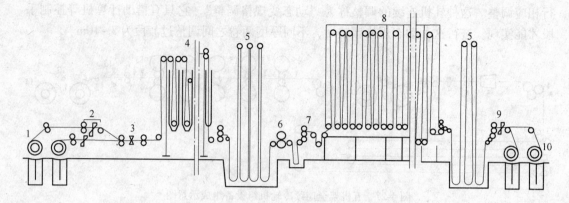

图 4-28 连续退火生产线示意图

1—开卷机；2—双切头机；3—焊头机；4—清洗机组；5—活套塔；6—圆盘带；
7—张力调节器；8—塔式退火炉；9—切头机；10—卷取机

也有在双机座四辊平整机上进行的。为获得较硬的带钢，还有专用平整与二次冷轧兼用的轧机。

平整的主要作用有：1）供冲压用的板带钢事先经过小压下率平整可以在冲压时不出现滑移线凸起；2）可以减轻或消除轧制时产生的某些浪形板形，提高成品质量。为了改善带钢平直度，平整机轧辊直径应尽量选大一些；3）根据产品要求可以采用磨光、抛光等平整辊面状态。例如用于镀层和涂层的原板，采用抛光辊平整，使钢板表面非常光滑，从而提高镀层质量，降低镀层金属消耗；4）轧制缺陷如轧辊压痕、折印等经过平整后可以消除或减轻；平整可使一级品率提高 10%~20%；5）平整后钢板板形有所提高，例如平整厚度 1mm 钢板，平整前板凸度为 0.02mm，平整后可降至 0.01mm。

4.1.6 板带高精度轧制及自动控制

板带钢高精度轧制指几何尺寸和形状都精确的板带轧制，即板带横向截面厚度分布均匀，尺寸精确；板带纵向截面厚度分布均匀，尺寸精确；板带横截面宽度在纵向长度上分布均匀，尺寸精确。

4.1.6.1 板厚高精度控制轧制

厚度自动控制 AGC（Automatic Gauge Control）在板带轧机上，特别是在带钢轧机上得到普遍应用。近年来新建带钢轧机精轧机组都设有 AGC 装置，AGC 与主电机速度调节系统及活套恒张力调节系统配合使带钢厚度精度达到了较高水平。

A 板厚波动原因

热轧带钢精轧机组板厚波动的主要原因有以下几点：

（1）入口轧件厚度、轧件温度及成分有波动。

（2）轧机迟滞、弹跳，轧辊偏心，压下系统间隙，轧辊轴承油膜厚度变化，轧辊热膨胀、收缩、磨损等轧机本身的因素造成板厚波动。

（3）轧辊驱动电机的冲击速降，机架间活套引起的张力变化，压下系统响应延迟等轧机驱动系统造成板厚波动。

（4）机架间喷水造成钢板冷却，轧机的加减速，轧制润滑剂，弯辊力变化等轧机操作系统因素影响。

（5）穿带、抛尾时由于没有前后张力作用造成板厚波动。

（6）从实行热装、直接轧制、控制轧制等进一步节能的观点出发，精轧机组入口板厚有增厚倾向。这些都对板厚自动控制系统提出了更高要求。

B 厚度控制方法

常用厚度控制方法有：

（1）调压下（改变原始辊缝）。调压下是厚度控制最主要的方式，常用以消除由于影响轧制压力的因素所造成的厚度差。图 4-29（a）为板坯厚度发生变化，即从 h_0 变到（$h_0 - \Delta h_0$）时，轧件塑性变形线的位置从 B_1 平行移动到 B_2，与轧机弹性变形线交于 C 点，此时轧出的板厚为 h_1'，与要求的板厚 h 有一厚度偏差 Δh。为消除此偏差，相应地调整压下，使辊缝从 S_0 变到（$S_0 + \Delta S_0$），亦即使轧机弹性线从 A_1 平行移到 A_2，并与 B_2 重新交到等厚轧制线上 E' 点，使板厚恢复到 h。图 4-29（b）是由于张力、轧制速度、轧制温度及摩擦系数等的变化而引起轧件塑性变形线斜率发生改变，同样用调整压下的办法使两条曲线重新交到等厚轧制线上，保持板厚不变。

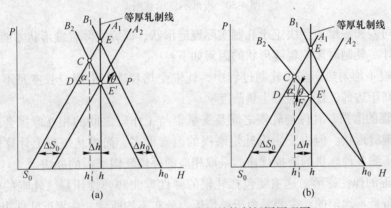

图 4-29 调整压下改变辊缝控制板厚原理图
(a) 板坯厚度变化时；(b) 张力、速度、抗力及摩擦系数变化时

（2）调张力。调张力就是利用前后张力，改变轧件塑性曲线斜率，达到控制板厚的目的。热轧中由于张力变化范围有限，张力稍大易产生拉窄或拉薄，一般不采用。此法优点是响应快，控制更为有效和精确；缺点是调整范围小。因此，调张力法一般应用于热轧精轧机架或冷轧薄板的调整。

（3）调速度。因为轧制速度的变化影响到张力、温度和摩擦系数等因素的变化，所以可以采用调速度的方法达到厚度控制的目的。近年来新建的热连轧机都采用了"加速轧制"与 AGC 相配合的方法。加速的主要目的是为了减小带坯进入精轧机组的首尾温度差，保证终轧温度的一致，从而减少厚度差。

4.1.6.2 板形高精度控制轧制

板形是板带材的一项重要质量指标，高精度产品的严格要求集中表现在板形方面，板形良好体现了各方面轧制因素的稳定。

A　影响板形的因素

所谓板形，直观地讲，指板带翘曲程度；就其实质而言，则指板带中内应力及其沿横向的分布情况。只要板带中存在内应力，就视为板形不良。如果这种内应力存在，但不足以引起板带翘曲，称为"潜在的"板形不良；当内应力很大，以致引起板带翘曲时，称为"表现的"板形不良。例如，冷轧带钢轧制过程中，由于张力作用，板带被拉直，但仍有内应力存在，此时的板形不良为"潜在型"，当去除张力后，带钢可能发生明显翘曲，为"表现型"的板形不良。板带钢"表现型"板形不良一般有浪形、瓢曲、上凸、下凹等，使其失去平直性，如图 4-30 所示。

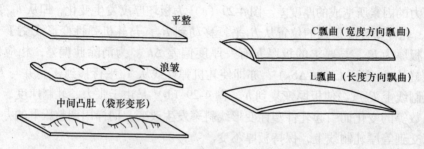

图 4-30　板形不良示意图

板带横向差和板形主要决定于轧制实际辊缝形状，研究实际辊缝形状才能对轧辊原始形状进行设计。轧制时影响辊缝形状的因素如下：

（1）轧辊不均匀热膨胀。轧制过程中，轧辊受热和冷却沿辊身长度是不均匀的，轧辊中部温度高于边部，使轧辊产生热凸度 y。

（2）轧辊的磨损。轧件与轧辊之间及支承辊与工作辊之间的相互摩擦会使轧辊磨损不均，影响辊缝形状。但由于影响轧辊磨损的因素太多，尚难从理论上计算轧辊的磨损量，只能靠实测各种轧机的磨损规律，采取相应的补偿轧辊磨损的办法。

（3）轧辊的弹性变形。这主要包括轧辊的弹性弯曲和弹性压扁。轧辊的弹性压扁沿辊身长度分布是不均匀的，主要是由于单位压力分布不均所致，在靠近轧件边部的压扁要小一些，轧件边部出现变薄区。在工作辊和支承辊之间也产生不均匀的弹性压扁，它直接影响工作辊的弯曲挠度。通常二辊轧机的弯曲挠度应由弯矩所引起的挠度和切应力所引起的挠度两部分组成。

对四辊轧机而言，支承辊的辊身挠度可以用上式进行近似计算。工作辊的弯曲挠度取决于支承辊的弯曲挠度以及支承辊和工作辊之间的不均匀弹性压扁所引起的挠度。

B　板形控制方法

早期板形控制主要有磨削轧辊原始凸度和冷却液控制两种方法。磨削轧辊原始凸度法通过轧辊原始磨削一定凸度补偿轧辊弯曲变形和热膨胀，从而形成平直辊缝，达到控制板形的目的。这种方法一般只适用于特定的板材规格和一定的轧制条件，其适应性、灵活性和控制能力均较差，是一种精度不高的初级控制方法；冷却液控制法通过冷却液改变沿辊身长度的辊温分布，以控制轧辊热膨胀控制板形。

20 世纪 60 年代初期发展了液压弯辊法，虽然是一种快速、有效的板形控制手段，但也存在着弯辊力受液压源最大压力、轧辊轴承承载能力及辊颈强度的限制，轧制宽而薄的板带时控制效果较差。目前各种现代化板带轧机都设有液压弯辊装置，但还必须与其他方法结合使用才能收到更好的控制效果。液压弯辊基本原理是通过向工作辊或支承辊辊颈施加液压弯辊力来瞬时改变轧辊有效凸度，从而改变辊缝形状和轧后带钢沿横向的延伸分布。只要根据具体工艺条件适当选择液压弯辊力，就可以达到改善板形的目的。这种方法一般分为弯曲工作辊（见图 4-31）和弯曲支承辊（见图 4-32）两种，每种又可分为使工作辊凸度增大的正弯和相反的负弯。到底使用工作辊弯辊还是支承辊弯辊，主要参考辊身长度 L 与支承辊直径 D_b 的比值。当 $L/D_b<2$ 时，一般使用工作辊弯辊。

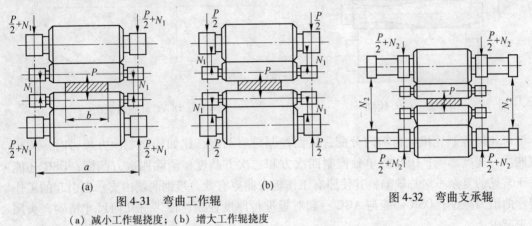

图 4-31　弯曲工作辊
（a）减小工作辊挠度；（b）增大工作辊挠度

图 4-32　弯曲支承辊

　　由于 AGC 目前对纵向厚度差控制已能满足用户要求，板形质量问题日益突出，而且越来越受到重视。为了更有效地提高板形质量，近年来世界上相继研制开发了许多新的板形控制手段和轧机，大部分已达到实用化程度。

　　（1）CVC（Continuous Variable Crown）技术。德国西马克开发的 CVC 连续可变凸度技术，如图 4-33 所示。技术关键是工作辊磨削为 S 曲线形初始辊型和加长的辊身长度。调控时上下工作辊沿轴向反向移位，辊间接触线长度不改变，但投入轧制区内的上下工作辊的辊身曲线段在连续变化。由于 CVC 曲线的特殊性，使得辊缝开度随轧辊移位始终保持左右对称且其凸度值随移位值线性变化。所以 CVC 技术属于低横刚度的柔性辊缝控制类。

　　（2）DCVC（Double Continuous Variable Crown）技术。苏米托沐金属工业对可变凸度轧机做了更进一步研究，将内部液压腔改为两个，如图 4-34 所示，双腔连续变凸度四辊轧机支承辊制成双腔中空的液压腔，腔内装有压力可变的液压油。轧制过程中，随着轧制条件的变化，不断调整油压，改变轧辊膨胀量，达到控制板形的目的，该轧机能更好地控制边部减薄。

　　（3）DSR（Dynamic Shaper Roll）技术。Davy 公司生产了集厚度控制、板形控制为一体的 DSR 动态板形辊，并应用于生产，辊结构如图 4-35 所示。该技术的关键在于将支承辊设计为组合式——旋转辊套、固定芯轴及可调控两者之间相对位置的 7 个压块液压缸。7 个压块液压缸压力可以单独调节，通过压块和辊套间的承载动静压油膜可调控辊套的挠度及工作辊辊身各处的接触压力分布，进而实现对辊缝形状的控制。所以，DSR 技术通过直接控制辊间接触压力分布可以使轧机实现低横刚度的柔性辊缝控制，还可以实现保持辊间接触压力均布的控制，但同时只能实现其中的一种。瑞士苏黎世 S-ES 公司开发的

NIPCO 技术与此基本原理相同。

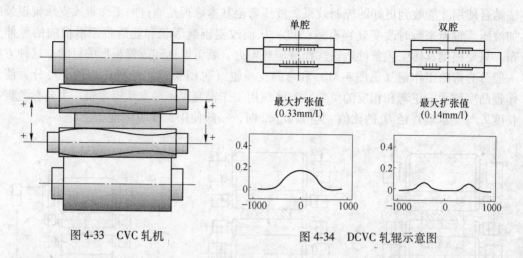

图 4-33　CVC 轧机　　　　图 4-34　DCVC 轧辊示意图

　　DSR 能控制轧机负荷横向分配，从而控制带材凸度，比如轧制二次方板带时，须控制四次方挠度影响；DSR 能单独控制四次方和二次方凸度，消除四次方凸度；DSR 还能校正常见的复杂不对称缺陷，并使原有工作辊弯曲更有效，带钢两端由支承辊引起的工作辊弯曲阻力减少；DSR 还能与 AGC 一起对板进行厚度控制，使带材几何尺寸精确，头尾损失减少。

　　MDS 公司制造了 SCR 特殊凸度轧辊，与普通轧辊一样也有一个紧套在固定轴上的轴套，但轴套端部能扩张形成内锥体。紧配合锥形轴瓦被插入扩张区域并轴向定位，液压油可通过轴内油槽压下，经过交叉孔道到达锥形轴瓦与轴套之间，如图 4-36 所示，当液压油没有压入时，轴套与轴接触，如图 4-36 上部所示。为防止接触面腐蚀，锥形轴瓦表面经过特殊处理，输油孔道能保证应力足够低，不致破坏紧配合。为满足特殊轧制规程，每个 SCR 轧辊都经过有限元优化，采用回转装置送进液压油，通过改变油压，SCR 支承辊外形能够对带钢边部进行调节。

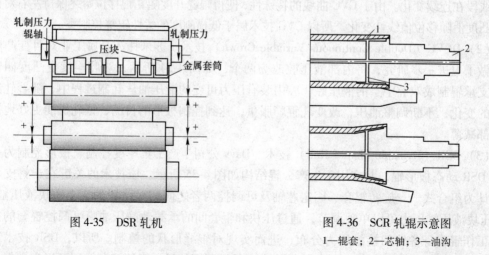

图 4-35　DSR 轧机　　　　图 4-36　SCR 轧辊示意图
1—辊套；2—芯轴；3—油沟

　　（4）SCR（Special Crown Roll）技术。1994 年，德国 VAW 铝箔粗轧机安装了一套 SCR 轧辊，设置了 MDS 公司的过程控制和自动控制系统，使 SCR 控制完全自动化，轧制带卷重 4600kg，入口带厚为 0.7mm。实践证明，SCR 改善了带材横向应力分布和边部条件，减少了轧机启动时的断带次数，提高了轧制速度，工作辊无需预热，弯辊力降低，轧辊、轴承使用寿命延长。使用 SCR 轧辊，使带长 97% 以上的平直度公差小于 15I 单位，产品的产量提高 2% 以上。SCR 技术成功地校正了轧辊热凸度，甚至在缺少弯辊装置时也获得了良好板形。

（5）热凸度控制。当带钢某一纵条发生局部波动时，用弯辊等手段是无效的，用乳化液喷射效果也不明显。此时，可采用局部强力冷却，在轧机上安装一个可横向移动的喷嘴，发现有板形波动时，立即将喷嘴移动到该处，用 5~30℃ 冷水以 30m/min 的流量喷射该处，经 3~4min，冷却效果可显示出来，经 10min 热凸度可稳定下来。用冷却液调整轧辊温度和凸度需要时间较长，因此现代化高速轧机上用它难以进行有效及时的控制。德国科研人员用轧辊局部感应加热手段控制热凸度，轧辊温升速度快，调节时间短，能适应高速轧制要求。

（6）HC（High Crown）轧机。HC 轧机为高性能板形控制轧机的简称，其结构如图 4-37 所示。日本用于生产的 HC 轧机是在支承辊和工作辊之间加入能做横向移动中间辊的六辊轧机。在支承辊背后再撑以强大的支承梁，使支承辊能做横向移动的新四辊轧机正在研究。HC 轧机的主要特点：大刚度稳定性好；良好的控制性能；边部控制能力强；压下量增大。

（7）SSM（Sleeve Shift Mill）轧机。日本新日铁公司在四辊轧机的支承辊上装备了比四辊辊身长度短的可移动辊套。辊套可旋转且可沿辊身做轴向移动，调整辊套轴向位置，使支承辊支承在工作辊上的长度约等于带钢宽度，其原理与 HC 轧机相似（SSM 轧机见图 4-38）。

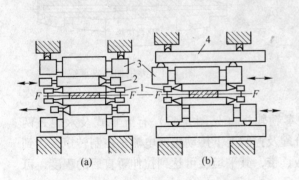

图 4-37 HC 轧机

（a）六辊中间辊移动式；（b）支承辊移动式

1—工作辊；2—中间移动辊；3—支承辊；4—支承梁

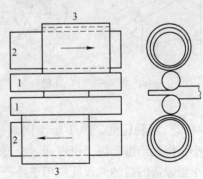

图 4-38 SSM 轧机

1—工作辊；2—支承辊；3—辊套

（8）UPC（Universal Profile Control）技术。德国德马克公司开发了 UPC 技术。如图 4-39 所示，UPC 轧机辊形为雪茄型，其工作原理与 CVC 轧机相似。

（9）DCB（Double Chock Bending Mill）技术。DCB 技术是双轴承座弯曲技术。它是将工作辊轴承座分割成为内侧和外侧两个轴承座，各自施加弯辊力。提高了轴承强度，增大了弯辊效果及控制凸度的能力，便于现有轧机的改造。

（10）PC（Pair Control Roll）技术。新日铁公司于 1984 年投产的 1840mm 热带连轧机精轧机组首次采用了工作辊交叉 PC 技术（见图 4-40）。该轧机通过交叉上下成对的工

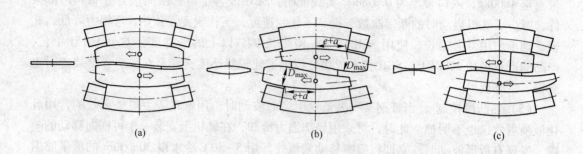

图 4-39　UPC 轧机

(a) 平辊缝；(b) 中凸辊缝；(c) 中凹辊缝

作辊和支承辊的轴线形成上下工作辊间辊缝的抛物线，并与工作辊的辊凸度等效，从而获得很宽的板形及板凸度控制范围，同时不需要磨出工作辊原始辊形曲线，还能实现大压下量轧制。

(11) 辊芯差别加热技术。德国 Hoesch 钢厂为了补偿轧辊磨损，采用在支承辊辊芯钻孔，插入电热元件，分三段进行区别加热的方法来修正辊凸度，效果良好（见图4-41）。

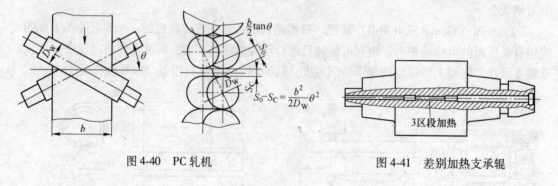

图 4-40　PC 轧机　　　　　　　图 4-41　差别加热支承辊

(12) 泰勒轧机。1971 年美国制造的泰勒轧机（见图 4-42）有五辊式及六辊式两种，小工作辊为游动辊，可以通过合理地分配及控制上下传动辊的电流来控制转矩，达到控制小辊旁弯的目的。该轧机用于冷轧薄板、带，其平坦度可达到拉伸矫直后的程度，可使薄边及裂边减少，成材率提高。

(13) FFC (Flexible Flateness Control) 轧机。1982 年由日本生产的 FFC 轧机为异径五辊异步轧机（见图4-43），中间小工作辊轴线偏移一定距离，利用侧向支承辊对小工作辊进行侧弯辊，以便配合立弯辊装置对板形进行灵活控制。

(14) UC (Universal Crown) 轧机。UC 轧机是在 HC 轧机基础上发展起来的，与 HC 轧机相比，增加了中间辊弯曲及工作辊直径小辊径化。为防止小直径工作辊侧向弯曲，附加了侧支承机构（见图4-44）。由于具有两个弯辊机构及一个横移机构，板形控制能力很强，适宜轧制硬质合金薄带材。

(15) Z 型轧机。如图 4-45 所示，Z 型轧机中间辊装有液压弯辊装置，同时可横移，工作辊两侧设有侧支承机构，板形控制能力很强，适宜冷轧薄带钢。

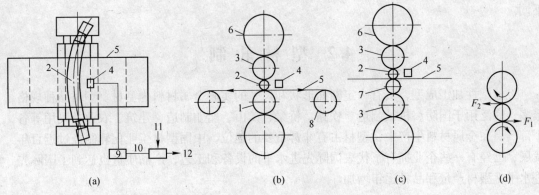

图 4-42 泰勒轧机

（a）泰勒轧机；（b）五辊式；（c）六辊式；（d）水平力的分配

1—传动大直径工作辊；2—非传动小直径工作辊；3—中间传动辊；4—小辊弯曲传感器；5—带钢；6—支承辊；

7—非传动大直径工作辊；8—卷取机；9—放大器；10—测量间隙；11—给定间隙；12—转矩调整

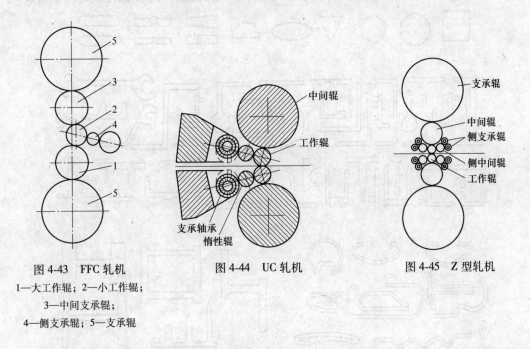

图 4-43 FFC 轧机　　　　图 4-44 UC 轧机　　　　图 4-45 Z 型轧机

1—大工作辊；2—小工作辊；

3—中间支承辊；

4—侧支承辊；5—支承辊

　　实现板形监控，除了应具备根据板形控制手段制定的板形控制执行机构外，还要拥有可靠的在线板形信息，这是靠板形检测装置提供的，最后才能在检测装置和执行机构间装备板形控制系统，根据工艺条件和在线检测信息进行比较计算，确定执行机构的合理调整量，发出指令对执行机构进行调整，实现对板形的控制。

　　板形控制系统分为开环和闭环两种。在没有检测装置的情况下只能采用开环控制系统，执行机构调整量（如液压弯辊力）依据规程规定的板宽和实测轧制力由合理的控制模型给出，对于设定偏差和某些扰动造成的板形缺陷，可以由操纵工根据目测手动给以修正。如果具有板形检测装置，可以进行闭环控制，依据在线板形检测结果，确定实际板形参数，并将它与可获得的最佳板形的参数相比较，利用两者的差值给出执行机构调整量，对板形进行控制。由于各类板带轧机工作特点不同，板形控制主要内容与方法也有所不同。

4.2 型 材 轧 制

经过塑性加工成型，具有一定断面形状和尺寸的实心金属材料为型材。型材品种规格繁多，广泛用于国防、机械制造、铁路、桥梁、矿山、船舶制造、建筑、农业及民用等各个部门。在金属材料生产中，型材占有非常重要的地位。中国型材工业化轧制经过近百年发展，已经有一些企业拥有了代表国际先进水平的设备和工艺，产品质量也达到了国际先进水平，型材产量和品种逐年增加。

4.2.1 型材分类及特征

型材按生产方式可分为热轧型材、冷轧型材、冷弯型材、冷拔型材、锻压型材、热弯型材、焊接型材和特殊轧制型材等，如图 4-46 所示；按使用部门可分为铁路用型材、汽

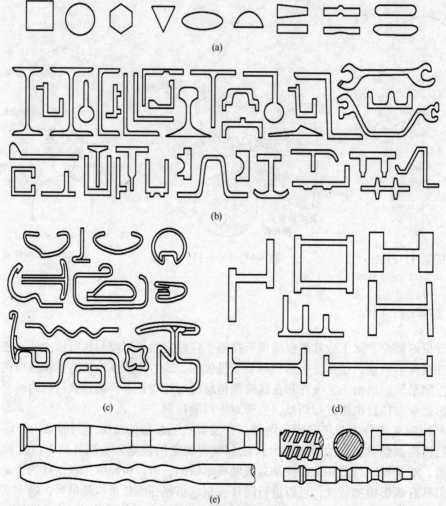

图 4-46　各种型材示意图

（a）简单断面型材；（b）复杂或异形断面型材；（c）弯曲型材；（d）焊接型材；（e）特殊断面型材

车用型材、造船用型材、结构和建筑用型材、矿山用钢及机械制造用异型材等；按断面尺寸大小可分为大型、中型和小型型材，其划分常以它们适合在大型、中型或小型轧机上轧制来分类；按单重（kg/m）可区分为单重在5kg/m以下的小型材、单重在5~20kg/m的中型材和单重超过20kg/m的大型材；按应用范围有通用型材、专用型材和精密型材等。

热轧型材按断面形状不同，主要可分为简单断面型材、异形断面型材和周期断面型材。简单断面型材横截面没有明显的凸凹部分，外形比较简单，包括方型材、圆型材、扁型材、六角型材、角钢等；异形断面型材横断面具有明显的凹凸分枝，成型比较困难，可进一步分为凸缘型材、多台阶型材、宽薄型材、局部特殊加工型材、不规则曲线型材、复合型材、金属丝材等，如工字钢、槽钢、H型钢、钢轨、T字钢、窗框钢和鱼尾板等；周期断面型材的断面尺寸沿轧材纵向呈周期性变化，产品主要有带肋钢筋、变断面轴、变断面扁钢和机械零件用变断面轧件。热轧型材部分产品表示方法、尺寸规格及用途见表4-1。

表 4-1 热轧型材的断面形状、尺寸规格及用途

品种	表示方法	尺寸范围/mm	主要用途
圆钢	直径	10~350	钢筋、螺栓、零件、无缝管坯、轴
线材	直径	4.5~13	钢筋、二次加工丝
方钢	边长	4~250	机械零件
扁钢	厚×宽	（3~60）×（10~240）	焊管坯、薄板坯、箍铁
弹簧扁钢	厚×宽	（7~13）×（63~120）	车辆板簧
六角钢	内接圆直径	7~80	机械零件、风铲、工具
角钢	高×宽	等边（20×20）~（200×200） 不等边（25×16）~（200×125）	土木建筑、金属结构、铁塔、桥梁、车辆、舰船
带肋钢筋	外径	12~40	建筑
工字钢	高×宽	（100×68）~（630×180）	建筑、矿山、桥梁、车辆、机械工程
H型钢	高×宽	宽边500×500，中边900×300，窄边600×200	建筑、矿山、桥梁、车辆、机械工程
钢板桩	有效宽度	U型500，Z型400，直线型500	港口、堤坝、工程围堰
槽钢	高×宽	（50×37）~（400×104）	建筑、矿山、桥梁、车辆、机械工程
钢轨	单重	重轨30~78kg/m， 轻轨5~30kg/m， 起重机轨80~120kg/m	铁路、起重机、矿山、吊车
T型钢	高×宽	（150×40）~（300×150）	建筑、矿山、桥梁、车辆、机械工程
Z型钢	高度	60~310	建筑、矿山、桥梁、车辆、机械工程
球扁钢	宽×厚	（180×9）~（250×12）	舰船
矿用钢		工字钢、槽帮钢	矿山支护、矿山运输
钢轨附件	单重	6~60kg/m	钢轨垫板、接头夹板
异型材			车辆、机械、轻工、化工、船舶

冷轧型材主要是冷轧带肋钢筋（螺纹钢筋），它是由普通低碳钢盘条经一道次或几道次冷拔（或辊拔、轧压）减径，最终一道轧成螺纹而成。其抗拉强度已由380MPa提高到大于500MPa，伸长率不低于8%。主要用于混凝土公路、机场跑道、隧道、混凝土管内

钢盘及混凝土梁、墙和楼板内的配筋，也可用于大型载重车辆的辐条。其尺寸范围为直径 4.0~12mm，表面形状分为两面有肋或三面有肋两种，肋呈月牙形，强屈比 $\sigma_b/\sigma_{0.2}$ 不小于 1.05。

冷弯型材按其生产方式可分为冷拔弯曲、折弯弯曲、冲压弯曲和辊式弯曲四种。冷拔弯曲是将热轧带钢经一系列模孔拉拔、弯曲成型钢；折弯弯曲是在特殊弯曲机上将带钢逐步弯曲成型钢；冲压弯曲是将带钢在压模内经冲压机模具压力弯曲成型钢；辊式弯曲是将带钢连续通过旋转方向相反的轧辊，并在孔型中顺次改变其横断面形状成型钢。冷弯型钢品种繁多，形状复杂，利用冷弯方法可以生产热轧无法生产的各种特薄、特宽和断面形状复杂的薄壁型钢，国外冷弯型钢品种规格已达万种以上。按冷弯型钢断面形状可分为对称断面和不对称断面两类。根据冷弯型钢的用途、生产设备和工艺不同，冷弯型钢可分为开口断面、闭口断面、半闭口断面冷弯型钢、宽幅波纹板和冷弯钢板桩等。

4.2.2　型材轧机

不同型材要求在不同类型和不同布置方式的轧机上进行轧制，型材轧机按其作用和轧辊名义直径不同分为大型、中型、小型型钢轧机，轨梁轧机、线材轧机或棒、线材轧机等，见表 4-2。型材轧机可为二辊式、三辊式和万能轧机，又可按轧机排列和组合方式分为五种基本布置形式：横列式、顺列式、棋盘式、半连续式和全连续式，如图 4-47 所示。各种轧机布置形式对产量、质量、技术经济效果等都有影响。

表 4-2　各类型钢轧机及主要产品范围

轧机类型	轧辊名义直径/mm	主 要 产 品 范 围
轨梁轧机	750~950	38kg/m 以上重轨、20~60 号钢梁
大型轧机	650 以上	18~75kg/m 钢轨、80~150mm 方圆钢、22~63mm 工字钢、槽钢
中型轧机	350~650	直径或边长 40~102mm 圆、方钢、8~30kg/m 轻轨，18 号工槽钢，13 号角钢
小型轧机	250~350	直径或边长 9~65mm 圆、方钢，25 号角钢等
线材轧机	150~280	直径 5~13mm 线材

横列式布置分为一列式、二列式和三列式等。一列式布置的机架多为三辊轧机，进行多道次穿梭轧制，其优点是设备简单、造价低、建厂快、产品品种灵活，便于生产断面较复杂的产品。缺点是产品尺寸精度不高，品种规格受限制；轧制间隙时间长，轧件温降大，长度和壁厚受限制；不便于实现自动化。第一架轧机受咬入条件的限制，希望轧制速度低一些，末架轧机为保证终轧温度及轧件首尾温差，又希望速度高一些，而各架轧机辊径差又受接轴倾角限制不能过大，这种矛盾只有在速度分级后才能解决，从而促使横列式轧机向两列式、多列式发展。产品规格越小，轧机列数越多。

顺列式布置各架轧机顺序布置在 1~3 个平行纵列中，轧机单独传动，每架只轧一道，但不形成连轧。其优点是各架轧机速度可单独调整，能力得到充分发挥；轧辊 L/D 值在 1.5~2.5 之间，且机架多为闭口式，轧机刚度大，产品尺寸精度高；机械化、自动化程度高，调整方便。缺点是轧件温降较大，不适合轧小型或薄壁的产品；机架数目多、投资大、建厂较慢。为弥补以上不足，可采用顺列布置、可逆轧制，从而减少机架数和厂房长度。棋盘式布置介于横列式和顺列式之间，前几架轧件较短时布置成顺列式，后几架精轧

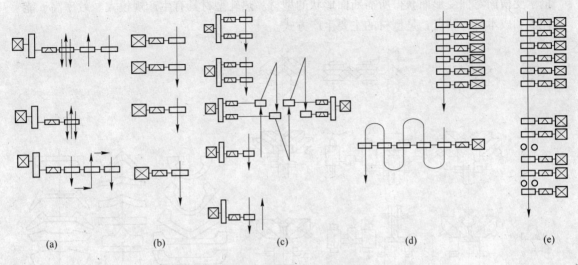

图 4-47　各种型钢轧机的布置形式

(a) 横列式；(b) 顺列式；(c) 棋盘式；(d) 半连续式；(e) 全连续式

布置成两横列，各架轧机互相错开，两列轧辊转向相反，轧机可单独或两架成组传动，轧件在机架间靠斜辊道横移。这种轧机布置结构紧凑，适合中小型型钢生产。半连续式布置介于连轧和其他形式轧机之间，一种是粗轧为连续式、精轧为横列式，另一种是粗轧为横列式或其他形式、精轧为连续式。常用于轧制合金钢或旧设备改造。

　　连续式布置是轧机纵向紧密排列为连轧机组。一根轧件可在数架轧机内同时轧制，各架间遵循秒流量相等原则。其优点是轧制速度快、产量高，轧机排列紧密、间隙时间短、轧件温降小，适合轧小规格或轻型薄壁的产品。这种轧机一般采用微张力轧制，要求自动化程度和调整精度高，机械、电气设备较复杂，投资较大，且产品品种较单一。连续式轧制是今后型钢生产发展的方向之一。

4.2.3　型材生产工艺

　　型材生产的特点是产品断面复杂、产品品种多、轧机类别多，因而采取何种轧机和生产方式、布置形式，需视生产品种、规模及产品技术条件而定。型材的轧制方法有以下几种：普通轧法就是在一般二辊或三辊轧机上进行轧制，孔型由两个或三个轧辊的轧槽所组成，可生产一般简单、异形和周期断面型材；多辊轧法，孔型由三个以上轧辊轧槽组成，减小了闭口槽的不利影响，可轧出凸缘内外侧平行的经济断面型材，轧制精度高，轧辊磨损、能耗、轧件残余应力均减少，如 H 型钢（图 4-48 为采用此方法轧制角、槽、T 字钢示意图）；热弯轧法（见图 4-49）是将坯料轧成扁带或接近成品断面的形状，然后在后继孔型中趁热弯曲成型，可轧制一般方法得不到的弯折断面型钢；热轧-纵剖轧法（见图 4-50）是将较难轧的非对称断面产品先设计成对称断面，或将小断面产品设计成并联形式的大断面产品，以提高轧机生产能力，然后在轧机上或冷却后用圆盘剪进行纵剖；热轧-冷拔（轧）法是先热轧成型，并留有加工余量，后经酸洗、碱洗、水洗、涂润滑剂、冷拔（轧）成材，可生产高精度型材，产品力学性能和表面质量均高于一般热轧型材；热冷弯成型法是以热轧或冷轧板带为原料，使其通过带有一定槽形而又回转的轧辊，使板带钢承受横向弯曲变形而获得所需断面形状的型材。热轧型材具有生产规模大、效率高、能耗少和成本低等特点，是型材的主要生产方式。

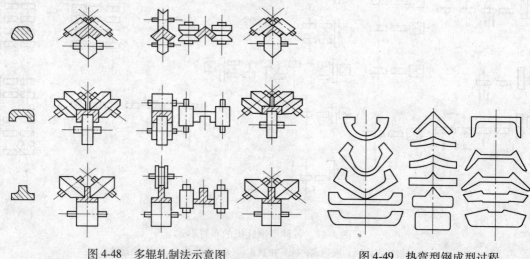

图 4-48 多辊轧制法示意图   图 4-49 热弯型钢成型过程

热轧型材一般生产工艺流程：坯料准备→坯料加热→轧制→锯切或剪断→冷却→矫直→表面清理→打捆→称重→包装→入库。

（1）坯料准备。由于型钢对材质要求一般并不特殊，在目前技术水平下几乎可以全部使用连铸坯。连铸坯断面形状可以是方形或矩形，连铸技术水平高的使用异型坯。用连铸坯轧制普通型钢绝大多数可不必检查和清理，从这个角度说，大、中型型钢最容易实现连铸坯热装热送，甚至直接轧制。

（2）坯料加热。现代化型材生产加热一般用连续式加热炉，保证原料加热均匀且避免水印对产品的不利影响。为提高加热质量，小型轧机可采用步进式加热炉。加热温度一般在1050~1220℃之间。

（3）轧制。型材轧制分为粗轧、中轧和精轧，粗轧将坯料轧成适当雏形中间坯，由于粗轧阶段轧件温度较高，应该将不均匀变形尽可能放在粗轧阶段；中轧使轧件迅速延伸至接近成品尺寸；精轧为了保证产品尺寸精度，延伸量较小。

型钢轧制是使钢坯依次通过各机架上刻有复杂形状孔型的轧辊来进行轧制的。轧件在孔型中边产生复杂的变形，边缩小断面，最后轧成所要求的尺寸和形状。这就是所谓孔型轧

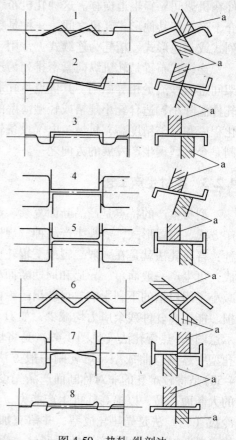

图 4-50 热轧-纵剖法

a—圆盘剪

制法。

在型钢轧制中，不能像轧制钢板那样通过切边来获得整齐的轧件，其最大特点是必须全部通过轧制来达到断面尺寸和形状的要求。

此外，在各种型钢生产中，H型钢主要用万能轧机来轧制，这是和孔型轧制完全不同的一种轧制方式。

下面分别介绍一下各种具有代表性的型钢的主要轧制方法。

1）简单断面型钢轧制。由钢坯轧成方、圆、扁和六角等简单断面型钢是按图4-51所示的孔型系统依次轧制的。一般来说，所采用的粗轧延伸孔型系统有椭圆-方、菱-方、箱-箱、菱-菱和椭圆-圆等五种孔型系统。根据轧制尺寸范围、所轧钢种和产品质量要求不同来选用适宜的孔型系统。这五种孔型系统既可以单独使用，也可以联合起来使用。

用延伸孔型系统轧出成品前的方断面以后，再按成品要求的断面形状，采用相应的精轧孔型系统轧成成品。

2）角钢轧制。由钢坯轧成角钢是按图4-52所示方式依次轧制的。蝶式孔型在轧制的同时控制两边的夹角，扁平孔型则是先用扁平孔型轧腿，最后轧成角钢。

3）槽钢轧制。槽钢轧制如图4-53所示，蝶式孔型使轧件两腿部分依次出现，直线式孔型在轧件中间部分进行压下的同时，把拐角部分完全轧出。

4）工字钢轧制。工字钢轧制如图4-54所示，直线式孔型是从中间部位压下的方式，而倾斜式孔型是腿和腰部从倾斜的方向压下的一种方法。

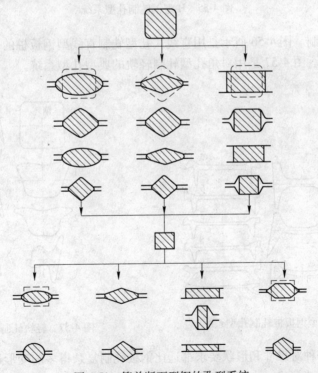

图4-51 简单断面型钢的孔型系统

5）H型钢的轧制。H型钢轧制如图4-55所示，采用万能轧机轧制。其特点是：在两个主动水平辊之间装有两个随动的垂直辊，能够同时在上下、左右方向予以压下；为了成型拐角边缘，而与水平式二辊轧边机串联配置。

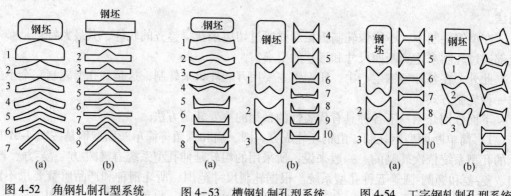

图 4-52 角钢轧制孔型系统
(a) 蝶式孔型；(b) 扁平式孔型

图 4-53 槽钢轧制孔型系统
(a) 蝶式孔型；(b) 直线式孔型

图 4-54 工字钢轧制孔型系统
(a) 直线式孔型；(b) 倾斜式孔型

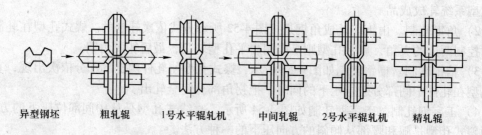

图 4-55 H 型钢轧制孔型系统

6）钢板桩轧制。图 4-56 所示是用直线式孔型轧制直线型钢板桩的一个例子。

7）钢轨轧制。图 4-57 是用对角孔型轧制轻轨的典型孔型系统。

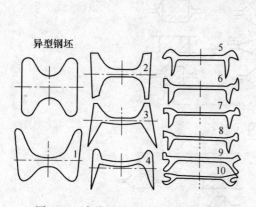

图 4-56 直线型钢板桩轧制孔型系统

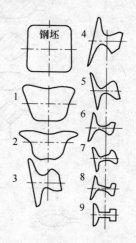

图 4-57 轻轨轧制孔型系统

型钢轧制是一种对尺寸和形状要求都远比钢板轧制复杂得多的变形过程，并且还要求产品形状正确、尺寸精确、表面质量好。上述各种轧制法所用的轧辊孔型虽然是考虑了各种轧制条件而设计的，但在轧制过程中也还会有各种因素对轧件的质量产生不良影响，因此在轧制操作中必须认真注意，以防止出现质量问题。

型钢轧制操作要点是从质量要求出发，在实际轧制操作中力求获得尺寸和形状正确，而且表面缺陷少的制品。因此在型材轧制车间，要对坯料的加热状况，加热炉状态，加热和轧制过程中生成的氧化皮的去除，轧辊压下的调整和导卫装置安装的正确性等予以极大的重视。另外，在轧制过程中，还要每隔一段时间对各架轧机上轧件的形状和尺寸取样检查一次，借以检查轧辊缺陷牙口有无麻面产生等。一旦发现异常，就要立即进行适当的处理。

采用孔型轧制法轧制工字钢和槽钢时，易因轧辊轴向窜动造成尺寸不良、未充满、耳子和折叠等表面缺陷（见图4-58），所以轧辊轴向调整极为重要。

导卫装置如图4-59所示，应保证轧件对孔型具有正确位置，否则在轧制中会使轧件产生歪扭和弯曲，因而不能正确成型。

轧制温度也是影响轧材质量的重要因素之一。如果在同孔型设计时所设定的温度有很大差别的情况下进行轧制时，将造成腿部宽度不足或过于肥大，使产品断面形状劣化，因此要严格控制轧制温度。为了获得表面质量良好的制品，应注意清除加热和轧制中产生的氧化铁皮。氧化铁皮的清除方法，除了用轧辊破碎之外，还可用高压空气和高压水除鳞。

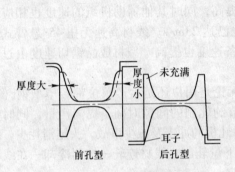

图4-58　因轧辊窜动引起的缺陷

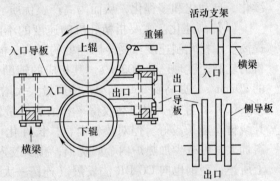

图4-59　导卫装置

（4）精整。型材轧后精整有两种工艺：一种是传统热锯切定尺和定尺矫直工艺；另一种是较新式的长尺冷却、长尺矫直和冷锯切工艺。

热锯用于锯切轻轨、工字钢、八角钢、六角钢、中空钢、管坯及大于$\phi50mm$的圆钢、7.5号以上的角钢等。锯切温度以不低于800℃为宜，若产品规格较大且材质较硬，则应大于900℃，以减轻锯齿磨损。

根据钢种、断面形状和尺寸及对产品组织性能的不同要求，有空冷、堆冷和缓冷等冷却方法。空冷用于对冷却速度有特殊要求的钢材，如碳素钢、纯铁等，要求钢材在冷床上散开自然冷却，目的是防止钢材下冷床后在落垛、挂吊过程中产生严重弯曲，且有利于劳动条件改善；合金结构钢、碳素工具钢的型材用堆冷方法，堆冷时力求两端整齐，且不能受风吹水湿，拆堆时堆心温度不应大于200℃；缓冷主要为防止白点与裂纹，如碳素工具钢、合金工具钢、高速钢钢材的冷却，以其入坑温度不小于650℃、出坑温度不大于150℃为宜。

型钢精整较突出之处就是矫直，矫直难度大于板材和管材。原因：1）冷却过程中由于断面不对称和温度不均匀造成的弯曲大；2）型材断面系数大，需要矫直力大，因此矫直机辊距必须大，致使矫直盲区大，在有些条件下对钢材使用造成很大影响。例如：重轨矫直盲区明显降低了重轨全长平直度。减少矫直盲区，在设备上的措施是使用变节距矫直机，工艺上的措施是长尺矫直。

4.2.4　型钢生产发展趋势及新技术

现在是知识爆炸的年代，在钢铁工业科学技术的发展必须适应时代的发展。型钢在钢铁工业中占一定的比例。当前型钢生产发展总的目标是提高社会经济效益，提高型钢产品质量，提高型钢生产的科学技术及管理水平，降低能源及物质消耗。

4.2.4.1　型钢生产发展趋势

A　型钢生产在于提高轧机效率

提高轧机效率也就是提高轧机的生产率。提高轧机在单位时间内的产量，是轧机现代化的重要标志之一。型钢发展分两个方面，一是改造挖潜，二是投产建设新设备。新建设的型钢及棒材、线材近几年向着高速化、连续化、大功率和自动化发展。

为了不断提高产品的产量、质量和品种，不断提高轧机的自动化水平，改善劳动条件，大幅度提高生产率，中小型钢厂发展的总趋势都是在努力实现轧钢生产的高速化、连续化、自动化和多程化，从而为高产、优质、低消耗创造了条件。

（1）高速化。主要指精轧机的速度的不断提高，同时其他辅助机组的速度也相应地提高。棒材轧制速度虽受冷床速度的影响，但也已达 23m/s。线材高速无扭 45°悬臂式轧机的轧制速度现已达 102m/s。其相应的辅助设备速度也提高。型材成品锯切速度由过去的 20mm/s，提高到 350mm/s，使产量大大增加。

（2）长件化。为提高收得率和增加产量，无论是用户还是生产单位都希望型钢（尤其线材）越长越好。但对棒材而言，长件化可节约轧制的间隙时间，提高产量，同时坯料加大，可减少加热炉内金属烧损，减少咬入对轧机的冲击及减少事故，头尾消耗少。综上所述，型钢也向 CC-DR 法发展（连铸—大压下量轧制—线材连轧—控制冷却—在线精整—入库）。

（3）连续化。轧制普遍实现半连续化和连续化，彻底摆脱了横列式轧机坯料轻，成品单重小，轧制速度低，劳动强度大，机械化自动化困难的缺点，使轧机生产率有了一个很大的飞跃。目前已有钢坯连轧机、棒材连轧机、型钢连轧机、线材连轧机（有 Y 型轧机、45°框架式及 45°悬臂式高速无扭线材轧机）。

（4）自动化。随着连续化的发展，轧件在各机架之间实行了自动进钢，简化了工序与辅机设备，生产流程稳定，有利于产量的提高。

以上四个方面是属于型钢发展的共性，下面为型钢发展的个性。

（5）多线化——线材轧机。提高同喂条数可以成倍地增加产量。线材轧机增产措施之一就是实行"多线化"。目前从各国线材轧机来看：最少是实行双线轧制，大多数是四线轧制。在初轧机上还有试轧"双锭并列轧制"。普遍在初轧机上采用串列双锭轧制。

（6）多程化——棒材轧机。由于棒材车间产品品种较多，换辊频繁，为了在多品种车间提高作业率和设备的使用效率，采用多路轧制是较好的办法。

（7）万能化——型钢轧机。为了扩大产品品种及异型断面的型钢，如 H 型钢、丁字型钢、轻型薄壁钢梁及高精度的钢轨等，在水平式轧机上很难完成，也可在水平式轧机上经改造成为万能式轧机。

（8）钢坯大压下。随着钢锭单重的放大，钢坯轧机的"长件化"，钢锭到坯的总压缩比向着"大压下化"方向发展。

B 扩大品种、提高质量

为了满足国民经济的发展，许多型材都可轧制成功，如增加各种异型断面、周期断面、工字钢和槽钢的断面也向薄壁发展，目前出现了轧轻型薄壁型材（包括角钢）与平行宽腿钢梁的经济断面，即 H 型钢，高承载能力的钢板桩。冷弯及热弯型钢的发展也很快。它虽然壁薄但一定要保证提高质量和强度。

品种质量与产量是对立统一的两个方面，为了提高轧机生产率，型钢轧机向"专业化"方向发展，但又要同时注意解决扩大品种的灵活性问题。这要从工艺布置上，轧机结构上、孔型设计上统一考虑。工艺过程要合理，轧机可多样化。

C 性能高级化

除了公差及表面两项要求外，提高钢材使用价值的重要因素还在于各项性能，而影响性能的因素在于钢的实质与钢材的组织。提高型材的性能方面可归纳为四高一少：高的力学性能以满足建筑构件高强度，节约金属的需要；高的拉拔性能以适应细规格钢丝生产的需要；高的顶锻性能以满足紧固件结构钢冷镦机高生产率的冷加工生产要求；高的切削性能以适应高速切削与改善机件表面粗糙度的需要；少的氧化铁皮，为使用单位节约金属消耗与酸的消耗。除在冶炼上不断采取措施，提高钢质量外，还要对轧钢工艺进行不断地改革。

4.2.4.2 型钢生产发展新技术

世界钢铁工业普遍实现连续、高速、自动化发展的今天，型钢旳新技术也不断涌现。

连铸-连轧是发展的方向。尤其近几十年来高速无扭线材轧机的发展更可观。型钢品种的不断扩大和质量的不断提高，都不可缺少相应的新技术做保证。型钢生产新技术如下：

（1）为提高型钢生产率，保证质量和品种，要不断提高自动化水平，为实现型钢生产的高速化、连续化、自动化和多程化，以及高产、优质、低消耗创造了条件。

（2）采用平-立和万能轧机机架，生产经济断面钢材（如 H 型钢），扩大品种，避免轧件因扭转而产生表面缺陷，轧机广泛采用滚珠轴承和预应力机架及短应力线机架，提高轧件精度。

（3）在坯料检验上普遍采用磁力探伤法，涡流探伤法。它为连铸-连轧及无头轧制提供了有利条件。检验出的缺陷必须经过铲除、砂轮修磨或火焰清理等过程才能进行轧制。如有不可清理的应报废。

（4）在加热炉方面的新技术广泛采用步进式加热炉及连续式加热炉。以保证钢坯四面均匀加热，无划痕、少脱碳、产量高、燃料消耗低，能适应多钢种，操作方便。在控制方面，已利用电视及计算机来监视炉内情况，可自动调节炉温，使加热质量不断提高。

（5）轧件的检测随着轧制速度的提高，对轧件检测与控制的要求也更加严格，而现代化高速线材轧机中轧件通过两架轧机之间的时间仅为几分之一秒，在这样短的时间内要完成多种检测与控制，显然只有提高自动化水平才有可能实现。

4.3 管材轧制

所谓管材是指两端开口并具有中空封闭断面，其长度与横断面周长之比值相对较高的型材。由于钢管具有封闭的中空断面，最适宜于作液体和气体的输送管道，又由于它与相同横截面积圆钢或方钢相比具有较大的抗弯抗扭强度，也适于作各种机器构件和建筑结构钢材，被广泛用于国民经济各部门。各主要工业国家的钢管产量一般约占钢材总产量的 10%~15%，我国约占 7%~10%。

管材生产基本上有两大类，一类为无缝管，以轧制方法生产为主，主要生产钢管；与拉拔等其他加工方法联用还可生产塑性较好、批量较大的紫铜、黄铜、钛及钛合金、铝合金等无缝管。高合金钢种及有色金属和合金无缝管主要用挤压方式生产。无缝管又可分为热轧管、冷轧管和冷拔管等。另一类管材为焊接管，可分为炉焊管和电焊管等。各主要工业国家的焊管产量一般约占钢管总产量的 50%~70%，我国约占 55%。随着焊管质量的不断改善，现在已经不只用于一般的输送管道，也用于锅炉管、石油管，并部分取代了无缝管。

钢管种类繁多，性能要求各异，尺寸规格很宽，目前可生产外径范围为 0.1~4500mm，壁厚范围为 0.1~100 mm。为区分其特点，钢管通常按以下方法分类：（1）按用途分类，如表 4-3 所示。用途不同，其生产方法也不同；（2）按断面形状分类，可分为圆管和异型管两类。其中异型管又可分为等壁异型管和不等壁异型管，以及纵向变截面管；（3）按材质分类，有普通碳素钢、优质碳素结构钢、合金结构钢、合金钢、轴承钢、不锈钢和双金属等。还有表面采用镀或涂覆其他材料，镀锌、镀铅和涂塑管等；（4）按管端形状分类，有不带螺纹的光管和带螺纹的车丝管；（5）按管的厚薄分类，钢管外径与壁厚之比值小于等于 10 为特厚管，大于 10 小于 20 为厚壁管，大于 20 小于 40 为薄壁管，大于等于 40 为特薄壁管。

表 4-3　钢管按用途分类表

类　别	钢管名称	常用生产方法
配　管	水煤气管	炉焊、电焊
	石油输送管	直缝电焊、热轧
	石油天然气干线用管	直缝电焊、螺旋焊
	蒸汽管道用管	热轧
热交换用管	锅炉管	热轧、电焊、冷拔
	热交换器用管	
结构管	航空管	热轧、冷拔
	汽车拖拉机管	热轧、电焊、冷拔
	半轴及车轴管	热轧、电焊、冷拔
	农机用方矩形管	热轧、冷拔
	轴承钢管	热轧、冷拔
	变压器用管	电焊
石油管	地质钻探管	热轧、冷拔
	石油油管	热轧、冷拔
	石油钻探管	热轧、冷拔、电焊
	石油套管	热轧、冷拔、电焊
	石油钻杆、钻铤、方钻管	热轧、冷拔、电焊
化工管	石油裂化管	热轧、冷拔
	化肥用高压管	
	化工设备及管道用管	
其　他	电缆管	热轧、电焊、冷拔
	高压容器用管	

4.3.1 钢管技术要求

各种钢管技术要求在国家标准（GB）、部颁标准（YB）或专门技术协议中有明确规定，主要内容包括：品种规格、表面质量、化学性能、组织和物理性能、检验标准和交货标准等。由于钢管的工作条件和用途不同，各类钢管的技术要求也不同。

（1）配管。配管用于暖气、水、煤气、天然气和石油等输送管道，工作压力一般不大于 6MPa。对这类钢管的力学性能、表面质量和几何尺寸精度均无特殊要求，但应进行水压试验，焊管均需进行，以测定其承载能力。一般采用甲类钢或优质低碳结构钢制造。

（2）热交换用管。该类管用于制造在高温高压下工作的设备，如锅炉用的沸水管、火管、蒸汽过热器管、蒸汽再热器管以及蒸汽输送管道等热工设备用管。高压锅炉中的工作压力为 10~14MPa，温度约 450℃，有的会达到 600℃ 以上，所以对这类管不但要求具有良好的室温力学性能，还需具有好的高温性能（高温强度与塑性、抗氧化腐蚀性、组织稳定性等）、弯管和焊接等工艺性能。这类管采用优质碳素结构钢、低合金结构钢和高合金钢制造。成品除经热处理和水压试验外，还需作力学性能、低倍组织和显微组织检验，以及进行压扁、扩口、卷边和弯管等工艺性能试验。

（3）结构管。用于制造液压缸、气缸、活塞、高压容器、滚动轴承内外套以及各种军械等机器零件。要求具有较高的几何形状和尺寸精度、良好的力学性能和表面质量、耐磨性等。这类管多用优质碳素结构钢、低合金结构钢或专用钢制造。

（4）石油管。在石油和地质钻探中使用的钻杆、固定井壁用的套管、取样用的岩芯管、从油井中提取石油的油管以及制造管接头的钢管等都属此类。这类管工作时受很大的工作应力，同时须经受地下水、气的高压腐蚀作用，故应具有较高的强度和抗腐蚀能力。均采用优质中碳钢和低合金钢制造，成品需进行车丝加工。

（5）化工管。包括炼油厂内输送石油的管道、加热装置中的裂化管以及各种化工设备上的其他用途管。工作温度约 800℃，压力约 10MPa 的在腐蚀性介质中工作的裂化管用合金钢制造；工作温度低于 450℃，压力不超过 6MPa 的裂化管用 10 号钢或 20 号钢制造；工作压力在 32~200MPa、温度为 -40~400℃，长期与腐蚀性介质接触的化肥等化工设备用管采用不锈钢或其他合金钢制造，成品需进行动载荷试验及金相组织检查。

4.3.2 管材主要生产方法

管材主要生产方法有热加工、冷加工和焊接三大类。冷加工是管的二次加工。

4.3.2.1 热加工无缝钢管生产方法

热加工无缝钢管是将实心管坯或锭经穿孔并经热轧或挤压等工序加工成符合产品标准管材的生产工艺过程，常用生产方法及规格范围见表 4-4。

热轧无缝钢管生产方法虽很多，但其基本工艺流程大致相似，从管坯或锭→（加热）→穿孔→热加工（轧制、挤压等）→（均整）→定径或减径。图 4-60 为热轧无缝钢管工艺流程示意图。

表 4-4 常用热加工无缝管生产方法

生产方法		管坯	主要变形工序用设备		产品范围			
			穿 孔	轧 管	外径/mm	壁厚/mm	外径/壁厚	轧后最大长度/m
热轧	自动轧管机组	圆轧坯	二辊斜轧穿孔机或菌式穿孔机	自动轧管机	φ12.7~660.4	2~60	6~48	10~16
		连铸方坯	推轧穿孔机和斜轧延伸机		φ165~406	5.5~40.5		
	皮尔格轧管机组	圆轧坯	二辊斜轧穿孔机	皮尔格轧管机	φ50~100	2.25~170	4~40	16~28
		方锭或多角形锭	压力穿孔机和斜轧延伸机					
		连铸方坯	推轧穿孔机和斜轧延伸机					
	连续轧管机组	圆轧坯	二辊斜轧穿孔机	长芯棒连轧管机（MM）	φ16~168.3	1.75~25.4	6~30	20~33
		圆连铸坯	狄舍尔穿孔机或三辊斜轧穿孔机					
		连铸方坯	推轧穿孔机和斜轧延伸机	限动芯棒连轧管机（MPM）	φ48~340	3~25	7~30	
	三辊轧管机组	圆轧坯	二辊斜轧穿孔机或三辊斜轧穿孔机	三辊轧管机	φ21~240	2~45	4~50	8~10
	狄舍尔轧管机组	圆轧坯	二辊斜轧穿孔机	狄舍尔轧管机	φ39~203	2~8	4~35	约15
顶管	顶管机组	方轧坯或连铸方坯	压力穿孔机和斜轧延伸机	顶管机	φ17~1070	3~200	5~30	14~16
挤压	挤压机组	圆锭或圆坯	压力穿孔机穿孔或钻孔后压力穿孔机扩孔	挤压机	φ25~1425	≥2	4.5~25	约25

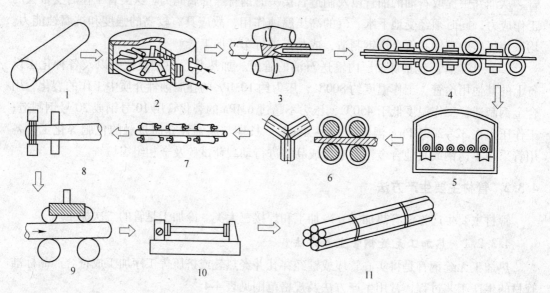

图 4-60 热轧无缝钢管工艺流程示意图
1—管坯；2—加热；3—穿孔；4—轧管；5—再加热；6—定径减径；7—矫直；
8—切管；9—无损探伤；10—水压试验；11—成品包装

热加工无缝钢管主要有三个变形工序：（1）穿孔。穿孔是将实心管坯或锭热成型为空心毛管。由于毛管的内外表面质量和壁厚均匀性都将直接影响到成品质量，因此，必须选用正确的穿孔方法。常见的穿孔方法有斜轧穿孔、压力挤孔和推轧穿孔等，也可以直接采用离心浇铸、连铸和电渣重熔等方法来获得空心管坯。（2）热成型。热成型是将穿孔后的毛管壁厚减薄，达到成品管所要求的热尺寸和均匀性的荒管。热成型是制管的主要延伸工序，其选型及与穿孔工序之间的合理匹配是决定机组产品、质量和技术经济指标的关键。常见热成型方法有自动轧管机、连续轧管机、皮尔格轧管机（周期式轧管机）、三辊轧管机、狄舍尔轧管机、顶管机和挤压机等。（3）定径或减径。定径是毛管的最后精轧工序，使毛管获得成品管要求的外径热尺寸和精度。减径是将大管径缩减到要求的规格尺寸和精度，也是最后的精轧工序。为使在减径的同时进行减壁，可利用其前后张力的作用，称之为张力减径。

A 空心毛管生产方法

（1）斜轧穿孔。斜轧成形的特点是轧辊轴线交叉一个不大的角度且旋转方向相同，轧件在轧辊交叉中心线上做螺旋前进运动的轧制过程。被广泛应用于穿孔、毛管延伸、均整、定径、扩径等变形工序。斜轧穿孔方法有三种方式：菌式穿孔机穿孔、盘式穿孔机穿孔和辊式穿孔机穿孔。无论轧辊形状如何，为了保证管坯咬入和穿孔过程的实现，都由穿孔锥（轧辊入口锥 I）、辗轧锥（轧辊出口锥 III）和轧制带 II（入口锥和出口锥之间的过渡部分）三部分组成（见图 4-61）。下面是目前应用广泛的辊式斜轧穿孔法。

二辊斜轧穿孔机是德国曼乃斯曼兄弟于 1883 年发明的，又称曼乃斯曼穿孔法，是目前应用最广泛的穿孔方法。如图 4-62 所示，二辊式斜轧穿孔是在两个相对于轧制线倾斜布置的主动轧辊、两个固定不动的导板（或随动导辊）和一个位于中间的随动顶头（轴向定位）构成的"环形封闭孔型"中进行的轧制。图中 β 角为轧辊轴线与轧制线在轧制平面的夹角，称为送进角。

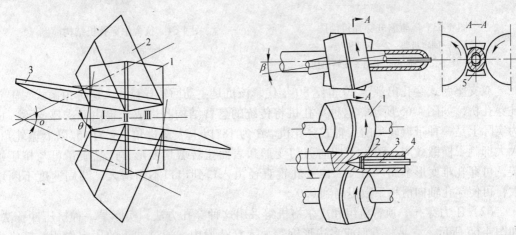

图 4-61　三种形式斜轧穿孔
1—辊式；2—菌式；3—盘式

图 4-62　二辊式穿孔机孔型构成示意图
1—轧辊；2—顶头；3—顶杆；4—轧件；5—导板

三辊斜轧穿孔机的结构与工作原理如图 4-63 所示，轧辊形状与二辊轧机相同。三个轧辊也是同向旋转，互成 120° 角安放，全部是驱动辊，轧件能较稳定地处于轧制线上，因此取消了导板。与二辊斜轧穿孔机相比，此轧机孔型椭圆度更小，限制轧件横变形能力更强，使轧件轴心在横变形方向处于压应力状态，排除了产生孔腔的可能性。适合于轧制塑性较差且较难变形的有色金属及合金坯料，并可用铸坯直接穿制毛管，增加了产品品种；同时，由于取消了导板，表面划伤减少，轧机调整简化，使事故处理更容易。

但是，在穿轧管坯尾部时，当直径与壁厚比很大时，由于回转断面刚性变小，又没有后刚端限制，易出现尾三角现象，将金属挤入辊缝中。所以，三辊穿孔不能穿轧壁过于薄的毛管；而且，穿孔时轴向推力比二辊大，增加了顶头顶杆系统负荷。

狄舍尔穿孔机是1972年德国发明的，该机是主动导盘大送进角二辊斜轧穿孔机。如图4-64所示，固定导板被两个主动旋转导盘代替。由于导盘工作表面不断变化，散热条件好，寿命比导板提高5倍以上。虽然导盘制作费用比导板高，但最终费用仍较低。盘缘切线速度一般比孔喉处轧辊切线速度大20%~25%，导盘对变形区金属施加轴向的拉力，可使穿孔效率提高10%~20%；大送进角在18°以上，可使穿孔速度提高。此轧机缺点主要是轧件咬入和抛出不稳定，穿出的毛管首尾外径差大。为保证产品精度，多于其后增设空心坯减径机，给以一定程度减径量，消除毛管首尾外径差；同时还可以减少穿孔毛管和相应管坯规格数，极大地便利了生产管理和穿孔机操作调整。

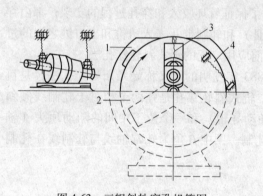

图 4-63　三辊斜轧穿孔机简图
1—固定机架；2—活动机架；
3—压下；4—调整送进角的旋转机构

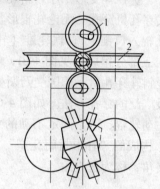

图 4-64　狄舍尔穿孔机结构简图
1—轧辊；2—导盘

双支座菌式穿孔出现于20世纪80年代，该机是主动回转导盘、大送进角菌式二辊斜轧穿孔机，如图4-65所示，这种穿孔机将传统的悬臂结构改进成轧辊由双支座支承，成为实际上是一种带辗轧角的二辊式穿孔机。β 为18°以上大送进角，γ 为15°以上辗轧角，大大抑制了横锻效应，消除了切向剪切变形和表面扭转剪切变形，产品质量可与挤压媲美，可穿轧难变形金属。另外，由于轧辊直径由入口到出口不断增大，圆周速度不断增大，可使穿孔轴向滑移系数提高到0.9。

（2）压力穿孔。顶管机组和皮尔格机组采用这种穿孔方法，实际是一种挤压冲孔法，如图4-66所示。它是将方形或多边形钢锭放入穿孔模内，通过冲头的压入作用，挤成中空毛管，穿孔结束后，用推杆将毛管从模中推出。延伸系数一般为1.0~1.1，穿孔比（毛管长度与内径之比）可达8~12。

与二辊斜轧穿孔相比，这种加工方法的坯料中心处于三向压应力状态，外表面也承受较大压应力，因而内外表面穿孔过程中都不会产生缺陷，对管坯不用苛刻要求，可用于钢锭、连铸坯和低塑性材料的穿孔。压力穿孔主要缺点是生产率低，偏心率大。

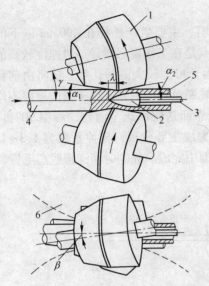

图 4-65 双支座菌式穿孔机工作简图
1—轧辊；2—顶头；3—顶杆；
4—管坯；5—毛管；6—导盘

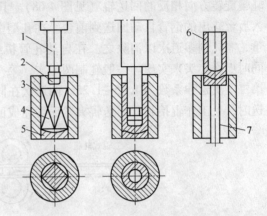

图 4-66 压力穿孔示意图
1—挤压杆；2—挤压头；3—挤压模；4—方锭；
5—模底；6—穿孔坯；7—推出杆

（3）推轧穿孔。推轧穿孔正式投产于 1977 年，工作原理如图 4-67 所示，用推料机将坯料推入由纵轧机孔型与顶头围成的变形区中穿孔成毛管。它是压力穿孔的改进形式，伸长率和穿孔比都大于压力穿孔，延伸系数可达 1.20，穿孔比可达 40，生产率较高，但穿偏仍很严重。因此，推轧穿孔后需配备 1~2 台斜轧延伸机，伸长率约为 2.05~2.34，同时纠正偏心引起的壁厚不均，纠偏率可达 50%~70%。

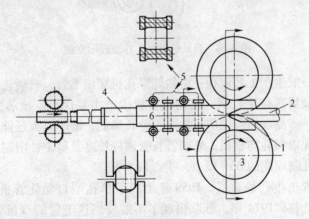

图 4-67 推轧穿孔机示意图
1—顶头；2—顶杆；3—轧辊；4—推钢机；5—辊式导卫装置；6—方钢坯

B 荒管生产方法

管材生产中，按产品品种规格和生产能力等要求的不同，需选用不同的热变形延伸机。由于轧件的运动条件、应力状态、道次变形量和生产率等条件的不同，须为其配备相匹配的穿孔及其他前后工序设备，因而不同的轧管机就构成了相应的热成型机组。常用的

荒管热成型生产方法如下:

(1) 自动轧管机。1903 年, R. C. 斯蒂菲尔发明, 主要生产外径在 400mm 以下的中小直径钢管。工作机架与普通纵轧机相比, 主要特点是在工作辊后增设一对速度较高的与轧辊旋转方向相反的回送辊 (见图 4-68)。其孔型为开口度较大的圆孔型, 能将由前台送入后台轧出的钢管自动回送到前台。在孔型中完成轧制过程的毛管, 由于横向壁厚不均严重, 需轧制多道次以消除之。在自动轧管机组中, 靠回送辊回送至前台, 翻钢 90° 再轧, 同时更换芯头来实现。一般轧制两道次, 第一道次完成主要变形, 延伸系数为 1.3~1.8, 第二道次延伸系数为 1.05~1.25。两道次在同一孔型中完成。轧制时回送辊脱离毛管, 回送时, 上工作辊抬起, 回送辊夹紧毛管完成回送。

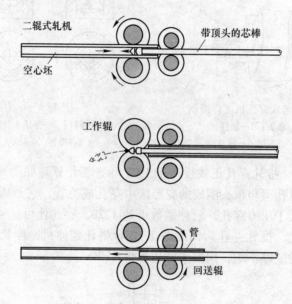

图 4-68　自动轧管机工作原理示意图

自动轧管机组一般生产工艺流程: 由斜轧穿孔机穿出毛管, 自动轧管机组延伸, 斜轧均整机均匀壁厚, 最后送往定径机。自动轧管机生产主要优点: 短芯头轧制, 更换规格时, 安装调整方便; 产品规格范围广。缺点: 伸长率低, 需配以大延伸量的穿孔机; 横向壁厚不均严重, 需配以斜轧均整机; 轧制管长受顶杆长度及稳定性限制; 回送、翻钢等辅助操作时间占整个轧制周期的 60% 以上, 生产效率低。

为克服自动轧管机生产的缺点, 1959 年出现了单孔型自动轧管机, 即将辊身缩短, 变多槽轧制为单槽轧制; 1974 年, 苏联出现了不需要回送毛管的双机架串列式布置自动轧管机; 后来的双槽轧制、三机架轧制、自动更换顶头装置等方法的出现, 都在相当程度上提高了自动轧管机自动化程度, 改善了产品精度, 扩大了产品规格范围。

(2) 斜轧轧管机。与三辊斜轧穿孔机基本原理一致, 1933 年出现了阿塞尔轧管机, 轧制过程如图 4-69 所示。由三个锥形辊和浮动长芯棒构成毛管轧制的孔型, 适用于生产表面质量高、尺寸精度高的厚壁管。轧出管材长度达 12~14m, 最大管径 270mm, 壁厚公差可控制在 ±6% 以内 (一般轧管机约为 ±8%), 外径 ±0.5%。存在问题: 与三辊穿孔类似, 生产钢管的外径与壁厚比一般在 3.5~11.0, 下限受脱棒限制, 上限受轧制时尾部三角限制。

1967 年改造后的德朗斯瓦尔轧管机，机架的入口牌坊可以围绕轧制线旋转，使安装于其上的轧辊在轧制过程中可以改变孔型的大小，轧制接近结束时，能迅速回转入口牌坊，减小送进角，扩大孔喉直径，防止尾三角的产生。大幅度地扩大了产品规格范围，外径与壁厚比可以增至 20 以上。

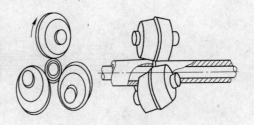

图 4-69 阿塞尔轧管机示意图

与二辊狄舍尔穿孔机类似，内部变形工具为长芯棒的狄舍尔轧管机，可以生产外径与壁厚比在 30 以上的高精度薄壁管。采用 CPD（Cross Roll Piercing Diescher）工艺，即大导盘、大送进角和限动芯棒等措施，已使毛管长度达 14～16m，生产率也很高。被认为是中等产量轧管机的理想机组之一，工作原理如图 4-70 所示。

20 世纪 80 年代，美国艾特纳-斯汤达德公司又进一步将轧辊改为锥形，增设辗轧角，改善变形条件，使伸长率达 3.0，外径与壁厚比达到 35，产品表面质量与尺寸精度均有提高，引人关注，该轧机被称为 Accu-Roll 轧机，工作原理如图 4-71 所示。

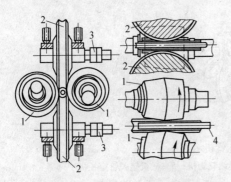

图 4-70 狄舍尔轧管机示意图
1—轧辊；2—导盘；3—导盘传动轴；4—芯棒

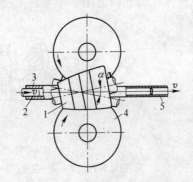

图 4-71 Accu-Roll 轧机工作原理示意图
1—轧辊；2—芯棒；3—毛管；4—导盘；5—荒管

（3）连续轧管机。20 世纪初，用连轧方法进行毛管轧制工艺已被提出并加以实践性尝试。但直到 1932 年以后，张力减径机的出现，才使连续轧管机组可以生产几种规格的产品，使连续轧管机组生产真正发展起来。其设备类型既有纵轧机又有斜轧机。

图 4-72 所示为连续轧管过程，它是将毛管套在长芯棒上，经过 7～9 个连续布置，前后辊轴线互成 90° 的二辊式机架对钢管进行连续性轧制的过程。与其他轧管机组相比，连续轧管机具有以下主要优点：伸长率高，可达 6 以上，不要求大伸长率的穿孔设备，可采用连铸坯，经济效益好；可生产长尺钢管，生产效率高；能获得高质量管材；机械化、自动化程度高。但同时也具有投资高、长芯棒制造维护复杂等缺点。这是第一代连续轧管机，芯棒轧制时随轧件运行，称为浮动芯棒连续轧管机（MM 轧机）。芯棒长且重，只能在小型机组中应用此工艺。

为进一步扩大产品规格范围，1978 年限动芯棒投入使用，这是第二代轧机（MPM 轧机）。所谓限动芯棒，就是在轧制过程中控制芯棒的运行，具体地讲，就是快速插入芯棒，恒速运行（见图 4-73）。与浮动芯棒相比，限动芯棒有以下优点：1）芯棒长度缩短，

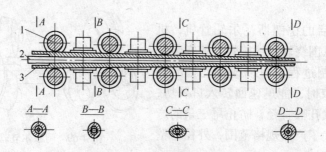

图 4-72   连续轧管机组轧制过程示意图
1—轧辊；2—芯棒；3—毛管

循环使用芯棒根数大大减少，工具储备和消耗降低；2）连轧管机直接与脱管定径机相连，无需专设脱棒工序，使该轧机可能生产 $\phi 250 \sim 400mm$ 中等直径钢管；3）由于芯棒在轧制过程中恒速运行，轧件变形稳定，减少了毛管首尾尺寸的"竹节性"鼓胀；4）松棒脱棒问题不用考虑，可减小毛管内径与芯棒间空隙，限制金属横向流动，可使用严密性更强的孔型，提高了产品尺寸精度和实现了大变形。主要缺点：回退芯棒会延长间隙时间，降低生产率，因而只适用于中型以上机组。

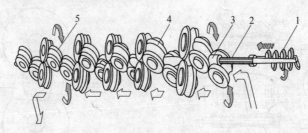

图 4-73   限动芯棒连轧管机示意图
1—限动装置齿条；2—芯棒；3—毛管；4—连续轧管机；5—三机架脱管定径机

1978 年法国投产了一台半限动芯棒小型连续轧管机，管坯在卧式大送进角狄舍尔穿孔机穿成毛管后，与顶杆一起拔出，送往七机架连续轧管机。17m 长的穿孔顶杆在此即作为轧管机限动芯棒，轧制时芯棒以恒速运行，轧制结束时限动装置松开，芯棒与毛管一起浮动轧出，线外脱棒。该机组不仅节省了芯棒回退时间，还可使穿孔毛管内径与芯棒间的空隙更小，使连轧机第一架便可采用严密性高的孔型，尺寸精度提高，年产量达 33.3 万吨。

第一套少机架限动芯棒连轧管机组（Mini-MPM）于 1992 年在南非托沙厂的 CPS 机组改造中获得成功，其后日本住友和歌山 406mm 机组与我国包钢 250 机组均采用了该机型。Mini-MPM 的发展是在连铸坯质量提高，锥形辊穿孔技术取得重大进步的前提下实现的。在确保限动芯棒轧制优点的条件下，连轧管机减到 4~5 架。建设投资降低，机组灵活性提高，能即时变换生产的品种规格，年产量为 7 万~20 万吨。该机组在连轧机前设置一台毛管定径机，使毛管内径与芯棒间空隙减到最小，提高连轧稳定性。

为进一步提高尺寸精度，意大利 INNSE 公司开发了三辊可调式限动芯棒连轧管机（PQF）。PQF 连轧管机由 4~7 架可调试机架组成，所有机架均沿轴向布置在一个刚性圆筒中，轧辊均为传动，采用限动芯棒方式轧制。实践证明，钢管壁厚偏差显著改善，表面更光洁,可轧制钢管径壁比达 58 的大口径薄壁管,可有效实施 AGC 控制。对减径产品,在连轧机上可进行首尾部分预压下,抵消张力减径时的管端增厚,减少切损。由于变形较均匀,金属横向流动少,芯棒的平均压力特别是峰值压力下降,工具消耗明显降低。

(4) 顶管机。顶管法也是一种比较重要的热轧无缝钢管生产方法,其操作过程如图 4-74 所示,借外力将芯棒和套在芯棒上的毛管一起通过一系列直径逐渐减小的带孔型模环,达到减径、减壁和延伸的目的。

现代顶管机均为三辊或四辊构成的模环,面缩率比旧式模环增长近一倍以上;在压力挤孔后增设斜轧延伸机,加长管体,纠正空心杯的壁厚不均;并且可适当加大坯重,提高生产率。目前顶管后管长为 16~19m,外径 16~150mm,壁厚 2.5~16mm;不仅能轧制一般碳素钢,也可轧制合金钢。该机重要缺点:坯重轻,生产管重、管长有限,杯底切头大,金属损失多。

20 世纪 70 年代末,出现了用斜轧穿孔代替压力挤孔的与顶管机结合的 CPE(Cross-roll Piercing and Elongating)工艺。该工艺用斜轧穿孔生产毛管,将头部收口为杯状,再用顶管机轧制。坯重增加至 1500kg,可生产管径达 240mm,壁厚公差降到 ±(5%~6%),精度更高,长度更长,成材率提高约 2%。

C 成品管生产方法

钢管定减径是热轧无缝钢管生产最后一道重要变形工序,其实质是钢管无芯棒连轧过程。根据其变形程度不同,定减径过程一般分为定径、微张力减径和张力减径(见图 4-75)。轧机广泛采用纵轧式,也有斜轧式。纵轧机一般有二辊、三辊、四辊或多辊式,如图 4-76 所示。定减径机辊数越多,每个轧辊受力越小,当电机能力和轧辊强度一定时,可以加大轧机变形量;辊数越多,轧槽深度越浅,孔型各点速度差越小,钢管表面质量越好。二辊式前后相邻机架轧辊轴线成 90°角,三辊式成 60°角,使得空心毛管在轧制过程中均匀受到径向压缩,直至达到成品要求的外径热尺寸和横断面形状。

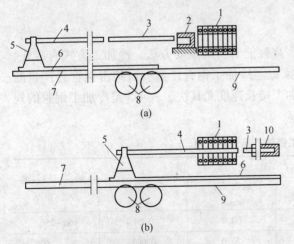

图 4-74 顶管机工作示意图

(a) 起始位置;(b) 终结位置

1—模环;2—杯形坯;3—芯棒;4—推杆;5—推杆支持器;6—齿条;7—后导轨;8—齿条传动齿轮;9—前导轨;10—毛管

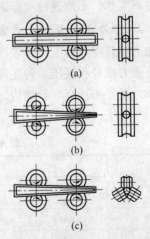

图 4-75 定减径工作原理

(a) 定径;(b) 减径;(c) 张力减径

定径的目的是为获取外径准确、外
形圆整且平直的钢管，一般机架数为
3~11架，总减径率为3%~7%，新设计
的定径机架数偏多。微张力减径能使产
品向小口径发展，扩大产品规格范围，
一般机架数为 9 ~ 24 架，总减径率达
40%~50%；张力减径机利用机架间较
大的张力，使轧件缩径的同时能减壁，
进一步扩大了产品规格范围，横截面壁

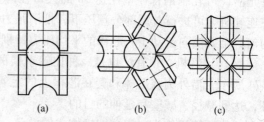

图 4-76　定减径机轧辊配置示意图
(a) 二辊式；(b) 三辊式；(c) 四辊式

厚均匀性也比同样径缩率下的微张力减径好。现代连轧管机后都设置了张力减径机，机架
数为 12~28 架，减径率达 75%~80%。

近年来定减径机发展的新技术主要有：

（1）三辊单独可调式定径机（FQS）。意大利 INNSE 公司开发了 FQS，并成功应用于
日本住友和歌山厂。该技术是在每个轧辊位置上各设一套液压压下装置，可对三个轧辊进
行单独调整，以实现钢管外径的精确调整及沿圆周上对椭圆度进行调整，也可沿钢管长度
方向在线动态压下调整，以消除由于温度不均造成的外径偏差，外径公差减小到±0.25%
以内；还可以使许多钢种进入定径机前不需要再加热或均热，降低了成本；由于轧辊辊缝
可调，减少了换辊次数，扩大了产品规格；轧辊车削可以采用普通 CNC 车床，每个轧辊
单独加工，无需设置专用孔型，加工机床对 3 个辊同时加工。

（2）三辊同步可调式张减定径机。德国 SMS MEER 公司及 KOCKS 公司均开发出该机
型。其工作原理是将轧辊轴装于偏心轴套内，通过现场手动或电动控制三根偏心轴套同步
旋转，带动轧辊辊缝同心调整。采用该技术可以根据钢管外径变化，在一定范围内对轧辊
辊缝进行调整，还可根据轧辊磨损情况进行补偿调整，以保证外径精度。但该技术只能在
空载条件下工作，不能进行动态调整。

4.3.2.2　冷加工管材生产方法

冷加工是获得高精度、高表面清洁度、高性能管材的重要方法。冷加工方式有冷轧、
冷拔、冷张力减径和旋压。各主要工业国家每年冷加工钢管产量一般约占钢管总产量的
5%~10%，近年来还有增长趋势，焊管冷加工增长速度尤其快。表 4-5 是冷加工钢管的规
格范围。

表 4-5　冷加工钢管产品规格范围

冷加工方式	产 品 规 格 范 围				
	最大外径 /mm	最小外径 /mm	最大壁厚 /mm	最小壁厚 /mm	外径/壁厚
冷轧	φ450	φ4.0	60.0	0.04	60~250
冷拔	φ765	φ0.2	20.0	0.001	2.1~2000
冷旋压	φ3000	φ20.0	38.1	0.040	>2000

各国管材冷加工的发展很不一致，大多数欧美工业国家以冷拔为主，如英国的冷轧钢
管产量还不足钢管总产量的 25%。前苏联 50% 以上是用冷轧方法生产的。美国冷轧和冷

拔所占比例基本相当。我国就全国范围来讲以冷拔方式为主。

在黑色和有色金属及合金的管材冷轧中，目前主要生产方式有周期式冷轧管法、连续式冷轧法、行星式冷轧法、摆式冷轧法和冷旋法等。其中最具代表性和应用最广泛的生产方法是周期式冷轧法。冷轧管机现已能生产直径为 $\phi4 \sim 450mm$，管壁最薄为 0.04mm 的管材。生产的无缝钢管广泛应用于航天、航空、汽车、原子能、导弹、火箭和空间技术等工业部门。

目前生产中最广泛使用的冷轧管机仍是周期式冷轧管机。该机于 1932 年第一次在美国投产以来，一直是获得高精度薄壁管的重要手段，也是外径或内径要求高精度的厚壁管和特厚壁管以及异形管、变断面管等的主要生产方法。主要有二辊周期式冷轧管机和多辊周期式冷轧管机，二辊式应用尤为广泛。

（1）二辊周期式冷轧管法。二辊式冷轧管机已经系列化，主要包括 LG-30、LG-55、LG-80、LG-120、LG-150、LG-200、LG-250，可以轧制多种钢管及中低强度的有色金属管材。二辊周期式冷轧管机的工作原理如图 4-77 所示。在轧辊中部凹槽中装有带变断面轧槽的孔型块，孔型沿工作弧由大向小变化，其最大断面（入口）与管坯 5 外径相当，最小断面与成品管 6 直径相等；在辊身上还开有两个切口，可以避免进料和转料时管坯与轧槽接触，在轧制过程中管坯可以在孔型中进行轴向送进或自有反转。管坯 5 中插入锥形芯棒 3，芯棒与芯棒杆 4 连接，在轧制过程中芯棒 3 与芯棒杆 4 只做间歇式的转动。

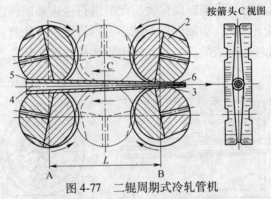

图 4-77　二辊周期式冷轧管机

1—轧槽；2—轧辊；3—芯棒；4—芯棒杆；5—管坯；6—成品管

轧制开始时，轧辊位于孔形开口最大的极限位置 A，用送进机构将管坯向前送进一段距离，随后轧辊向前滚动时对管坯进行轧制，直到轧辊位于孔型开口最小的极限位置 B 为止，轧出一段成品管。然后借助回转机构使管坯转动 60°～90°，轧辊开始向回滚动，再对轧件进行均整、辗轧，直到极限位置 A 为止，完成一个轧制周期，如此重复实现管材的周期轧制过程。

两个轧辊的旋转往复运动如图 4-78 所示。轧制过程中，工作机架

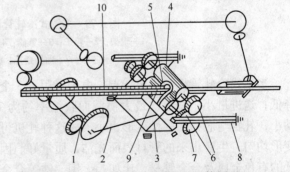

图 4-78　二辊周期式冷轧管机机构原理

1，2—曲柄连杆机构；3—工作机架；4—轧辊；5—轧槽；6—斜齿轮；7—直齿轮；8—齿条；9—芯棒；10—管坯

3连同轧辊4,由曲柄连杆机构1、2带动做往返运动。工作机架内装有两个轧辊,每个辊子的辊头上装有斜齿轮6,借此使上下轧辊得到同步旋转。下辊的辊端还装有直齿轮7,它与固定在机架两侧托架上的齿条8相啮合,机架移动时,下齿轮由于直齿主动轮7和固定齿条8咬合而旋转,借助被动斜齿轮6使上轧辊做同步而方向相反的运动。管坯在轧辊的往返运动中,在变断面的孔型中被加工为成品管。

随着对薄壁管材品种、规格和数量需求的不断增长,周期式二辊冷轧管机的规格和台数也在日益增长,并且已经形成了系列化。目前,最大可轧出成品管材外径为 $\phi450mm$,轧出管材的直径与壁厚比(D/S)为 $60\sim100$。在小型号 LG-30 轧管机上可轧最薄壁厚 0.5mm,个别情况可达 0.2mm。

(2)多辊周期式冷轧法。多辊式冷轧管机 1952 年由苏联研制成功,主要为滚轮式冷轧管机,已形成系列,我国主要有 LD-8、LD-15、LD-30、LD-60、LD-120、LD-200、LD-250。在一个特殊的辊架 1 中装有 3 个辊子 2,互成 120°角布置。其工作原理如图 4-79 所示。辊子 2 上带有断面形状不变的轧槽,3 个轧槽组合构成一个圆孔型。每个辊子分别在固定于厚壁筒 3 中各自的 Ⅱ 形滑道 4 上滚动,后者沿其长度上有一特殊的斜面。滑道与其滑架(包括安装在内的 3 个辊子)用曲柄连杆机构 7 或曲柄摆杆和杆系 8、9、10 带动做往复直线运动。与二辊冷轧法不同,管坯 5 中插入的是圆形芯棒 6。多辊式冷轧机工作时,当辊子位于滑道低端时,孔型断面最大,此时进行送进和回转,随着辊子和滑道向前运动,滑道逐渐压下辊子,使孔型断面逐渐缩小,对管坯进行轧制。当辊子位于滑道高端时,孔型断面最小,管坯获得成品管尺寸,即由管坯轧成成品管。

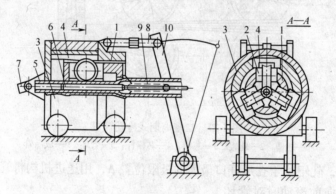

图 4-79　多辊式冷轧管机工作原理
1—辊架;2—轮子;3—壁筒;4—滑道;5—管坯;
6—芯棒;7—曲柄摆杆;8~10—杆系

多辊式冷轧管机的主要特点:由于采用了 3 个以上小直径轧辊,金属对轧辊压力相对降低;送进量小,一道次最大横截面收缩率约为 70%;孔型轧槽浅,轧件与工具之间滑动小;轧辊与芯棒的弹性变形也小,故这种轧机可以生产高精度大直径的薄壁管材;由于变形均匀,生产出来的管材表面光洁,质量好。因此,多辊式冷轧管机适用于轧制塑性较低的有色金属及合金管材,比如钨、钼、锆等合金管材。目前生产的常用规格范围为直径 $4\sim120mm$,壁厚 $0.025\sim3.0mm$,外径与壁厚比为 $150\sim250$。

为了提高周期式冷轧管机的生产效率,最近几十年来采取了一系列方法与措施。主要体现在"多线"、"高速"、"长行程"、"长坯料"等。实行"多线"轧制,即在一台轧机上可以同时轧制多根轧件，目前已应用很广，2、3、4、6线冷轧机均有投产，图4-80所示为我国制造的四线多辊冷轧管机，减少了单位产量的设备投资、占地面积、操作人员，大大提高了生产效率。"高速"是指不断提高机头单位时间内的往复次数。为了减小主传动系统承受的周期性变化的负载幅度，这类轧机皆设有动力平衡装置，现在的高速冷轧机速度约比旧式轧机提高一倍左右。

"长行程"是指加大送进量，每次轧制的延伸长度也随之增加，因此要求轧机的行程长度与其相适应，否则就不能获得光洁的表面和尺寸精度。从工具设计到轧机结构已经引起了一系列的变化，比如二辊式冷轧机出现了马蹄形轧槽和环形轧槽，以充分利用圆周长度满足行程需要。应当指出，因为同一行程使用这两种轧槽的辊径小，降低轧制压力，能减轻整个机架结构，所以这两种轧槽也是提高轧制速度和实行多线轧制的需要。再比如附加辊架冷轧机（主轧机出口侧装置一个小辊机架起定径作用）、双对辊冷轧机（同一机架上有两对轧辊）、双排多辊式冷轧机（同一隔离架上前后各安装一组小辊），都有效地增加了变形区长度；"长坯料"轧制中坯料长度近年来几乎增加了一倍，已达12.5m左右。

冷轧管技术的发展方向是采用多机架连续冷轧管机，如图4-81所示，轧机由轧辊轴线互相垂直安装的8～9个机架组成。由于彻底地摆脱了周期式工作制度，实际上增加速度是不受限制的，因此可以大幅度提高生产效率。目前已应用于生产的连续式冷轧管机有限动芯棒式、随动芯棒式和半限动芯棒式等。

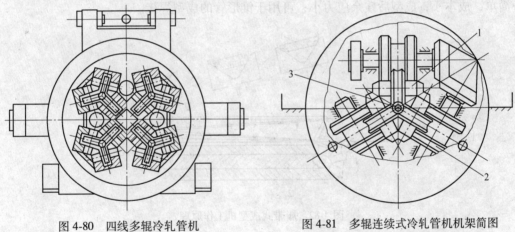

图4-80　四线多辊冷轧管机　　　　图4-81　多辊连续式冷轧管机机架简图
1—工作辊；2—支承辊；3—芯棒

在冷轧机上进行温轧近年来引起普遍重视。一般用感应加热器将工件在进入变形区前适当加热，但温度低于再结晶温度，使金属塑性大为提高，温轧的最大伸长率约为冷轧的2～3倍。但对温轧加工范围内塑性反而降低的材料不能使用。而对于像钨、钼一类在常温下变形抗力很大、塑性较差的材料，或者加工硬化较快的硬铝、某些黄铜、钛合金等材料，采用温轧可以降低轧制压力，增大延伸系数和送进量，提高轧机生产效率。

4.3.2.3　焊管生产方法

焊管是将管坯（板带材）用各种成型方法弯卷成要求的横断面形状，然后用不同的焊接方法将焊缝焊合获得管材的加工方式。焊管生产方法主要有直缝焊管及螺旋焊管。

（1）高频直缝连续电焊管生产。电焊管生产无论在有色金属还是黑色金属加工领域都有较快的发展。中小型直缝电焊管基本上都采用辊式连续成型机生产，机组具有设备简单、投资少，产量高，成本低，力学性能好，精度高、壁厚均匀，表面光洁，焊缝质量好等特点。高频焊管机目前可生产 $\phi(5\sim660)$ mm×$(0.5\sim15)$ mm 的水煤气管道用管、锅炉管、油管、石油钻采管和机械工业用管等。当采用排辊成型法时，产品规格可扩大到 $\phi(400\sim1220)$ mm×$(6.4\sim22.2)$ mm。

生产钢种主要有低碳钢及低合金高强度钢，对不同钢种应采用不同工艺规范，以保证焊缝质量。焊管技术发展很快，如螺旋式水平活套装置、双半径组合孔型、高频频率多在 $350\sim450$ kHz，近年来又采用了 50Hz 超中频生产厚壁钢管；焊接速度达到 $130\sim150$ m/min；内毛刺清除工艺用于内径为 $15\sim20$ mm 的钢管生产中；冷张力减径级组受到重视；无损探伤应用越来越广泛；有些作业线上还设置了焊缝热处理设备；有些还采用了直流焊、方波焊、钨电极惰性气体保护焊、等离子焊以及电束焊等。在后部工序中很多机组均设有微氧化还原热镀锌、连续镀锌和表面涂层等工艺，并相应设有环保措施。

我国于 1978 年研制成功履带式成型机，用于生产 $\phi(12\sim150)$ mm×$(0.5\sim3.25)$ mm 的薄壁管和一般用管。成型过程如图 4-82 所示。成型过程不需要成型辊，当带材进入倾斜的三角模板 1 和 V 形槽 2 构成的孔型后，在 I 段带材比三角板窄，未接触 V 形槽面；进入 II 段带材开始宽于三角板压出弯边，而后依次通过各段成型为管材。该机组的优点是变换管径方便，适于多品种生产；可生产辊式连续成型机不能生产的较大直径的薄壁管；设备简单，成本小；成型后残余应力小；可用于锥形管的成型焊接。

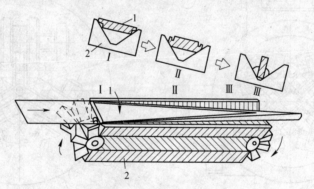

图 4-82　履带式成型机工作原理

（2）UOE 直缝电焊管生产。UOE 法是生产大口径直缝电焊管的主要方法，可生产 $\phi(406\sim1625)$ mm×$(6.0\sim32)$ mm，长达 18m 的管子。美国于 1951 年首先应用此法进行生产，随着石油天然气工业的发展，对大口径高强度管的需求量急增，促进了该生产法的发展，全世界拥有量超过 30 套，我国近年来发展很快，新建 4 套 UOE。

UOE 法生产是以厚钢板作原料，经刨边和预弯边，先在 U 形压力机上压成 U 形，后在 O 形压力机上压成圆形管，然后预焊、内外埋弧焊，最后扩径以矫正焊接造成的管体变形，达到要求的平直度和椭圆度，消除焊接热影响区的残余应力。该法可能生产的最大直径受到板带材宽度限制，设备投资也较大。但生产率高，适于大批量少品种专用管生产，是石油天然气输送管的主要生产方法。

目前 UOE 钢管向大口径、厚壁和高强度方向发展，已能采用调制热处理生产 X80、X100 钢级的高强度管，在 UOE 压力机前设置了弯边机和焊后机械扩管机，广泛运用自动检测技术和自动控制技术，焊管的质量和精度不断提高。

（3）螺旋电焊管生产。螺旋焊管出现于 1888 年，典型工艺流程如图 4-83 所示。目前美国、西德已生产出直径 3m 以上厚度为 25.4mm 的螺旋焊管。与 UOE 相比，螺旋焊可以用同样宽的板卷生产不同直径的管；内、外焊缝呈螺旋形，具有增强管子刚性的作用；管子直度好，不需设置矫直机，外径椭圆度小，但外径偏差大于 UOE 法；生产过程易于实现机械化、自动化和连续化；设备外形小、投资少。

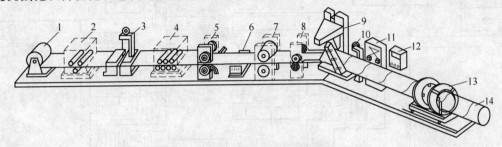

图 4-83 螺旋焊管工艺流程

1—拆卷机；2—端头矫平机；3—对焊机；4—矫平机；5—切边机；6—刮边机；7—主递送辊；8—弯曲机；
9—成型机；10—内焊机；11—外焊机；12—超声波探伤机；13—剪切机；14—焊管

螺旋焊新工艺是焊接采用预焊和终焊两步进行，先在一台螺旋成型器上进行成型和预焊（点焊），再在最终焊接设备上进行内、外埋弧焊接。一条成型及预焊设备可配四条埋弧焊设备，产量相当于普通螺旋焊机组的四倍。

（4）连续炉焊管生产。炉焊法生产是将带材加热到 1350~1440℃ 焊接温度，通过成型焊接机受压成型并焊接成管子。连续式炉焊管机是高生产率生产焊管设备，比同规格电焊管机组高 6~7 倍；成本比电焊管约低 20%，比无缝管低 30%；机械化自动化程度高，速度高达 420~680m/min。可生产 $\phi(5~100)$ mm 的焊管。但焊缝强度较电焊低，一般仅限于焊接低碳的沸腾钢管，主要用于水煤气管、电缆护套及结构用管等。由于炉焊能耗大，其发展受到限制。

（5）钎焊管生产。钎焊又称蜡焊，是利用熔点比母材低的钎料（一般多用铜）进行焊接的方法。钎料加热熔化后，在毛细管的作用下"湿润"和填充连接面，使钎料和母材相互溶解和扩散而焊合一体。这种方法可用来生产双层或多层钎焊管和双金属管。双层钎焊管（又称邦迪管）用于生产汽车刹车管、冷冻机冷凝管和压缩机管等。

钎焊管具有如下优点：尺寸精度高、表面光洁；加工性能好，可进行弯曲、卷边、扩口、压扁、定锻和扩径等加工；价格比铜管低，性能优于铜管；防锈性能好，容易镀层等。

4.3.3 管材生产基本工艺流程

4.3.3.1 热轧无缝管生产工艺流程

图 4-84 所示为 1978 年圣索夫厂投产的连续轧管生产车间工艺流程示意图。该厂年生产能力为 33 万吨，所生产的钢管规格范围是直径 27~127mm，壁厚 2.3~16mm。产品有 6% 锅炉管、12% 机械用管、8% 石油管（钻杆、油管）、30% 冷拔管坯、4% 接头用管、10% 管线用管、20% 商品用管、10% 其他。原料为完全采用电炉冶炼的连铸圆坯，直径有 120 mm 和 160mm 两种。

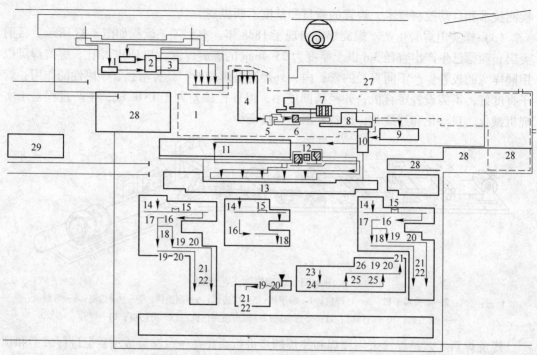

图 4-84　圣索夫厂连续轧管车间工艺流程示意图

1—管坯测长；2—管坯称重；3—管坯锯断；4—步进式加热炉；5—定心机；6—穿孔机；7—连轧管机；
8—脱棒机；9—再加热炉；10—张力减径机；11—冷床；12—锯；13—中间仓库；14—切头；15—矫直机；
16—无损探伤；17—切定尺；18—检查；19—测长；20—打印；21—称重；22—打捆；23—倒棱；
24—水压试验；25—用户检查；26—涂油；27—变电站；28—检修间；29—水处理

　　工艺流程：12m 长圆管坯经两条自动链式运输机运到两套锯切设备前，按控制要求锯成 1.5~4.0m 定尺长度，每套锯切设备有两台锯，锯片直径为 600mm，镶有碳化钨刀刃。切后管坯装入步进式加热炉，三排装料，生产能力为 140t/h。热坯在一台液压定心机上热定心，经高压水除鳞后送入卧式狄舍尔二辊斜轧穿孔机。穿孔机辊径 1092mm，送进角 5°~17°，每个辊由两台 1470kW 电动机传动，轧辊转速 0~150r/min。导盘直径 2235mm，由一台 1115kW 电动机传动，导盘转速 17.4~53r/min。穿孔机每小时可轧 290 根。穿孔顶头拧接在顶杆上，穿孔后与毛管一起拔出，穿孔机顶杆作为轧管机的芯棒和毛管一起送往七架连续轧管机，轧管时用链式控制装置限定其速度，当最后机架轧制结束时，限动装置松开，芯棒随钢管一起随动轧出。芯棒所受拉力约 136t，轧后钢管最大长度 30m。芯棒长 17m，每组 25 根在穿孔、轧管间循环使用。连轧管机辊径 555/450mm，七机架电机总容量 13500kW。连轧机只轧 100mm 和 137mm 两种规格，由张减机分别轧出 26.9~88.9mm 和 48.3~127mm 外径的成品管。轧出的连轧毛管用链式脱棒机脱棒，脱棒力因荒管尺寸而异，一般在 106~146t。脱棒后毛管锯掉端头，送入步进式加热炉再加热，出炉后经高压水除鳞，进入 24 架三辊式张力减径机。张减机的总传动功率 340×12＝8000kW，设有数字计算机控制调速，并配有控制管端增厚的调节装置。张减后钢管最大长度可达 110m。冷床是齿条式，长 18m，宽 110m，设有通风机可强制风冷。冷床有两条输出辊道，辊道上均有电子计算机控制的冷锯，可保证不漏锯或错锯，锯切长度为 5~16m，切后钢管在三条精整作业线、两条检查包装线上精整、检查、测量和包装。

轧制无缝钢管的坯料正向着连铸化发展，发达工业国家的连铸坯比重已接近100%。连铸圆管坯的最大直径已达400mm，中低合金钢种也已完全可以采用连铸圆坯生产，低塑性高合金钢种目前还需使用锻轧圆坯。有些厂家已掌握了轴承钢、奥氏体不锈钢圆管坯的连铸技术。为适应小型机组需要，我国自行研制的水平连铸机已能生产直径为60~130mm的连铸圆管坯。

现代管材生产的工序多、连续性强、产量大、轧件运行速度日益提高，所以沿工艺流程多层次地设置在线检测装置，进行计算机自动控制，以保证优质、高产、低成本生产。

4.3.3.2 冷加工管材生产工艺流程

在管材冷加工中，冷轧和冷拉拔都是生产高精度、高表面质量和薄壁管材的主要方法。与拉拔相比，周期式冷轧法有利于发挥金属塑性的最佳应力状态，管坯在一套孔型中的变形量可高达90%以上；壁厚压下量与外径减缩率分别达70%和40%，比用冷拔方法时在两次退火间的总加工率高4~5倍。这样在生产低塑性难变形的有色金属及合金薄壁管材时，可以大大减少用拉拔生产时所不可避免的多次酸洗、退火和制夹头等工序，缩短了生产工艺流程，提高生产效率和金属收得率。但在生产塑性良好的钢管及有色合金管材以及管壁较厚的管材时，其生产率显得比拉拔法低得多；另外，冷轧管设备结构复杂，一些零部件易损坏，而且维护和保养麻烦；轧辊孔型块加工制造复杂，加工费用高，还需要专用机床等。正因如此，用冷轧、冷拔联合使用被认为是合理的工艺方案，其典型生产工艺流程如图4-85所示。

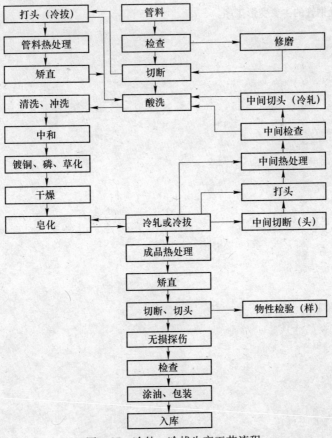

图 4-85 冷轧、冷拔生产工艺流程

世界各国都十分重视管材生产发展，其增长速度往往超过粗钢增长速度。近年来，随着价廉连铸坯作为管坯的推广使用，无缝管材成本正在不断下降，生产得到了较快的发展。品种发展的总趋势是高强韧性，高耐蚀性，以及高温强度和低温韧性。这些都促使管坯化学成分不断变化，冶炼、加工工艺不断发展。为了提高钢管的强韧性，炼钢采取了一系列措施，包括严格控制炼钢原辅料质量、脱硫、真空脱气，添加稀土金属和 Ca 等，使钢中的 MnS 变成对韧性没有影响的球状体。为了提高管材强度，降低低温脆性转变温度，多在钢中添加铌、钒等元素。还有在无缝管和焊管坯的生产中广泛采用控制轧制与控制冷却工艺。

习　题

4-1　板带钢产品的技术要求有哪些，板带钢生产过程中如何保证？

4-2　简述热轧中厚板主要生产工序和作用？

4-3　中厚板平面形状控制方法有哪些？

4-4　简述热轧板带钢生产工艺流程？

4-5　冷轧带钢生产的张力轧制的作用有哪些？

4-6　影响板形的因素有哪些？如何控制板形？

4-7　型钢分类及其轧制特点有哪些？

4-8　简述热加工无缝钢管的主要变形工序。

5 挤压与拉拔成型

5.1 挤压的基本概念和适用范围

挤压是由挤压杆（又称挤压轴）对放在挤压筒中的锭坯施加压力，使锭坯通过挤压模孔成型的一种压力加工方法。整个挤压过程包括以下工序：清理筒、装模、落锁键、送锭、放垫片、挤压、抬锁键、切压余及冷却（润滑）工具。

用挤压方法生产，可以得到品种繁多的制品，如断面形状比较简单的管、棒、型、线产品，断面形状变化的（沿制品全长断面形状发生阶段性变化）极其复杂的型材和管材。它早已用于生产有色金属的管材和型材，尤其是在轻合金（特别是铝合金）工业体系中占有特殊地位。并且由于成功地使用了玻璃润滑剂而开始用于黑色金属（钢铁）产品。这些制品广泛地应用在国民经济的各个部门中，如电力、机械制造、造船、电讯仪表、建筑、航空和航天以及国防工业等。

5.2 挤压成型的基本方法

挤压方法有许多，并且可以根据不同的特征进行分类。根据变形温度分为热挤压、冷挤压、温挤压和等温挤压；根据变形特征分为正（向）挤压、反（向）挤压，这是挤压最基本的方法，如图5-1所示，此外，还包括侧向挤压、Conform连续挤压及特殊挤压。

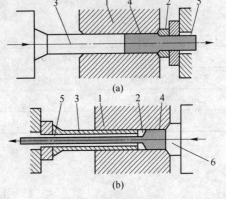

图5-1 挤压基本方法
(a) 正挤；(b) 反挤
1—挤压筒；2—模具；3—前挤压杆；
4—锭坯；5—制品；6—后挤压杆

正挤压是铝合金材料压力加工中最广泛使用的方法之一。在正挤压时，金属的流动方向与挤压杆的运动方向相同，如图5-1 (a) 所示，其最主要的特征是：挤压过程中挤压筒固定不动，锭坯在挤压杆作用下沿挤压筒内壁移动，因此锭坯与挤压筒内壁间有相对滑动，所以二者间存在着很大的外摩擦。一般，摩擦阻力占挤压力的30%~40%，导致能耗大；由于正挤压时在挤压筒壁和锭坯之间存在很大摩擦力，使金属流动不均匀，从而产生组织和性能的不均匀性，使得缩尾增长，几何废料多；挤压力比反挤压高30%~40%。但是，正挤压却具有以下优点：灵活性大；在设备结构，工具装配和生产操作等方面相对简单；制品表面质量好等。

在反挤压时，金属的流动方向与挤压杆的运动方向相反，如图5-1 (b) 所示。前挤压杆 3 是固定不动的空心挤压杆，它的前端由挤压机的前梁支承，空心挤压杆的后端与模具相接。模具 2 放在挤压筒 1 的里面，锭坯 4 放在挤压筒 1 中。后挤压杆推动锭坯和挤压筒前进，使锭坯 4 通过模具 2，可挤成制品 5。所以，实现反挤压的最基本要求是：挤压筒可动，也就是说在挤压过程中，锭坯和挤压筒间没有相对滑动。因此，具有挤压力小（通常挤压力比正挤压力小 30%～40%）；挤压速度高；金属流动均匀，制品组织性能均匀；几何废料少。但是，反挤压具有制品表面质量欠佳（常产生分层缺陷）的缺点。反向挤压主要用于铝及铝合金管材与型材、无粗晶环棒材的挤压成型。

其他的一些挤压方法，如侧向挤压主要用于电线电缆各种行业复合导线的成型，以及一些特殊包覆材料成型。Conform 连续挤压时坯料与工具表面的摩擦发热较为显著，因此，对于低熔点的铝及铝合金，不需进行外部加热即可使变形区的温度上升至 400～500℃而实现热挤压。Conform 连续挤压适合于铝包钢电线等包覆材料，小断面尺寸的铝及铝合金线材、管材、型材的成型。

采用不同的挤压方法对挤压过程、产品质量和生产效率等都有着极大的影响。各种挤压方法在生产铝及铝合金管、棒、线材中的应用见表 5-1。

表 5-1　各种挤压方法在生产铝及铝合金管、棒、线材中的应用情况

挤压方法	制品种类	所需设备特点	对挤压工具要求
正挤压法	棒材	不带有穿孔系统的棒材挤压机	普通挤压工具
	管材、棒材	不带有穿孔系统的棒材挤压机	舌形模、组合模或随动针
		带有穿孔系统的管、棒材挤压机	固定针
		带有穿孔系统的管、棒材挤压机	专用工具
		带有长行程挤压筒的棒材挤压机	专用工具
		带有长行程挤压筒，有穿孔系统的管、棒材挤压机	专用工具
反挤压法	管材、棒材	专用反挤压机	专用工具
正反向联合挤压法	管材、棒材	带有穿孔系统的管、棒材挤压机	专用工具
Conform 连续挤压	管材	Conform 挤压机	专用工具
冷挤压	高精度管材	冷挤压机	专用工具

5.3　挤压成型的特点

随着科学技术的不断进步和国民经济的飞速发展，使用部门对轻合金产品的尺寸、精度、形状、表面粗糙度等质量指标提出了新的要求，采用挤压生产轻合金产品比用轧制、锻造等其他压力加工方法有更好的优越性和可靠性。对于重有色金属材料（特别是铜合金），挤压也是生产管材、棒材的主要方法。此外，由于成功地使用玻璃润滑剂，挤压方法也用于生产钢铁制品。尤其在生产薄壁和超薄壁的复杂断面管材、型材以及脆性材料方面，有时候挤压是唯一可行的办法。

　　作为生产管、棒、型材以及线坯的挤压法与其他加工方法，如型材轧制和斜轧穿孔相比具有以下优点：

　　（1）具有比轧制更为强烈的三向压应力状态，金属可以发挥其最大塑性。因此可以加工用轧制或锻造加工有困难甚至无法加工的金属材料。对于要进行轧制或锻造的脆性材料，如钨和钼等，为了改善其组织和性能，也可采用挤压法先对锭坯进行开坯。

　　（2）挤压法不只可以在一台设备上生产形状简单的管、棒和型材，而且还可以生产断面极其复杂的，以及变断面的管材和型材。这些产品一般用轧制法生产非常困难，甚至是不可能的，或者虽可用滚压成型、焊接和铣削等加工方法生产，但是很不经济。

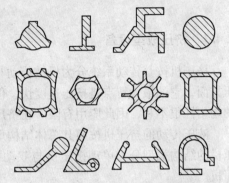

图 5-2　典型挤压材的横截面形状

　　用挤压法生产的典型挤压材的横截面形状如图 5-2 所示。

　　（3）具有极大的灵活性。在同一台设备上能够生产出很多的产品品种和规格。当从一种产品或规格改换成另一种产品或规格的制品时，操作极为方便、简单，只需要更换相应的模具即可。挤压法除了可生产实体金属制品外，还可以生产金属粉末、颗粒挤压型材，及生产双金属、多层金属以及复合材料等制品。

　　（4）产品尺寸精确，表面质量高。热挤压制品的精确度和粗糙度介于热轧与冷轧、冷拔与机械加工之间。

　　（5）实现生产过程自动化和封闭化比较容易。目前建筑铝型材的挤压生产线已实现完全自动化操作，在生产一些具有放射性的材料时，挤压生产线比轧制生产线更容易实现封闭化。

　　挤压法在具有上述优点的同时，还存在以下缺点：

　　（1）金属的固定废料损失较大。在挤压终了时要留压余且有挤压缩尾，在挤压管子时还有穿孔料头的损失。压余量一般可占锭坯重量的 10%~15%；此外，正挤压时锭坯长度受到一定限制，一般锭长与直径之比不超过 3~4；不能通过增大锭坯长度来减少固定的压余损失，故成品率较低。而用轧制法生产时没有此种固定废料，轧件的切头尾损失仅为锭重的 1%~3%。

　　（2）加工速率低。由于挤压时的一次变形量和金属与工具间的摩擦都很大，且塑性变形区又完全为挤压筒所封闭，使金属在变形区内的温度升高，从而有可能达到某些合金的脆性区温度，会引起挤压制品表面出现裂纹或开裂而成为废品。因此，金属流出速度受到一定限制。而在轧制时，由于道次变形量和摩擦都比较小，因此生成的变形热和摩擦热均不大。在此条件下，金属由塑性区温度升高到脆性区温度的可能性非常小，所以一般金属的轧制速度实际上不受限制。此外，在一个挤压周期中，由于有较多的辅助工序，占用时间较长，生产率比轧制低。

　　（3）沿长度和断面上制品的组织和性能不够均一。这是由于挤压时，锭坯内外层和前后端变形不均匀所致。

　　（4）工具消耗较大。挤压法的突出特点就是工作应力高，可达到金属变形抗力的 10

倍。挤压垫上的压力平均为 400~800MPa，甚至更高。此外，在高温和高摩擦的作用下，使得挤压工具的使用寿命比轧辊低很多。同时，由于加工制造挤压工具的材料皆为价格昂贵的高级耐热合金钢，所以对挤压制品的成本有较大影响。

5.4 挤压成型设备及工具

5.4.1 挤压成型设备

挤压机按其传动系统分为机械传动与液压传动两类。机械挤压机曾用于挤压钢和冷挤压方面，它的最大特点是挤压速度快，但挤压速度是变化的，这对工具的寿命和制品性能的均匀性很不利，因此应用有限。在挤压领域中使用最为广泛的是液压传动的挤压机。

液压传动的挤压机按照其总体结构形式分为卧式挤压机与立式挤压机两大类，按照挤压机的结构类型分为单动挤压机与双动挤压机，按照挤压方向分为正向挤压机和反向挤压机。

（1）卧式挤压机与立式挤压机。卧式挤压机主要工作部件的运动方向与地面平行，其结构如图 5-3 所示。根据挤压机的用途和结构的不同，又可将卧式挤压机分为棒型挤压机和管棒挤压机。两者的主要区别是后者有独立的穿孔系统。棒型挤压机主要用在实心断面的制品，也可用空心锭或者组合模生产空心断面的制品。在管棒挤压机上，因有独立的穿孔系统，既可以用实心锭生产棒、型和管材，也可用空心锭生产管材。

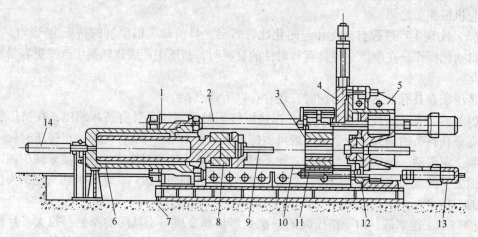

图 5-3 25MN 卧式棒型挤压机（无独立穿孔系统）

1—后机架；2—张力柱；3—挤压筒；4—残料分离剪；5—前机架；6—主缸；7—基础；8—挤压活动横梁；9—挤压杆；
10—斜面导轨；11—挤压筒座；12—模座；13—挤压筒移动缸；14—加力缸（副缸）主柱塞返回缸

卧式挤压机的优点有：操作、监测和维修均较方便；易实现机械化与自动化；减少建筑施工难度和投资；同时制品的规格不受限制，普遍适用于所有规格、各种合金制品的挤压。但是，卧式挤压机的运动部件易磨损，难以保持精度，某些部件因热膨胀而改变正确的位置，因而易导致挤压机中心失调，使管材壁厚不均或型材挤压时流动不均匀，此外，占地面积较大。

立式挤压机主要部件的运动方向和出料方向与地面垂直，其结构如图 5-4 所示。

立式挤压机分为带独立穿孔系统的和无独立穿孔系统的两种。前一种可用实心锭进行穿孔挤压，管子偏心小，而且内表面质量高。但是这种结构较复杂，操作也较麻烦，应用不广泛。后一种形式的挤压机必须用空心锭，可是当锭坯加热设备不完善时，会使其内孔氧化，造成管子内表面质量变劣。因无独立穿孔系统的挤压机结构简单、操作方便和机身不高等优点，所以应用最广泛。

立式挤压机占地面积小，但要求较高的厂房和较深的地坑，后者是为了保证挤出的管子平直和圆整，以便随后的酸洗、冷轧或芯头拉拔等。采用立式挤压机挤压时，因运动部件垂直地面移动，所以磨损小，部件受热膨胀后变形均匀，挤压机中心不易失调，管子偏心很小。挤压机的能力较小，主要用作生产尺寸不大的管材和空心制品。

（2）单动挤压机与双动挤压机。单动式挤压机无独立穿孔系统，适于挤压实心型材与棒材；使用空心锭与随动针，或使用实心锭与组合模，亦可挤压管材与空心型材。双动式挤压机具有独立穿孔系统，一般用于挤压管材；更换实心的挤压杆与挤压垫亦可挤压型材与棒材。

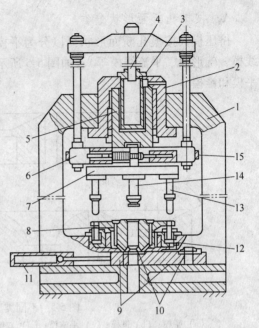

图 5-4　6MN 立式挤压机

1—机架；2—主缸；3—主柱塞回程缸；4—回程缸
3 的柱塞；5—主柱塞；6—滑座；7—回转盘；
8—挤压筒；9—模支承；10—模子；11—模座移
动缸；12—挤压筒锁紧缸；13—挤压杆；
14—冲头；15—滑板

（3）正向挤压机与反向挤压机。正向挤压机是应用最为普遍的挤压机类型，已使用于所有挤压过程挤压各种制品。在挤压条件相同时，反向挤压机相对于正向挤压机可节能20%～40%，制品质量、成品率和生产率均较高。但是，由于制品规格受工具强度限制，对锭坯表面质量要求高，操作较复杂，国内外使用反向挤压机尚不如正向挤压机广泛。

5.4.2　挤压成型工具

挤压成型工具主要包括：模子、穿孔针（用于实心锭挤压管材）或芯棒（用于空心锭挤压管材）、挤压垫、挤压杆和挤压筒。此外，还包括其他一些配件如模支承、模环、支承环、副支承环、压力环、冲头、针座和导路等。挤压工具的工作条件极为繁重和恶劣，工作中承受着长时间的高温、高压及高摩擦，因此挤压工具的使用寿命较短，而材质又必须用高级耐热合金钢，使得生产成本增加。所以，正确地设计工具的结构、尺寸，合理选用工具材料是实现高产、优质、低耗所必须解决的问题之一。

5.4.2.1　模子

模子的作用是控制制品的尺寸和形状。挤压模具的分类有多种，一般按模孔断面形状和模具结构形式两个方面进行分类。

A 按模孔断面形状分类

挤压模具按模孔断面形状可以分为平模、锥模、平锥模、双锥模及特殊模具（如流线模、碗形模、平流线模等），如图5-5所示。其中在生产中最基本的和使用最广泛的是平模和锥模。

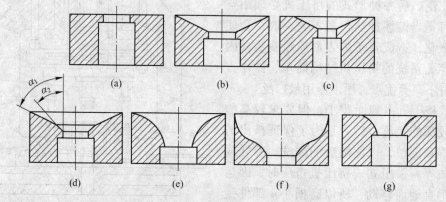

图5-5 不同类型的模孔断面形状

（a）平模；（b）锥模；（c）平锥模；（d）双锥模；（e）流线模；（f）碗形模；（g）平流线模

模子的主要参数如图5-6所示，其中模角 α 是模子的最基本的参数之一，是指模子的轴线与其工作端面间所构成的夹角。

平模：模角为90°，挤压时存在死区，形成自然模角，一般取60°。平模挤压制品表面质量好，但挤压时的挤压力大、能耗多，一般适合于表面质量较高的挤压产品。

锥模：模角一般为55°~70°，挤压时流动均匀，挤压力比平模的小，但制品表面质量差，适于大规格管材和难变形合金管棒型材挤压。

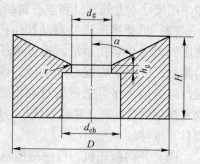

图5-6 模子的结构尺寸图

平锥模：工作面由平面和锥面组成，兼有平模和锥模的优点，适于钢和钛合金挤压。

双锥模：工作面由两段锥面组成，锥角 α_1 和 α_2 分别为60°~65°和10°~15°，挤压时流动均匀，适于铜、镍、铝合金管材挤压。

流线模：模孔呈流线形，金属变形均匀，适合于钢和钛合金的挤压。

碗形模：模孔呈碗形，适合于铝合金的润滑挤压和无压余挤压。

平流线模：模孔介于平模和流线模之间，兼有平模和流线模优点，适用于钛合金和钢的挤压。

B 按模具结构形式分类

挤压模具按模具结构形式分为整体模、可拆卸模、组合模、镶嵌模及专用模具等结构类型。

（1）整体模。模具为一完整模坯加工制造成的挤压模具，广泛用于挤压实心型材、棒材和管材。如图5-5所示，模具均为整体模。

（2）可拆卸模。模具为由数块模块拼装而成为一挤压模，多用于生产阶段变断面型材及逐渐变断面型材挤压，如图5-7所示。

（3）组合模。组合模根据其结构也可分为桥式组合模（简称"桥式模"或"舌形模"）、孔道式组合模（简称"分流模"）、叉架式组合模（简称"叉架模"）三种，主要用于挤压内径较小的管材以及形状复杂的空心型材。在没有独立穿孔系统的型、棒材挤压机上挤压管材时也采用这类模具。

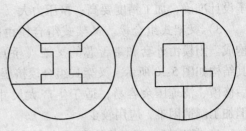

图5-7 可拆卸模的结构图

1）桥式模。桥式模又称为舌模和舌形模，将模与舌芯做成一体。根据舌芯形式不同，可分为突桥式、半突桥式和隐桥式三种，其结构如图5-8所示。该种模具结构在硬铝合金空心型材生产中应用较普遍。桥式模具有挤压力小，型材各部分流动均匀，可采用较高挤压速度等；但是采用桥式模挤压时残料大，模子强度差，且制造加工困难。

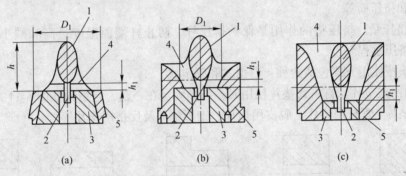

图5-8 桥式模的分类

（a）突桥式；（b）半突桥式；（c）隐桥式

1—模桥；2—舌芯；3—模子内套；4—支承柱；5—模子外套

2）孔道式组合模。孔道式组合模由阳模（上模）和阴模（下模）组成，二者用螺栓连接（有定位销）。在上模上有两个以上的分流孔，挤压时，金属被分流孔分成相同数目的几股金属流，进入焊合室，在很大压力下焊合，然后进入模孔与模芯间的间隙形成空心型材，是实际中应用的最广泛的一种组合模。具体结构如图5-9所示。

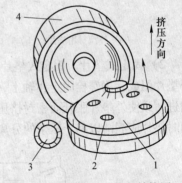

图5-9 孔道式组合模的结构图

1—上模；2—孔道；3—制品；4—下模

孔道式组合模具有以下优点：容易加工制造，特别是对多孔复杂型材更显得优越，模具成本低，可拆卸，残料分离容易，生产效率高；残料小，成品率较高；既能生产多孔型材，也可以一模多孔，同时挤压数根空心型材，此外还能实现多块铸锭连续挤压；在同一规格挤压筒条件下，可生产较大外形尺寸的型材；模具强度高，比突桥式高30%。

但是孔道式组合模具有以下缺点：挤压的型材具有2~4条甚至多条焊缝，在很多情况下，其生产的制品受此影响，不能用在重要结构上；生产过程中无法修模，因此要求模子设计准确,加工精度要高;挤压力大。

3)叉架式组合模。叉架式组合模由阳模和阴模构成。阳模由外套和带舌芯的叉架(桥)装配而成,其结构如图 5-10 所示。叉架式组合模挤压力小,挤压后修模、清理压余容易,适于生产大尺寸空心型材,但加工制造困难,应用较少。

4)镶嵌模。模具为由硬质金属或其他材料作模芯与模体外套热装配而成的挤压模,一般用于钢材和难变形合金的挤压。

图 5-10 叉架式组合模的结构图
1—叉架;2—下模;3—制品

5.4.2.2 其他工具

挤压成型时的其他工具包括挤压垫、挤压杆、穿孔针(用于实心锭挤压管材)或芯棒(用于空心锭挤压管材)和挤压筒等。

(1)挤压垫。挤压垫的作用是保护挤压杆,防止杆端面温度过高和减小杆的磨损,还可改善挤压过程。

挤压垫按使用方式包括两种:自由式和固定式。

1)自由式垫片。自由式垫片使用时不与轴固定在一起,且结构如图 5-11 所示,包括棒型材用垫片、管材用垫片、脱皮用垫片、锥形垫片及反挤用垫片等。

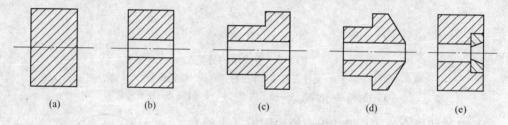

图 5-11 自由式垫片的结构图
(a)棒型材用垫片;(b)管材用垫片;(c)脱皮用垫片;(d)锥形垫片;(e)反挤用垫片

2)固定式垫片。固定式垫片使用时与轴固定在一起,如图 5-12 所示,分别由内垫片和外垫片组成,用螺栓固定在轴上,内垫片比外垫片凸出 1mm 左右。挤压时,内垫片受力而缩进,致使外垫片胀开而密封挤压筒;挤压后,内垫片凸出推动压余,外垫片恢复原状。使用时垫片应润滑以利于压余的分离,一般用于挤低温合金如铝合金,否则垫片过热。

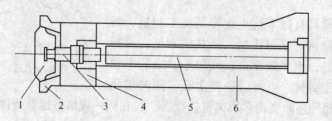

图 5-12 固定式垫片
1—内垫片;2—外垫片;3—螺栓;4—连杆头;5—连杆;6—挤压杆

(2)挤压杆。挤压杆的作用为传递挤压力,分为实心杆和空心杆,其结构如图 5-13

所示。实心杆用于正挤压棒、型材,反挤压大尺寸管材,空心锭挤压管材。空心杆用于正压挤管材,反挤压棒、型、管材。为节约材料,有时也做成过盈装配式杆,即杆身用高强度钢,支座用一般钢。

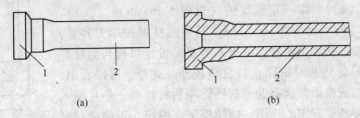

(a)

(b)

图 5-13　挤压杆的结构图
(a) 实心杆;(b) 空心杆
1—支座;2—杆身

(3) 穿孔针。穿孔针的作用是对坯料穿孔,控制制品内表面质量和尺寸精度。常用的有圆柱式针、瓶式针和浮动式针三种,其结构如图 5-14 所示。

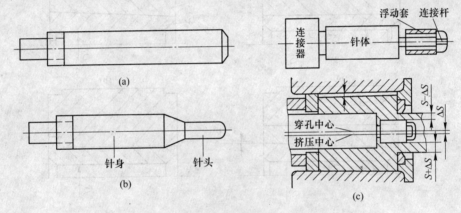

图 5-14　穿孔针的结构图
(a) 圆柱式;(b) 瓶式;(c) 浮动式

1) 圆柱式针。工作部分为圆柱形,沿轴向上有稍许锥度,其目的是有利于穿孔;减少金属流动时作用在针上的摩擦力(引起拉应力);挤压后易退出。对于固定不动的针,只在针的前端一段有锥度,而随动针在整个长度上都带锥度。

2) 瓶式针。由针头和针身两部分组成,工作时针头部分与模孔配合控制制品的内径尺寸和精度,粗的针身部分提高强度。具有以下特点:抗弯强度高,挤出制品的同心度好;可防止垫片划伤针头(工作部分)表面,因此能提高内表面质量;粗的针身部分承载能力高,针的使用寿命长;主要用于挤压内径小于 $20 \sim 30 \text{mm}$ 的管材。

3) 浮动式针。由针头、连接器、浮动套和连接杆组成,其主要特点是能自动纠正管材的偏心。纠正管材偏心的原理是采用浮动针挤压时由于不能填充,导致穿孔针偏离挤压中心线,结果浮动套与模孔所形成的环形截面(缝隙)不均匀,缝隙小处流动阻力大,静压力大,迫使浮动套向流动阻力小、静压力小的一侧移动,直至缝隙均匀。

(4) 挤压筒。挤压筒是所有挤压工具中最贵重的部件,可以容纳金属,其结构如图5-15 所示。一般由二层或三层过盈热装组成,分别称为内套、中套和外套,目的是使筒壁中的应力分布均匀（降低筒壁中的应力峰值）；筒磨损后只需更换内套，不必更换整个挤压筒，可节约材料。

　　如图 5-16 所示，各套之间的配合有多种类型，可以是圆柱形的（见图 5-16（a））、带一定锥度的（见图 5-16（b）、（c）），也可以是带止口的（见图 5-16（d））。其中圆柱形衬加工容易，但更换困难；锥形衬加工困难，但更换容易；带止口衬与圆柱形衬基本相同，只是热装时依靠止口自动找准。此外，可以看出，内套两端面均做成锥面，这有助于挤压时顺利将坯料、垫片推入挤压筒，更重要的是起定心作用，即使模子在模座靠近筒内衬套锥面后能准确地位于挤压中心线上，因此，这个锥面又叫定心锥。

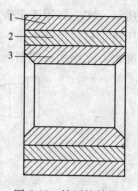

图 5-15　挤压筒结构
1—外套；2—中套；3—内套

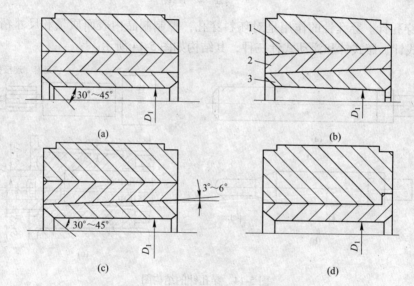

图 5-16　挤压筒各套之间的配合类型
（a）圆柱形衬；（b），（c）锥形衬；（d）带止口衬

　　一般挤压筒在挤压前要进行预热，其目的是减小坯料温降、改善坯料的温度分布，进而使流动均匀；避免筒受剧烈的热冲击，延长其使用寿命。预热温度如果过高，耐热合金钢强度损失太大；如果预热温度太低，则会加剧坯料的温降，而使坯料温度分布不均匀，同时降低了挤压筒的寿命。

　　一般挤压筒的预热温度为 350~450 ℃，其加热方法主要是采用感应加热，加热元件一般布置在外衬套中，而在强度允许的情况下，布置在中套中较有利，可使断面温度分布均匀；也有用电阻元件由筒外加热的；也可用煤气或热的坯料由筒内加热的；还有将筒放在加热炉中加热的。

5.5　挤压成型工艺

　　现代化挤压成型技术在铝及铝合金的研制生产中得到了极其广泛的应用。由于铝及铝合金棒、线材为实心制品，沿其纵向全长为等横断面形状，且尺寸精度较低，可通过挤压方式直接获得，其工艺流程较简单，如图 5-17 所示，具体工艺流程还应根据合金状态、品种、规格、质量要求、工艺方法及设备条件等因素，按具体条件合理选择、制定。

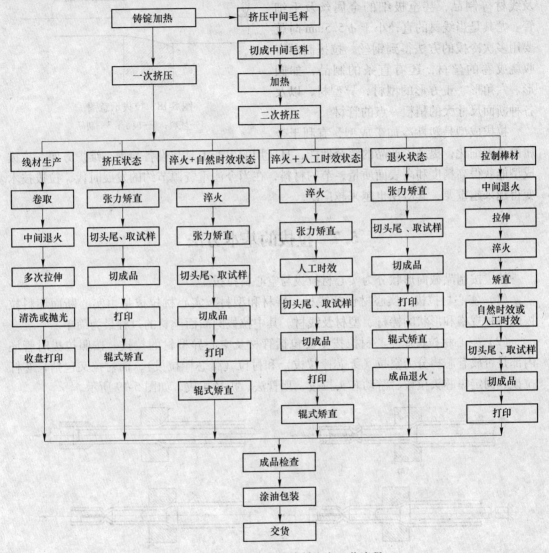

图 5-17　铝及铝合金棒线材生产工艺流程

　　铝及铝合金管材的生产方法很多，但使用的范围相差较大。如采用分流模生产的有缝管材，只能应用于对焊缝没有要求的民用管材；而对焊缝有要求的需要承受一定压力的管材，则需要采用穿孔挤压方式生产无缝管材。对尺寸精度要求高的管材，需通过轧制或拉伸的方式生产。但应用最广泛的仍是挤压。

5.6　拉拔成型的基本概念和适用范围

　　拉拔又称为拉伸，它是在外加拉拔力作用下，使金属通过面积逐渐变小的模孔，拉拔成圆形或异形断面制品的一种金属压力加工方法，如图 5-18 所示。

　　拉拔广泛用于生产管材、棒材、型材以及线材等制品，甚至极细的金属丝及毛细管。尤其是当线材的直径小于 $\phi 5.5mm$ 时就要用多次冷拔的方法得到钢丝。拉拔制品有收绕成卷的丝材，还有直条的制品，如圆形、六角形、正方形的型材，异型材，以及各种断面尺寸大的稍粗一点的管材。

　　拉拔成型是塑性冷加工成型，有利于金

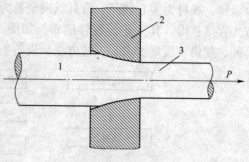

图 5-18　拉拔示意图
1—坯料；2—模子；3—制品

属的晶粒细化，提高了产品的综合性能，且所用的生产工具与设备简单，维护方便。拉拔成型能获得高精度和高表面质量，节约材料，在当今注重资源节约的发展时代，拉拔技术变得越来越重要，其应用也越来越广泛。

5.7　拉拔的基本方法

　　拉拔按制品截面形状分为实心材拉拔与空心材拉拔。

　　（1）实心材拉拔。实心材包括线材、棒材和型材。实心材拉拔是由实心断面坯料拉拔成各种规格和形状的棒材、型材及线材。其中拉拔圆断面丝材的过程最为简单。

　　（2）空心材拉拔。空心材拉拔主要包括管材及空心异型材的拉拔。按照拉拔时管坯内部是否放有芯棒分为空拉（无芯棒拉拔）和衬拉（带芯棒拉拔），而衬拉又包括长芯杆拉拔、固定短芯头拉拔、游动芯头拉拔、顶管法、扩径拉拔，如图 5-19 所示。

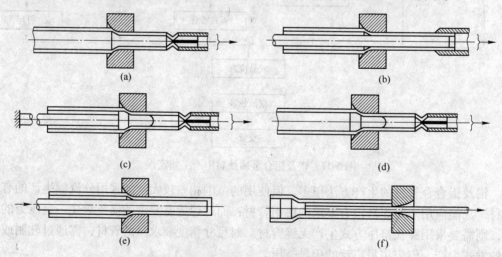

图 5-19　管材拉拔的基本方法
（a）空拉；（b）长芯杆拉拔；（c）固定芯头拉拔；（d）游动芯头拉拔；（e）顶管法；（f）扩径法

　　1）空拉。拉拔时管坯内部不放置芯头，通过模子后外径减缩，管壁一般略有变化，依据变形条件的不同，到达出口端，管材的最终壁厚可发生增壁、减壁和壁厚不变三种情况，如图 5-19（a）所示。经多次空拉的管材，内表面粗糙，严重者产生裂纹。

2）长芯杆拉拔。管坯中套入长芯杆，拉拔时芯杆随同管坯通过模子，实现减径和减壁，如图 5-19（b）所示。与固定短芯头相比：拉伸力小，下降 15%～20%；允许采用较大延伸系数。

3）固定短芯头拉拔。此法在管材拉拔中应用最为广泛，如图 5-19（c）所示。拉拔时将带有短芯头的芯杆固定，管坯通过模孔实现减径与减壁，且提高了管材的力学性能及表面质量。该方法的特点是拉拔力比空拉大；管子变形比较均匀；易产生（管子内表面）明暗交替环状纹络和纵向壁厚不均。

4）游动芯头拉拔。拉拔时借助于芯头所特有的外形建立起来的力平衡使它稳定在变形区中，并和模孔构成一定尺寸的环状间隙，如图 5-19（d）所示。此法较为先进，非常适用于长度较大且能成卷的小管。该方法具有拉拔速度高，道次变形量大，改善小直径管材的内表面质量，可降低拉拔力 2.5%～3%，可生产薄壁大直径管材等优点。但与固定短芯头拉拔相比，游动芯头拉拔的工艺条件与技术水平要求较高。

5）顶管法。此法又称为艾尔哈特法，将长芯杆套入带底的管坯中，靠施加在顶杆上的顶力，操作时管坯连同芯杆一同由模孔中顶出，从而对管坯外径和内径的尺寸进行加工，如图 5-19（e）所示。该方法用于生产大直径管。

6）扩径法。管坯通过扩径后，直径增大，壁厚和长度减小，如图 5-19（f）所示。这种方法主要是在设备能力受到限制而不能生产大直径的管材时采用。芯头的直径大于管坯直径，靠芯头运动把管坯直径扩大。

拉拔过程一般皆在冷状态下进行，但对一些在室温强度高，塑性极差的金属材料如某些合金钢、铍、钨、钼等，常采用温拔。此外，对于具有六方晶格的锌和镁合金，为了提高其塑性，也须采用温拔。

5.8 拉拔成型的特点

与其他加工方法相比，拉拔方法具有制品尺寸精确，表面精度高；工具设备简单，产品品种、规格多；适用于高速连续生产小断面长制品，如线材、管材的盘拉。但是拉拔也具有一些缺点，如每道次变形量不能过大，两次退火间总变形量也不宜过大，否则会拉断制品，从而使拉拔道次增多，中间退火、酸洗次数增多，制作夹头（打头）的次数增多，成品率、生产率降低、能量消耗较大。

5.9 拉拔成型设备及工具

5.9.1 拉拔成型设备

5.9.1.1 管棒材拉拔机

管棒材拉拔机有各种各样的形式，如表 5-2 所示，可以按拉拔装置分类，也可以按拉拔管棒材同时拉的根数分类。目前应用最广泛的是链式拉拔机，比较先进的是棒材连续拉拔矫直机列和圆盘式管材拉拔机。

表5-2　管棒材拉拔机分类

项　目	按拉拔装置不同分类	按同时拉拔的根数分类
管棒材拉拔机	链式拉拔机 齿条式拉拔机 带有两侧链带的拉拔机 模子移动式拉拔机 液压传动式拉拔机 连续拉拔矫直系列 圆盘式拉拔机	单线拉拔机 双线拉拔机 三线拉拔机 多线拉拔机

（1）链式拉拔机。链式拉拔机是指拉拔时夹住金属头部进行拉拔，拉拔小车是由链轮链条系统传动的拉拔机。包括单链单机、单链双机和双链拉拔机三种类型。

链式拉拔机的结构和操作简单、适应性强，管、棒、型材皆可在同一台设备上拉拔，它是目前生产中应用最为普遍的设备，其结构如图5-20所示。

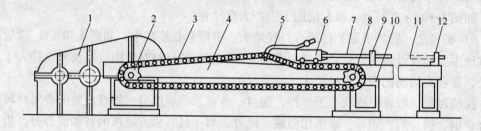

图5-20　链式拉拔机示意图

1—电动机与减速机；2—主动链轮；3—链条；4—机架；5—挂钩；6—小车；7—制品；
8—从动链轮；9—模座；10—机座；11—固定芯头与芯杆；12—尾架

链式拉拔机的拉拔力目前最大已达4.0MN以上，机身长度一般可达50~60m，个别已达到120m，拉拔速度通常是120m/min，最高的已达190m/min，拉拔小车返回速度已高达360m/min。为了提高拉拔机的生产能力，目前拉拔机正向着多线、高速、自动化方向发展。目前，常用的链式拉拔机系列如表5-3所示，采用的高速双链式拉管机性能如表5-4所示。

表5-3　链式拉拔机系列的主要技术参数

种类	拉拔机性能	拉拔机能力/MN								
		0.02	0.05	0.10	0.20	0.30	0.50	0.75	1.00	1.50
管材拉拔机	拉拔速度范围/m·min^{-1}	6~48	6~48	6~48	6~48	6~25	6~15	6~12	6~12	6~9
	额定拉拔速度/m·min^{-1}	40	40	40	40	40	20	12	9	6
	拉拔最大直径/mm	20	30	55	80	130	150	175	200	300
	拉拔最大长度/m	9	9	9	9	9/12	9	9	9	9
	小车返回速度/m·min^{-1}	60	60	60	60	60	60	60	60	60
	主电机功率/kW	21	55	100	160	250	200	200	200	200

续表 5-3

种类	拉拔机性能	拉拔机能力/MN								
		0.02	0.05	0.10	0.20	0.30	0.50	0.75	1.00	1.50
棒材拉拔机	拉拔速度范围/m·min⁻¹			6~35	6~35	6~35	6~35	6~35		
	额定拉拔速度/m·min⁻¹			25	25	25	25	15		
	拉拔最大直径/mm			35	65	80	80	110		
	拉拔最大长度/m			9	9	9	9	9		
	小车返回速度/m·min⁻¹			60	60	60	60	60		
	主电机功率/kW			55	100	160	160	160		

表 5-4 高速双链式拉管机基本参数

项 目		额定拉拔机能力/MN					
		0.20	0.30	0.50	0.75	1.00	1.50
额定拉拔速度/m·min⁻¹		60	60	60	60	60	60
拉拔速度范围/m·min⁻¹		3~120	3~120	3~120	3~120	3~100	3~100
小车返回速度/m·min⁻¹		120	120	120	120	120	120
拉拔最大直径/mm	黑色金属	30	40	50	60	80	90
	有色金属	40	50	60	75	85	100
最大拉拔长度/m		30	30	25	25	20	20
拉拔根数		3	3	3	3	3	3
主电机功率/kW		125×3	200×2	400×2	400×2	400×2	630×2

（2）联合拉拔机列。对于 $\phi 4 \sim 95mm$ 的管材、$\phi 3 \sim 40mm$ 的棒材或型材，则趋向于将拉拔、矫直、切断、抛光以及探伤等组合在一起形成一机列，具有提高管棒、材的生产效率及制品质量等。

1）联合拉拔机列的结构。棒材联合拉拔机列由轧尖、预矫直、拉拔、矫直、剪切和抛光等部分组成，每一工步的实现分别是由轧头机、预矫直装置、拉拔机构、矫直与剪切机构及抛光机完成，其结构如图 5-21 所示。我国引进的部分联合拉拔机列的主要技术性能列于表 5-5。

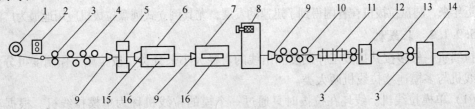

图 5-21 DC-SP-1 型联合拉拔机示意图

1—放料架；2—轧尖机；3—导轮；4—预矫直辊；5—模座；6，7—拉拔小车；8—主电动机和减速机；9—导路；10—水平矫直辊；11—垂直矫直辊；12—剪切装置；13—料槽；14—抛光机；15—小车钳口；16—小车中间夹板

表 5-5 联合拉拔机的主要技术性能

技 术 性 能	DC-SP-Ⅰ型	DC-SP-Ⅱ型	DS-SP-Ⅰ型
圆盘外形尺寸/mm	外径1000，内径950	外径1200，内径950	
材质	高合金钢	高合金钢	
盘料最大重量/kg	400	400	
原材料抗拉强度/MPa	<980	<980	
硬度 RC	30~20	30~20	
成品尺寸/mm	ϕ5.5~12	ϕ9~25	
直径误差/mm	<0.1	<0.1	与 DC-SP-Ⅰ型
成品剪切长度/m	3.3~6	2.3~6	相同
成品剪切长度误差/mm	±15	±15	
拉拔速度/mm·min^{-1}	高速40，低速32	高速30，低速22.5	
拉拔力/kN	高速29.4，低速34.3	高速76.4，低速98	
夹持能力/kN		196.1	
夹持规格/mm		ϕ9~25	
夹持行程/mm		最大60	

2）联合拉拔机列的特点：

①机械化、自动化程度高，所需生产人员少，生产周期短，生产效率高；

②产品质量好，表面粗糙度可以达到1.6、弯曲度最高达到0.02mm/m；

③设备重量轻，结构紧凑，占地面积小；

④矫直部分和抛光部分不容易调整；凸轮浸在油槽中，运动中会漏油。

（3）圆盘拉拔机。圆盘拉拔机具有生产效率高，能充分发挥游动芯头拉拔新工艺的优越性，专供游动芯头拉管使用的圆盘拉拔机必须防止管材缠绕在卷筒上时变椭圆，因此卷筒直径较大，结构较复杂，并往往配备其他专用设备组成一个完整机列，以实现操作自动化和机械化。

表示圆盘拉拔机能力大小的指标：一般适用绞盘（卷筒）的直径。圆盘拉拔机特别适用于紫铜、铝等塑性良好的管材。圆盘拉拔机不太适用于需经常退火、酸洗的高锌黄铜管。圆盘拉拔机有两种结构形式，一般分为卧式和立式两大类，如图5-22所示。

近年来，圆盘拉拔机在各国得到了迅速的发展，尤其倒立式圆盘拉拔机应用地最为广泛。

5.9.1.2 拉线机

拉线机一般多按其拉拔工作制度和出线的直径大小来分类。按拉拔工作制度可分为单模拉线机与多模连续拉线机两大类。

（1）单模拉线机。线坯在拉拔时只通过一个模的拉线机称为单模拉线机。根据其卷筒轴的配置又分为立式和卧式两种。为了进一步提高生产效率，使拉线机不停车，采用了上卷和卸卷连续自动化。例如电线的生产采用了如图5-23所示的拉拔、中间退火、表面处理等连续自动生产线。

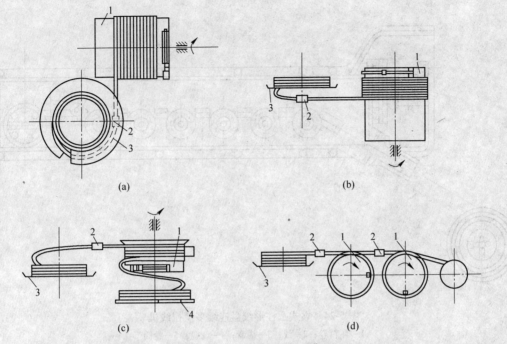

图 5-22　各种圆盘拉拔机示意图

（a）卧式；（b）正立式；（c）侧立式；（d）几个工作线筒

1—卷筒；2—拉拔；3—放料架；4—受料盘

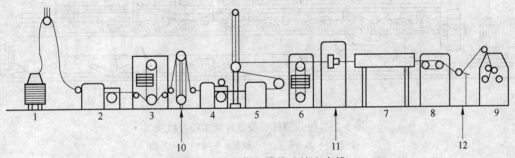

图 5-23　铝电信电缆线连续生产线

1—线坯；2，4—模；3，6—感应加热；5—洗净；7—冷却；8—牵引辊；9—卷筒；10—空冷；11—塑料绝缘；12—张紧辊

（2）多模连续拉线机。多模连续拉线机又称为多次拉线机，其工作特点是线材在拉拔时连续同时通过多个模子，而在每两个模子之间有绞盘。线以一定的圈数缠绕于其上，借以建立起拉拔力。根据在拉拔时线与绞盘间的运动速度关系又可分为滑动式多模连续拉线机与无滑动式多模连续拉线机。

1）滑动式多模连续拉线机。其特点是除最后的收线盘外，线与绞盘圆周的线速度不相等，存在着滑动。

滑动式多模连续拉线机主要用于铜、铝线拉拔方面，但是在拉拔钢、不锈钢以及铜合金等细线时也常用。

滑动式多模连续拉线机按其绞盘的结构、布置形式以及润滑方式大致可分以下几种：立式圆柱形绞盘连续多模拉线机、卧式圆柱形绞盘连续多模拉线机、卧式塔形绞盘连续多模拉线机、多头连续多模拉线机，其结构图分别如图 5-24～图 5-27 所示。

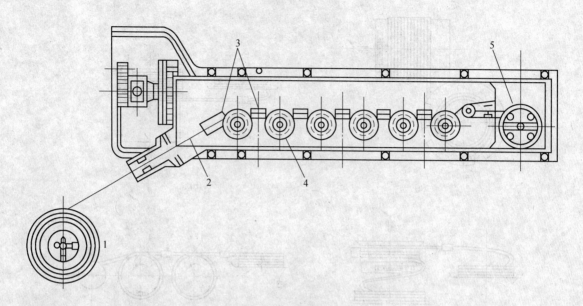

图 5-24　立式圆柱形绞盘连续多模拉线机
1—坯料卷；2—线；3—模盒；4—绞盘；5—卷筒

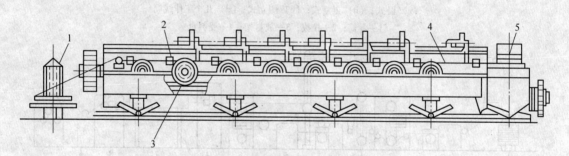

图 5-25　卧式圆柱形绞盘连续多模拉线机
1—坯料卷；2—模盒；3—绞盘；4—线；5—卷筒

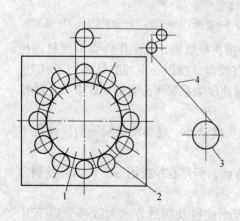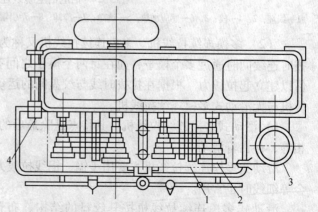

图 5-26　圆环形串联连续 12 模拉线机
1—模；2—绞盘；3—卷筒；4—线

图 5-27　塔形绞盘连续拉线机
1—模；2—绞盘；3—卷筒；4—线

2）无滑动多模连续拉线机。在拉拔时，线与绞盘之间没有相对滑动。

按其工作特点，一般可分为储线式和非储线式两种。其结构图分别如图 5-28~图 5-30 所示。

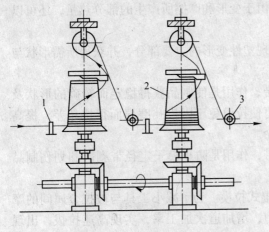

图 5-28　储线式无滑动多模连续拉线机

1—模；2—绞盘；3—导轮

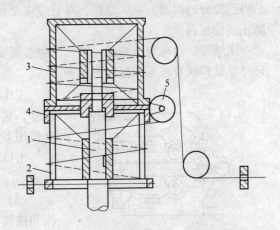

图 5-29　双绞盘式拉线机结构示意图

1—轴；2—下绞盘；3—上绞盘；4—摩擦环；5—导轮

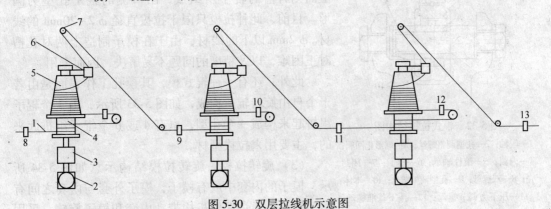

图 5-30　双层拉线机示意图

1—线坯；2—电动机；3—减速机；4—下绞盘；5—上绞盘；6—滑环；7—导轮；8~13—模子

5.9.2　拉拔成型工具

拉拔工具主要是指拉模（模子）、芯头/芯杆。

5.9.2.1　模子

拉拔时，实现金属变形的工具称为拉拔模。拉拔模的作用是使金属产生塑性变形并获得模孔形状和尺寸，分为普通拉模、辊式拉模和旋转拉模。

（1）普通拉模。普通拉模根据模孔纵断面形状可分锥形模和弧线形模两种，如图 5-31 所示。弧线形模一般只用于直径小于 1.0mm 细线的拉拔。

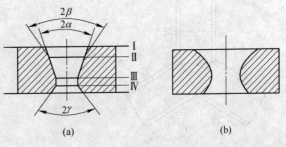

图 5-31　模孔的几何形状

Ⅰ—润滑带；Ⅱ—压缩带；Ⅲ—定径带；Ⅳ—出口带

而拉拔管、棒、型及粗线时，普遍采用锥形模。锥形模的模孔一般可分四个带，即润滑带、压缩带、定径带和出口带。

润滑带，也称为入口锥、润滑锥，其作用是在拉拔时便于润滑剂进入模孔，以保证制品得到充分的润滑，减少摩擦，并且带走金属由于变形和摩擦所产生的部分热量，还可以防止划伤坯料。

压缩带，也称为压缩锥，其作用是金属实现塑性变形的主要部分，并获得所需形状与尺寸，其形状有锥形和弧线形两种。

工作带，作用是使制品获得稳定而精确的形状及尺寸，它可使拉模免于因模孔磨损而很快超差，提高其使用寿命。

出口带，作用是防止模子定径带剥落和划伤制品表面。

（2）辊式拉模。为了减小工具与被拉金属间的摩擦和拉拔力，增加道次加工率，实现高速拉拔，出现了辊式拉拔模（见图 5-32）。它们由相互垂直安放、上面刻有槽的辊子所组成，出口侧的辊子孔型为圆形。目前，此种拉模只限于拉拔直径 $\phi 2\sim20\text{mm}$ 的线材。$\phi 2\text{mm}$ 以下的线材，由于在模子制造上两对孔槽对正困难，以及精度的问题不易解决，因而未用。

此外，还有一种辊式模，其模孔工作表面是由若干个自由旋转辊所构成，如图 5-33 所示，由 3 个辊子组拼起来构成一个孔型，也有 4 或 6 个辊子组拼起来的，主要用来拉拔型材。

（3）旋转拉模。旋转拉模结构示意如图 5-34 所示，模子的内套中放有模子，模子外套与内套之间有滚动轴承，通过涡轮机构带动内套和模子旋转。采用旋转模拉拔，可以使模面压力均匀分布，延长其使用寿命。其次，可以减小线材的椭圆度，故近来用在连续拉线机的成品模上。

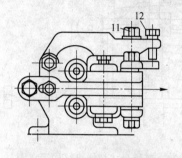

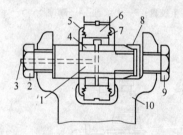

图 5-32　辊式拉模结构图

1—辊轴；2—孔型调整螺丝；3—球形止回阀；4—内圈；5—滚柱轴承；6—辊子；7—闭封壳；8—双螺母；9—孔型调整螺丝；10—本体；11—压下力调节螺丝；12—压下基准螺丝

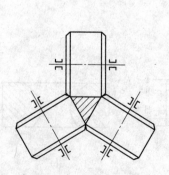

图 5-33　用于生产型材的
辊式拉模示意图

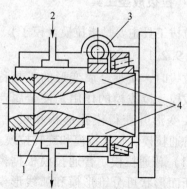

图 5-34　旋转拉模示意图

1—模子；2—冷却水；3—旋转装置；4—旋转部分

5.9.2.2　芯头

（1）固定短芯头。根据芯头在芯杆上的固定方式，芯头可制成实心的和空心的，如图 5-35 所示。芯头的形状可以是圆柱形的，也可以略带 0.1～0.3mm 的锥度。

（2）游动芯头。游动芯头与拉模的形状，如图 5-36 所示。芯头的形状包括芯头锥角和芯头各段长度与直径。游动芯头的锥角 $\alpha_1 \leqslant \alpha$，一般游动芯头的锥角 α_1 比模具的锥角 α 小 1°～3°。

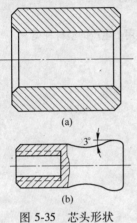

图 5-35　芯头形状

（a）圆柱形芯头；（b）锥形芯头

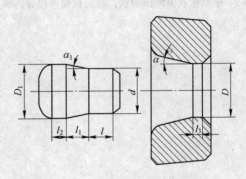

图 5-36　游动芯头与拉模的主要形状

5.10　拉拔成型工艺

一般坯料需要几次拉拔才能获得所需要的外形尺寸、力学性能和表面质量的优良产品。其生产工艺流程：

坯料准备→酸洗→轧头→拉拔→退火→酸洗→精整→检验→入库。

一般拉拔材的坯料通常是轧制材、挤压材和锻压材。酸洗工序的目的是去除拉拔制品表面因热处理而产生的氧化皮及存放期间产生的铁锈。轧头的目的是将坯料头部打细，便于坯料穿过拉拔模孔。退火工序的目的是减小坯料的加工硬化，恢复材料的塑性。精整工序是为了使拉拔制品的尺寸达到成品尺寸的要求。

线材和拉制棒材因尺寸精度高，通过挤压方式获得的尺寸精度无法满足成品要求，需进行后续冷加工工艺，通过拉伸模控制最终的产品尺寸精度，其生产工艺流程相对复杂。钢丝的生产工艺流程如图 5-37 所示。

图 5-37　钢丝拉拔生产工艺流程

习　题

5-1　简述挤压与其他压力加工方法相比所具有的优点。

5-2　正挤压和反挤压各自的优缺点是什么?

5-3　挤压成型的工具主要包括哪些?

5-4　按模孔断面形状进行分类,挤压模具可以分为哪些类型?

5-5　最佳挤压工艺制度应该包括哪些内容? 棒线材挤压成型时的工艺流程是什么?

5-6　拉拔与其他压力加工方法相比所具有的优缺点是什么?

5-7　空心型材拉拔可以分为哪几种基本方法? 简述每种拉拔方法的优缺点。

5-8　拉拔工具主要包括哪些?

5-9　根据模孔纵断面形状,普通拉模可以分为哪几种类型? 简述每种适用于生产的型材种类。

6 锻造与冲压成型

6.1 锻造成型的概念、特点及应用范围

6.1.1 锻造成型的概念及特点

锻造是一种借助工具或模具在冲击或压力作用下加工金属机械零件或零件毛坯的方法。与其他加工方法相比，锻件具有最佳的综合力学性能，且件与件之间性能变化小，其内部质量与加工历史有关，不会被任何一种金属加工工艺超过。图6-1示意出铸造、机械加工、锻造三种金属加工方法得到的零件低倍宏观流线。

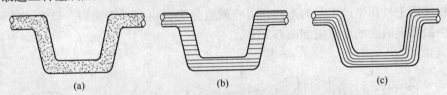

图 6-1　三种金属加工方法得到的零件低倍宏观流线
(a) 铸造；(b) 机械加工；(c) 锻造

锻造与其他加工方法比较具有如下特点：

(1) 锻件质量比铸件高。能承受大的冲击力作用，塑性、韧性和其他方面的力学性能也都比铸件高甚至比轧件高，所以凡是一些重要的机器零件都应当采用锻件。这是因为通过锻造发生塑性变形后，消除了铸件的内部缺陷，如锻（焊）合空洞，压实疏松，打碎碳化物、非金属夹杂并使之沿变形方向分布，改善或消除成分偏析等，得到了均匀细小的低倍和高倍组织。而铸件的抗压强度虽然较高，但韧性不足，难以在受拉应力较大的条件下使用。

(2) 锻件质量比机械加工件高。机械加工方法获得的零件，尺寸精度最高，表面光洁，但金属内部流线往往被切断，容易造成应力腐蚀，承载抗压交变应力的能力较差。

(3) 节约原材料。例如汽车上用的净重17kg的曲轴，采用轧制坯切削加工时，切屑要占轴重的89%；而采用模锻坯切削加工时，切屑只占轴重的30%，还缩短加工工时的六分之一。

(4) 生产效率高。例如采用两部热模锻压力机模锻径向止推轴承，可以代替30台自动切削机床；采用顶锻自动机生产M24螺帽时，为六轴自动车床生产率的17.5倍。

(5) 自由锻造适合于单件小批量生产，灵活性比较大，在一般机修工厂中都少不了自由锻造。

但是，锻造生产也存在以下缺点：不能直接锻造成形状复杂的零件；锻件的尺寸精度

不够高；锻造所需的重型机械设备和复杂的工模具对于厂房基础要求较高，初次投资费用大。

6.1.2　锻造成型的应用范围

锻造在机器制造业中有着不可替代的作用，一个国家的锻造水平，可反映出这个国家机器制造业的水平。在机械制造等工业中，对于负荷大、工作条件严格、强度要求很高的关键部件，只可用锻造方法制作毛坯后才能进行机械加工。如大型轧钢机的轧辊、人字齿轮，汽轮发电机组的转子、叶轮、护环，巨大的水压机工作缸和立柱，机车轴，汽车和拖拉机的曲轴、连杆等，航空发动机上的大型承力框架件、叶片、轮盘等都是锻造加工而成的。至于重型机械制造中所要求重达 150~200t 以上的部件，则更是其他压力加工方法望尘莫及的。

随着科学技术的发展，工业化程度的日益提高，需求锻件的数量更是逐年增长。

6.2　锻造成型的基本方法

根据使用工具和生产工艺的不同，可将锻造分为自由锻、胎膜锻、模锻和特种锻造。其中自由锻和模锻法的示意图如图 6-2 所示。

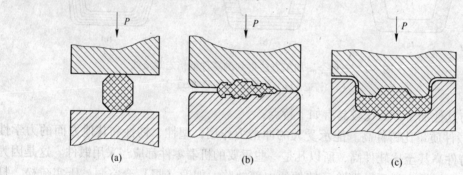

图 6-2　自由锻和模锻方法
（a）自由锻；（b）开式模锻；（c）闭式模锻

（1）自由锻造。自由锻造是利用冲击力或静压力，使加热的金属坯料在上、下砧铁之间产生塑性变形而获得所需形状、尺寸以及内部质量锻件的一种加工方法。自由锻造时，除与上、下砧铁接触的金属部分受到约束外，金属坯料朝其他各个方向均能自由变形流动，故称自由锻。

自由锻造分为手工锻造和机器锻造两种。手工锻造只能生产小型锻件，生产率也较低。而机器锻造是自由锻造的主要方法。

自由锻造采用的工具简单、通用性强，生产准备周期短。自由锻件的质量范围可由不及 1kg 到 200~300t，对于大型锻件，自由锻造是唯一的加工方法，这使得自由锻在重型机械制造中具有特别重要的作用，例如水轮机主轴、多拐曲轴、大型连杆、重要的齿轮等零件在工作时都承受很大的载荷，要求具有较高的力学性能，常采用自由锻方法生产毛坯。由于自由锻件的形状与尺寸主要靠人工操作来控制，所以锻件的精度较低，加工余量大，劳动强度大，生产率低。自由锻主要应用于单件、小批量生产，修配以及大型锻件的生产和新产品的试制等。

如表 6-1 所示，自由锻造工序一般可分为：基本工序、辅助工序和修整工序三类。

表 6-1 自由锻工序简图

基 本 工 序		
镦粗	拔长	冲孔
芯轴扩孔	芯轴拔长	弯曲
切割	错移	扭转

辅 助 工 序		
压钳把	倒棱	压痕

修 整 工 序		
校正	滚圆	平整

1）基本工序。指能够较大幅度地改变坯料形状和尺寸的工序，也就是自由锻造过程中主要变形工序，如镦粗、拔长、冲孔、芯轴扩孔、芯棒拔长、弯曲、剁切、错移、扭转等。

①镦粗。使毛坯高度减小而横截面增大的成型工序称为镦粗。镦粗工序是自由锻中最常见的工序之一。一般把镦粗分为平砧镦粗、垫环镦粗和局部镦粗三类。常用这种工序制造齿轮、法兰盘等锻件。

②拔长。使坯料横截面积减小而长度增加的成型工序称为拔长。它是锻造生产中耗费工时最多的一种锻造工序。根据坯料拔长方式不同，可以分为三类：平砧间拔长、型砧拔

长、空心件拔长。拔长用于制造轴类等长件。

③冲孔。采用冲子将坯料冲出透孔或不透孔的锻造工序称为冲孔，用于扩孔的准备工作。一般冲孔分为开式冲孔和闭式冲孔两大类，但在生产中使用最多的是开式冲孔。开式冲孔中常用的方法有实心冲子冲孔、空心冲子冲孔和在垫环上冲孔三种。

④扩孔。减小空心坯料壁厚而使其外径和内径均增大的锻造工序称为扩孔。扩孔工序用于锻造各种带孔锻件和环形锻件。在自由锻中，常用的扩孔方法有：冲子扩孔和芯轴扩孔两种。另外，还有专门扩孔机上碾压扩孔、液压扩孔和爆炸扩孔等。

⑤弯曲。将坯料弯折成规定外形的锻造工序称为弯曲。这种方法可用于锻造各种弯曲类锻件，如起重吊钩、弯曲轴杆等。弯曲通常在弯曲机上进行。

⑥错移。将坯料的一部分相对另一部分平行错移开的锻造工序称为错移。这种方法常用于锻造曲轴类锻件。错移的方法有两种：在一个平面内错移和在两个平面内错移。

2）辅助工序。指坯料进入基本工序前预先变形的工序。如钢锭倒棱和缩颈倒棱、预压夹钳把、阶梯轴分段压痕等。

3）修整工序。指用来精整锻件尺寸和形状使其完全达到锻件图要求的工序。一般是在某一基本工序完成后进行。如镦粗后的鼓形滚圆和界面滚圆、凸起、凹下及不平和有压痕面平整、端面平整、拔长后的弯曲校直和锻斜后的校正等。

任何一个自由锻件的成型过程中，上述三类工序中的各工序可以按需要单独使用或进行穿插组合。

（2）胎模锻。胎模锻是自由锻设备上使用可移动模具生产模锻件的一种锻造方法，介于自由锻和模锻之间。胎模锻造一般先采用自由锻制坯，然后在胎膜中终锻成型。胎模不固定在设备上，锻造时用工具夹持着进行锻打，锻件的形状和尺寸主要靠胎模的型槽来保证。胎模锻具有以下特点：

1）胎模不固定。

2）不需要模锻设备，锻模简单，加工成本低。

3）工艺灵活，适应性强等优点。

4）劳动强度大，效率低。胎膜锻这种方法适用于小型锻件中小批量的生产。

（3）模锻。在模锻锤或压力机上用锻模将金属坯料锻压加工成型的工艺。模锻工艺生产效率高，劳动强度低，尺寸精确，加工余量小，并可锻制形状复杂的锻件，适用于批量生产。但模具成本高，需有专用的模锻设备，不适合于单件或小批量生产。模锻适应于现代化大生产的要求，在汽车、飞机、拖拉机等国防工业和机械制造业中模锻件数量很大，约占这些行业锻件总质量的90%。

根据设备不同，模锻分为锤上模锻、胎模锻、压力机上模锻等。按锻模结构分类，分为开式模段和闭式模锻。根据坯料在同一锻模上成型锻件所需要的工序的步数分为单模腔模锻和多模腔模锻。

精密模锻是在模锻基础上发展而来，能够锻造一些复杂形状，尺寸精度高的零件，如锥齿轮、叶片、航空零件等。

按锻模结构分类的分开式模锻和闭式模锻，其定义如下：

1）开式模锻。它是有飞边的方法，即在模腔周围的分模面处有多余的金属形成飞边。也正由于飞边作用，才促使金属充满整个模腔。开式模锻应用很广，一般用于锻造较复杂的锻件。

2）闭式模锻。它是无飞边的方法，即在整个锻造过程中模膛是封闭的，其分模面间隙在锻造过程中保持不变。只要坯料选取得当，所获锻件就很少有飞边或根本无飞边，因而大大节约金属，减少设备能耗。因制取坯料相当复杂，故闭式模锻一般多用在形状简单的锻件上，如旋转体等。

（4）特种锻造。当前，汽车和拖拉机、造船、电站设备，以及航空、航天和原子能工业的发展，对锻造加工提出了越来越高的要求，例如要求提供巨型的特殊锻件、少经切削加工或不再经切削加工的精密锻件、形状复杂和力学性能极高的锻件等。

特种锻造包括等温锻造、超塑性成型、多向模锻、分模模锻及半固态成型等工艺。

6.3 锻造成型设备及工具

6.3.1 锻造成型设备

锻造成型设备涉及面广，种类名目繁多，包括金属成型的各个领域。锻压成型设备不仅是完成锻压生产的基础和手段，而且决定着锻件的精度、质量和生产率。按其工作原理可分为两大类：一类是以冲击力使金属材料产生塑形变形，如锻锤；另一类是以静压力使金属材料产生塑性变形，如液压机。以下仅介绍常用的锻造成型设备。

（1）锻锤：

1）空气自由锻锤。空气自由锻锤是生产小型锻件的常用设备，可用于自由锻和胎模锻，进行中小批量生产。

空气锤的结构由锤身、传动部分、落下部分、操纵配气机构和砧座等几部分组成。其结构如图6-3所示。

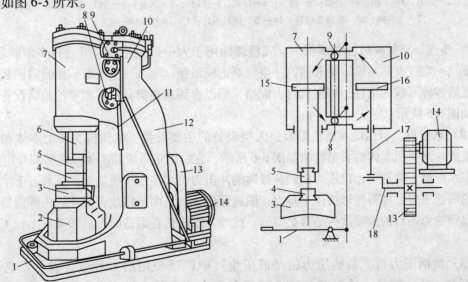

图 6-3 空气锤的结构和工作原理

1—踏杆；2—砧座；3—砧垫；4—下砧；5—上砧；6—锤杆；7—工作缸；8—下旋阀；9—上旋阀；10—压缩气缸；11—手柄；12—锤身；13—减速器；14—电动机；15—工作活塞；16—压缩活塞；17—连杆；18—曲柄

2）蒸汽—空气自由锻锤。蒸汽—空气自由锻锤是生产中型锻件或较大型锻件的常用设备，可用于自由锻和胎模锻，进行中小批量生产。作为动力的蒸汽或压缩空气由单独的锅炉或压缩空气机供应，投资比较大。常用的双柱式蒸汽—空气自由锻锤的结构如图6-4所示。

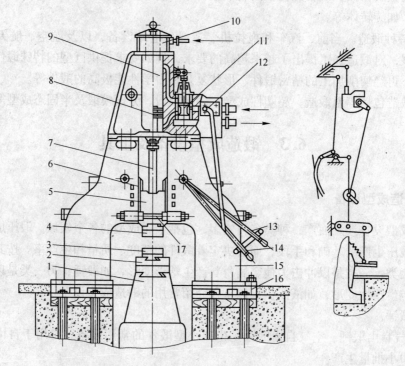

图6-4　双柱式蒸汽—空气自由锻锤结构和工作原理
1—砧座；2—砧垫；3—下砧；4—上砧；5—锤头；6—导轨；7—锤杆；8—活塞；9—气缸；10—缓冲缸；11—滑阀；
12—节气阀；13—滑阀操纵杆；14—节气阀操纵杆；15—立柱；16—底座；17—拉杆

　　3）蒸汽—空气模锻锤。蒸汽—空气模锻锤用于大中批量生产，可进行多模膛锻造，包括蒸汽—空气有砧座模锻锤和蒸汽—空气对击模锻锤。蒸汽—空气有砧座模锻锤装配方便，能锻多种形状的锻件，可多次打击成型，所以直到现在仍是一种重要的模锻设备，其结构如图6-5所示。

　　（2）水压机。自由锻水压机是锻造大型设备的主要设备。水压机主要由本体和附属设备组成。水压机本体的典型结构如图6-6所示，它由固定系统和本体系统两部分组成。

　　在水压机上锻造时，以压力机代替锻锤的冲击力，大型水压机能够产生数万千牛甚至更大的锻造压力，坯料变形的压下量大，锻透深度大，从而可以改善锻件的内部质量，这对于以钢锭为坯料的大型锻件是很必要的。此外，水压机在锻造时振动和噪声小，工作条件好。

　　（3）曲柄压力机。曲柄压力机是锻压生产中广泛使用的一种锻压设备。它可以用于板料冲压、模锻、冷热挤压、冷精压和粉末冶金等工艺。曲柄压力机按工艺用途分为剪切机、通用压力机、拉延压力机、冷挤压机、热模锻压力机、精压机、平锻机、自动机和其他压力机等。曲柄压力机按曲柄数目不同，分为单动、双动和三

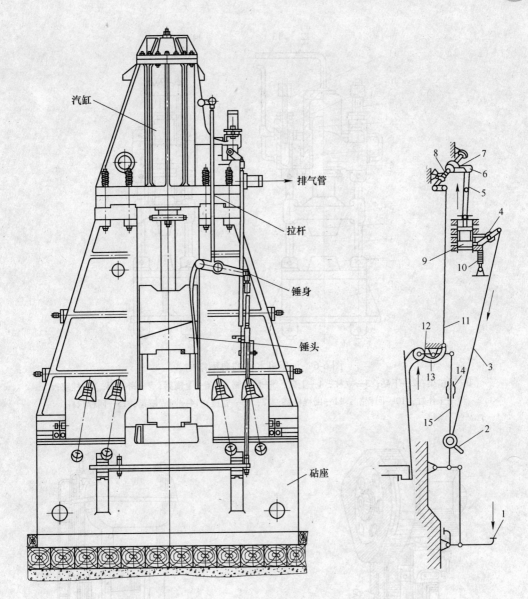

图 6-5　蒸汽—空气有砧座模锻锤外形和操纵结构示意图

1—脚踏板；2—控制手柄；3—节气阀拉杆；4—节气阀，5—滑阀拉杆；6—耳环；7, 12—杠杆；8—轴；
9—滑阀；10—弹簧；11, 15—拉杆；13—曲杆；14—调节螺母

动压力机。曲柄压力机按曲柄结构的不同，分为曲轴式、曲拐式、偏心轴式、齿轮偏心式、肘杆式和凸轮式压力机。曲柄压力机按机身结构不同，分为开式曲柄压力机和闭式曲柄压力机。

1）开式曲柄压力机。如图 6-7 所示，机身左右及前面均敞开，能从三个方面接近模具，便于模具安装及调整和成型操作，但机身刚度差。

2）闭式曲柄压力机。如图 6-8 所示，机身前后敞开，左右两侧封闭，只能从前方接近模具，操作不太方便，但机身刚度高，机身受力变形对工件精度和模具运行精度不产生影响，压力机精度高。

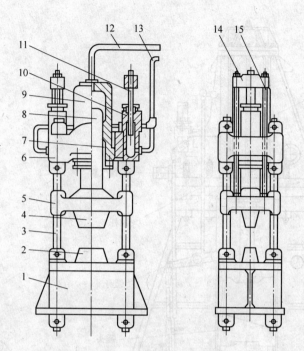

图 6-6   水压机本体的典型结构

1—下横梁；2—下砧；3—立柱；4—上砧；5—活动横梁；6—上横梁；7—密封圈；8—柱塞；
9—工作缸；10—回程缸；11—回程柱塞；12，13—管道；14—回程横梁；15—回程拉杆

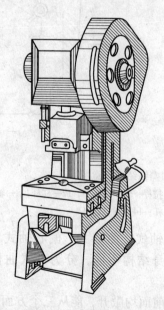

图 6-7   JB23-63 开式曲柄压力机外形图

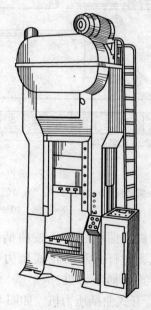

图 6-8   J31-315 闭式曲柄压力机外形图

（4）液压机。液压机常用来生产大型自由锻件和模锻件。液压机比其他锻压设备能获得更大的工作压力；有较大的工作空间和工作行程，适宜加工大尺寸的锻压件；工作平稳，撞击、振动和噪声都比较小，有利于改善工人的劳动条件，对厂房和周围环境也没有

特殊要求；本体结构比机械压力机简单、容易制造，但费用较高。液压机分为手动液压机、锻造液压机、冲压液压机、一般用途液压机、校正压装液压机、层压液压机、挤压液压机、压制液压机、打包、压块液压机及其他液压机。根据所使用的液体类型，可分为水压机和油压机两大类。液压机的典型结构包括四种：三梁四柱式、双柱下拉式、框架式和单臂式，具体构造如图6-9~图6-12所示。

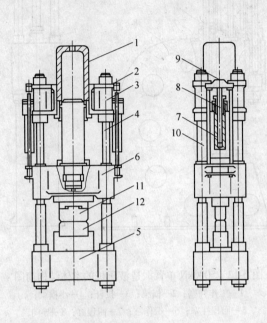 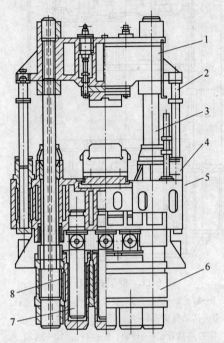

图6-9　三梁四柱式液压机结构简图
1—工作缸；2—工作柱塞；3—上横梁；
4—立柱；5—下横梁；6—活动横梁；
7—回程缸；8—回程柱塞；9—小横梁；
10—拉杆；11—上砧；12—下砧

图6-10　双柱下拉式锻造液压机
1—上横梁；2—回程柱塞；3—立柱；
4—回程缸；5—固定横梁；6—下横梁；
7—工作柱塞；8—工作缸

（5）专用锻压设备。随着机械工业和航空、航天、造船等技术的进一步发展，锻件所用的贵重金属或难变形金属越来越多，而且对锻件内部结构、尺寸精度、几何复杂程度和生产效率的要求越来越高，用一般的锻压设备很难满足这些要求。因此，世界各国研究了很多新型的专用锻压设备，对锻压工艺的飞速发展起到了及其重要的推动作用。

目前在生产中用得较为普遍的有下列几种专用锻压设备：冷挤压机、螺旋压力机、径向精锻机、辊锻机、旋转模锻机、热模锻压力机、精压机和平锻机和拉延压力机、高速锤等。

6.3.2　锻造成型工具

不同的锻造方法使用的锻造成型工具不同。下面详细列出每种锻造方法所使用的成型工具。

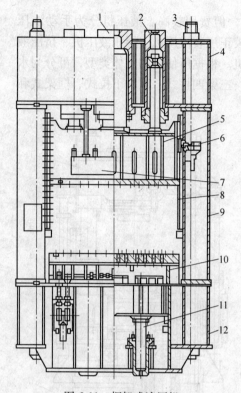

图 6-11　框架式液压机

1—缸；2—侧缸；3—拉紧螺栓；4—上横梁；
5—活动横梁；6—活动横梁保险装置；7—液
压打料装置；8—导轨；9—立柱；10—活动
工作台；11—定出装置；12—下横梁

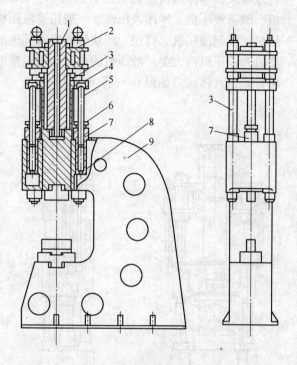

图 6-12　5000kN 单臂锻造液压机的本体结构简图

1—工作柱塞；2—横梁；3—拉杆；4—小横梁；
5—回程柱塞；6—工作缸；7—回程缸；8—导向
装置；9—机架

（1）自由锻造。自由锻造用的成型工具有砧、型砧、摔子、芯轴、冲子及垫铁等。

（2）胎模锻。胎模锻主要成型用的工具是胎模，其中胎模的种类很多，常用的胎模有扣模、合模、套筒模、弯曲模、摔模、冲切模等。不同种类的胎模结构如图 6-13 所示。

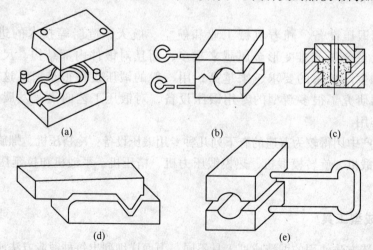

图 6-13　不同种类的胎模结构图

（a）合模；（b）扣模；（c）套筒模；（d）弯曲模；（e）摔模

1）合模。通常由上下两部分组成，上下模用导柱和导销定位，用于制造形状复杂的非回转体锻件。

2）扣模。由上扣和下扣组成，主要用来对毛坯进行局部或全部扣形，锻造时毛坯不转动。用于制造长杆等非回转体锻件。

3）套筒模。为圆筒状，分为开式和闭式两种，通常由上模、下模和模套组成，用于制造齿轮、法兰盘等。

4）弯曲模。由上下模组成，用于吊钩、吊环等弯杆类锻件的成型及制坯。

5）摔模。由上摔、下摔及摔把组成，用于制造回转体锻件。

6）冲切模。由冲头和凹模组成，用于锻件锻后冲孔和切边。

（3）模锻。模锻的主要成型工具是锻模。锻模结构的好坏将对锻件质量、生产效率、劳动强度、锻锤寿命以及加工制造等产生重要影响。锤上用锻模由上下两个模块组成。模槽是锻模的工作部分，一半在上模块上做出，一半在下模块上做出。上模块用键、燕尾和楔铁分别安装在上锤头和下砧座上。模块右侧和前侧设有检验角，是加工模具划线和便于安装锻模及调整用的。

按模锻设备不同，可分为锤用锻模、热模锻压力机用锻模、平锻机用锻模、水压机用锻模、高速锤用锻模等。这种分类方法主要考虑了各种锻压设备的工作特点、结构特点和工艺特点，因此决定了锻模的结构和使用条件也有所不同。其他分类方法还有，如按锻模的结构不同可分为整体锻模和组合镶块锻模；按终锻模腔结构不同可分为开式模锻和闭式模锻；按分模面的数量不同可分为单个分模面模锻和多向模锻锻模等。

按模锻设备分类，其锻模结构可分的锻模类型如下：

1）锤用锻模。在自由锻锤或模锻锤上使坯料成型为模锻件或其半成品的模具。

①自由锻锤用来成型的工具包括型砧和固定模。型砧既可以用于制坯，也可以进行终锻，但大量用于制坯，其结构包括两种：整体型砧和镶块型砧，如图 6-14 和图 6-15 所示。自由锻锤用固定模是在自由锻锤上生产模锻件，其结构也包括整体式固定模和镶块式固定模，如图 6-16 和图 6-17 所示。

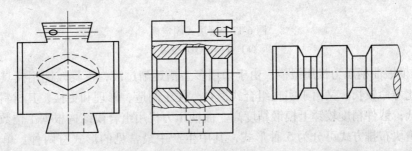

图 6-14　整体型砧

②模锻锤用锻模。模锻的工序为制坯、预锻和终锻。但对形状简单的锻件，可以由原始坯料直接成型，如图 6-18（a）所示；而对形状复杂的锻件，先在制坯模槽内初步成型，然后在其他模槽内锻造，模具上有多个型槽，如图 6-18（b）所示。

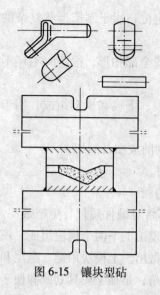

图 6-15　镶块型砧

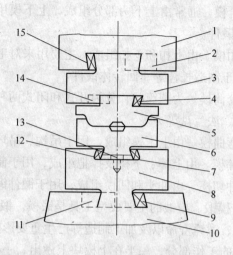

图 6-16　整体式固定模

1—锤头；2，11，14—定位键；3—上接模；4，9，15—斜楔；

5—上模；6—下模；7，12—调整楔；8—下接模；10—砧座；

13—下模定位销

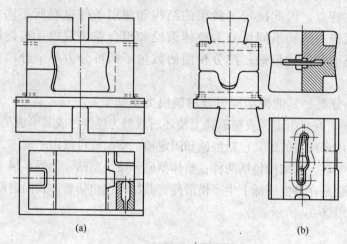

(a)　　　　　　　　　　(b)

图 6-17　镶块式固定模

（a）模体；（b）镶块

2）热模锻曲柄压力机用锻模。由于采用多型槽逐渐过渡，模具较锤用模具受力情况缓和，因此寿命较长。又由于实现组合式模具，便于制造、修理和更换，其材料和加工费也随之降低；锻件精度较锤上模锻精度高。曲柄压力机用组合模结构根据工位数、镶块紧固方式和镶块布排方式可分为 5 种形式，其中生产中最常见的形式有两种：单工位（或多工位）镶块用斜楔紧固结构（见图 6-19），三工位圆形（或两工位矩形）镶块用压板紧固结构（见图 6-20）。

3）螺旋压力机用锻模。由于螺旋压力机具有模锻锤和锻压机的双重工作特性，模具寿命较长；模具可以采用组合结构，简化模具制造过程，缩短生产周期，并可节省模具钢、降低生产成本。但是，需要在其他设备上制坯。螺旋压力机上的锻模结构可分为整体

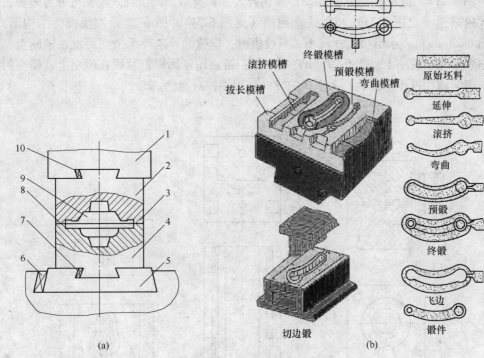

图 6-18　模锻锤上用锻模

（a）单型槽（件）模锻；（b）多型槽（件）模锻

1—锤头；2—上模；3—飞边槽；4—下模；5—模垫；6，7，10—紧固楔铁；8—分模面；9—模膛

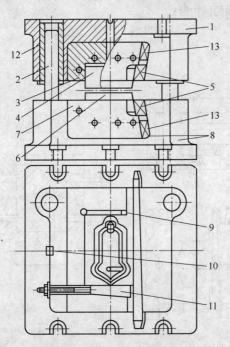

图 6-19　单型槽矩形镶块用斜楔紧固的锻模结构

1—上模座；2—导柱；3—上模垫；4—上镶块；5，13—斜楔；
6—下镶块；7—下模垫；8—下模座；9—垫片；10—键；
11—拉楔；12—导套

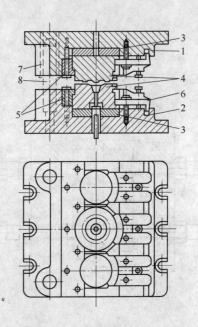

图 6-20　压板紧固式锻模结构

1—上模座；2—下模座；3—淬火垫板；4—镶块；
5—后挡板；6—压板；7—导套；8—导柱

式（见图 6-21）、镶块式（见图 6-22）和组合式三种类型，而组合式模又可分为多种，包括开式顶镦模（见图 6-23）和闭式直通模（见图 6-24）。图 6-22 是镶块模的结构形式，其中图 6-22（a）表示镶块尺寸较小，只设模腔，模腔的导向及承击面另设在模座上，镶块用斜楔紧固在模座上。图 6-22（b）所示是：镶块用紧固螺钉紧固在模座上，模座的燕尾用斜楔紧固在过渡模板上，上下模的导向是用锁扣对准的。

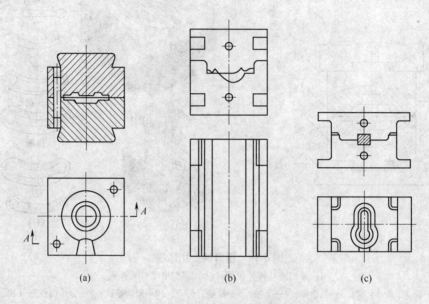

图 6-21   整体模的结构形式

（a）用斜楔紧固；（b），（c）用压板紧固

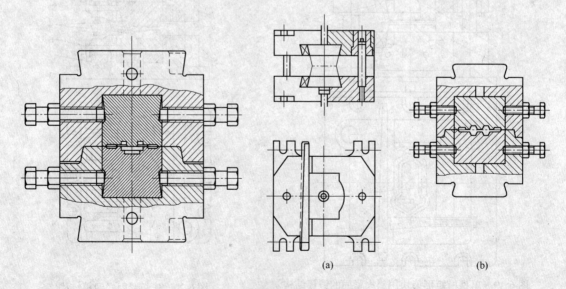

图 6-22   镶块模的结构形式

（a）用斜楔紧固；（b）用止动螺钉紧固

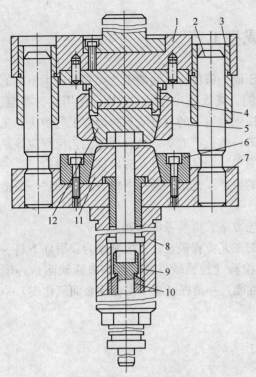

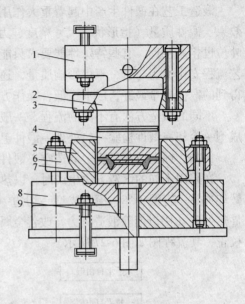

图 6-23 开式顶镦模结构

1—上模座；2—导柱；3—导套；4—上模支座；5—螺母；
6—下模固定圈；7—下模座；8—壳体；9—顶杆；
10—螺塞；11—凹模；12—凸模

图 6-24 闭式直通模

1—上模板；2，4—上模；3—上模圈；5—下模；
6—下模压圈；7—下模活动镶块；8—下模座；
9—顶杆

4）液压机用锻模。锻件精度比锤上模锻成型精度更高；模具寿命一般比锤锻模低；需采用预锻；比整体结构的锤锻模复杂和庞大。其结构如图 6-25 所示。

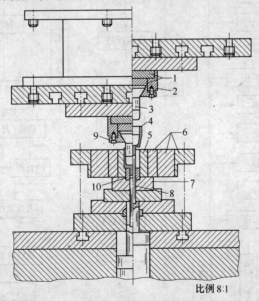

比例 8:1

图 6-25 2500t 水压机上锻造 105mm 火箭发动机体的模具

1—硬底板；2—冲头夹持器；3—冲头；4—锻件；5—模套筒；6—外套；7—硬底板；8—顶出器；
9—冲头压板；10—镶块模

6.4　锻造成型工艺

锻造工艺在锻件生产中起着重大作用。对于同一锻件，不同的工艺规程会产生不同的效果：锻件质量（指形状、尺寸精度、力学性能、流线等）有很大差别，使用设备类型、吨位也相差甚远。有些特殊性能要求只能靠更换强度更高的材料或新的锻造工艺解决。工艺流程安排恰当与否，不仅影响质量，还影响锻件的生产成本。最合理的工艺流程应该是得到的锻件质量最好，成本最低，操作方便、简单，而且能充分发挥出材料的潜力。

不同的锻造方法有不同的流程，一般锻件的生产工艺过程是：下料→坯料加热→锻造成型→冷却→锻件检验→热处理→锻件毛坯。

例如，锤上或水压机上锻造空心锻件的工艺方案，可参考图6-26。

在采用不同的锻造方法生产时，以热模锻的工艺流程最长，一般顺序为：锻坯下料→锻坯加热→辊锻备坯→模锻成型→切边→中间检验（检验锻件的尺寸和表面缺陷）→锻件热处理（用以消除锻造应力，改善金属切削性能）→清理（主要是去除表面氧化皮）→校正，其流程图如图6-27所示。

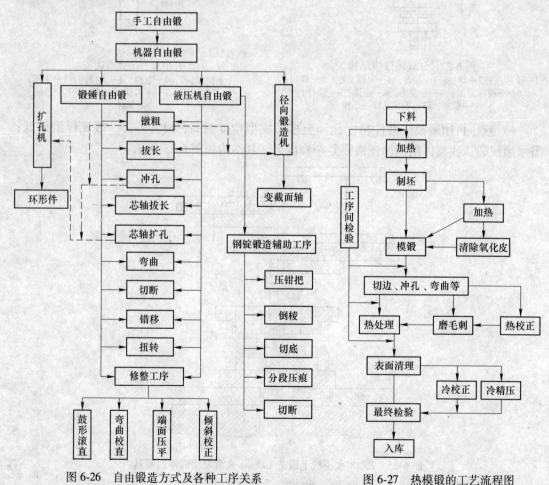

图6-26　自由锻造方式及各种工序关系　　　　图6-27　热模锻的工艺流程图

6.5 冲压成型的概念、特点及应用范围

6.5.1 冲压成型的概念及特点

　　冲压是利用安装在冲压设备（主要是压力机）上的模具对材料施加压力，使其产生分离或塑性变形，从而获得所需零件（俗称冲压件或冲件）的一种压力加工方法。冲压通常是在常温下对材料进行冷变形加工，且主要采用板料来加工所需零件，所以也叫冷冲压或板料冲压。冲压是材料压力加工或塑性加工的主要方法之一。

　　冲压所使用的模具称为冲压模具，简称冲模。冲压工艺与模具、冲压设备和冲压材料是冲压加工的三要素，它们之间的关系如图 6-28 所示。冲压加工过程就是靠冲压模具和设备共同来完成的。

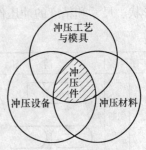

图 6-28　冲压加工的要素

　　冲压件与铸件、锻件相比，具有薄、匀、轻、强的特点。冲压可制出其他方法难于制造的带有加强筋、肋、起伏或翻边的工件，以提高其刚性。由于采用精密模具，工件精度可达微米级，且重复精度高、规格一致，可以冲压出孔窝、凸台等。冷冲压件一般不再经切削加工，或仅需要少量的切削加工。热冲压件精度和表面状态低于冷冲压件，但仍优于铸件、锻件。

　　与机械加工及塑性加工的其他方法相比，冲压加工无论在技术方面还是经济方面都具有许多独特的优点。主要表现如下：

　　（1）冲压加工的生产效率高，且操作方便，易于实现机械化与自动化。这是因为冲压是依靠冲模和冲压设备来完成加工，普通压力机的行程次数为每分钟可达几十次，高速压力要每分钟可达数百次甚至千次以上，而且每次冲压行程就可能得到一个冲件。如大型冲压件（如汽车覆盖件）的生产效率可达每分钟数件，高速冲压的小件则可达千件。由于所用坯料是板材或带卷，往往又是冷态加工，则容易实现机械化和自动化。

　　（2）模具保证了冲压件的尺寸与形状精度，且一般不破坏冲压件的表面质量，而模具寿命一般较长，所以冲压件的质量稳定，互换性好，具有"一模一样"的特征。

　　（3）冲压可加工出尺寸范围较大、形状较复杂的零件，如小到钟表的秒表，大到汽车纵梁、覆盖件等，加上冲压时材料的冷变形硬化效应，冲压件的强度和刚度均较高。

　　（4）冲压一般没有切屑碎料生成，材料的消耗较少，且不需其他加热设备，因此是一种省料、节能、成本低的加工方法。如冲压生产的材料利用率一般可达 70%~85%。

　　由此可见，冲压能集优质、高效、低能耗、低成本于一身，这是其他加工方法不能与之媲美的。

6.5.2 冲压成型的应用范围

　　冲压成型的应用范围很广，它不仅可以冲压金属板材，而且可以冲压非金属材料，如木板、皮革、硬橡胶、云母片、石棉板、硬纸板等；不仅能制造很小的仪器仪表零件，而且也能制造如汽车大梁等大型部件；不仅能制造一般精度和形状的零件，而且还能制造高级精度和复杂形状的零件。因此，在汽车、农机、仪器、仪表、电子、航空、航天、家电及轻工业

等行业，冲压件所占的比例都相当大，少则 60% 以上，多则 90% 以上。在这些工业部门中，常用冲压方法制造各种构件、器皿和精细零件，尤其是大批量生产中的应用十分广泛。

6.6　冲压工序分类

由于冲压加工的零件种类繁多，各类零件的形状、尺寸和精度要求又各不相同，因而生产中采用的冲压工艺方法也是多种多样的。概括起来，可分为分离工序与成型工序两大类。

分离工序是指坯料沿一定的轮廓线分离而获得一定形状、尺寸和断面质量的冲压件（俗称冲裁件）的工序；成型工序是指坯料在不破裂的条件下，产生塑性变形而获得一定形状、尺寸和精度的冲压件的工序。冲压工序具体分类及特点如表 6-2 和表 6-3 所示。

表 6-2　分离工序

工序名称		简　图	特　点	工序名称		简　图	特　点
切断		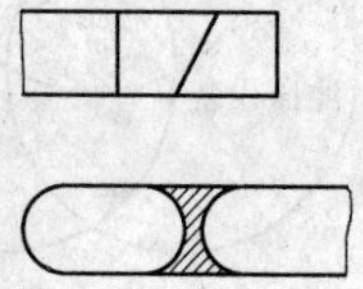 冲件	用剪刃或冲模切断板料，切断线不封闭	冲裁	切口		在坯料上沿不封闭线冲出缺口，切口部分发生弯曲
冲裁	落料	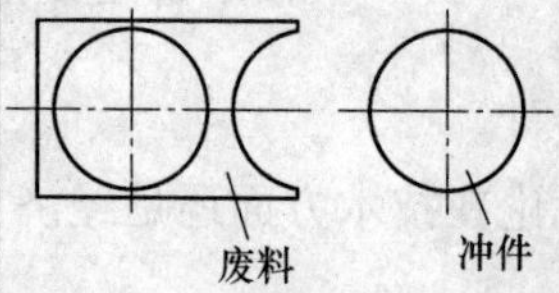 废料　冲件	用冲模沿封闭线冲切板料，冲下来的部分为冲件		切边	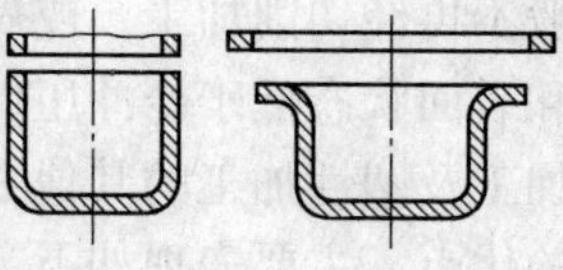	将工件的边缘部分切除
	冲孔	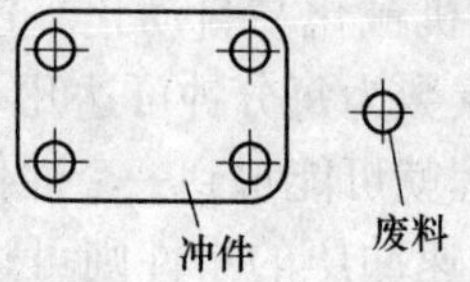 冲件　废料	用冲模沿封闭线冲切板料，冲下来的部分为废料		剖切	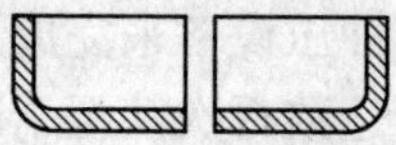	把工件切开成两个或多个零件

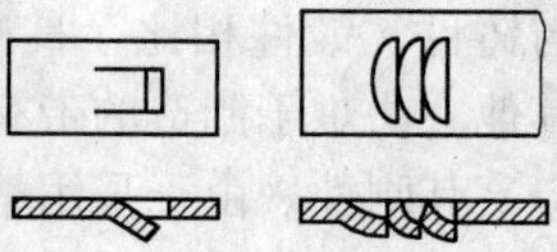

表 6-3　成型工序

工序名称		简　图	特　点	工序名称		简　图	特　点
弯曲	弯曲	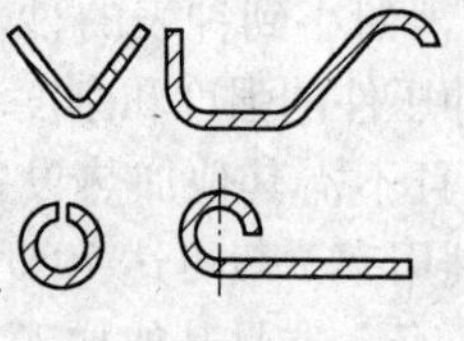	将板料沿直线弯成一定的角度和曲率	弯曲	滚弯	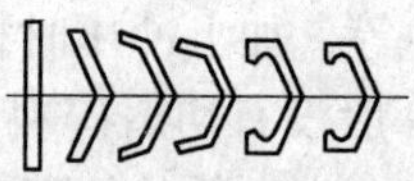	通过一系列轧辊把平板卷料辊弯成复杂形状
	拉弯	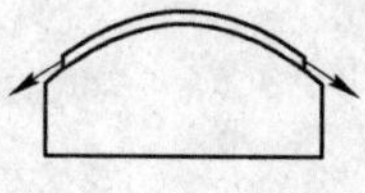	在拉力和弯矩共同作用下实现弯曲变形	拉深	拉深	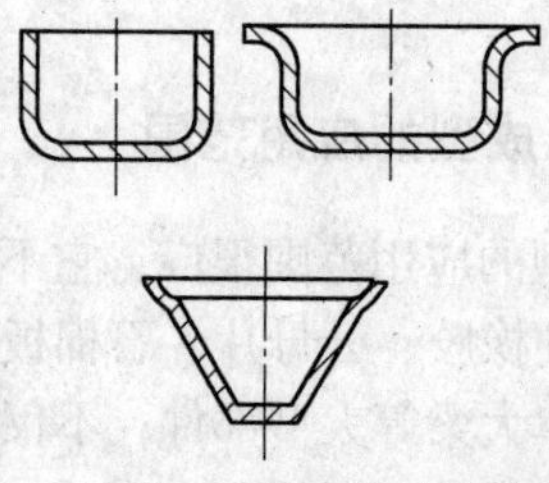	把平板坯料制成开口空心件，壁厚基本不变
	扭弯	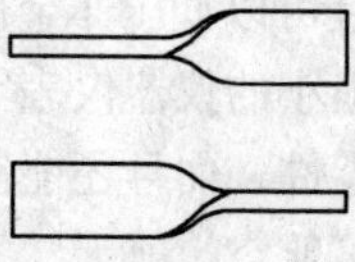	把工件的一部分相对另一部分扭转成一定角度				

工序名称		简　图	特　点	工序名称	简　图	特　点
拉深	变薄拉深		把空心件进一步拉深成侧壁比底部薄的零件	起伏		依靠材料的伸长变形使工件形成局部凹陷或凸起
成型	翻孔		沿工件上孔的边缘翻出竖立边缘	成型 卷缘		把空心件的口部卷成接近封闭的圆形
	翻边		沿工件的外缘翻起弧形的竖立边缘	胀形		将空心件或管状件沿径向往外扩张，形成局部直径较大的零件
	扩口		把空心件的口部扩大	旋压		用滚轮使旋转状态下的坯料逐步成型为各种旋转体空心件
	缩口		把空心件的口部缩小	整形		依靠材料的局部变形，少量改变工件形状和尺寸，以提高其精度
				校平		将有拱弯或翘曲的平板形件压平，以提高其平面度

6.6.1　基本工序

　　分离工序与成型工序按基本变形方式不同可分为冲裁、弯曲、拉深和成型四种基本工序，每种工序还包含有多种单一工序。

　　(1) 冲裁。冲裁是使板料沿封闭的轮廓线分离的工序。它是冲压工艺中最基本的工序之一，包括冲孔和落料、切边模、剖切模、切口模和切断模等。它既可直接冲出成品零件，又可为弯曲、拉深和成型等其他工序制备坯料，因此在冲压加工中应用非常广泛。根据变形机理不同，冲裁可以分为普通冲裁和精密冲裁两大类。普通冲裁是以凸、凹模之间产生剪切裂纹的形式实现板料的分离；精密冲裁是以塑性变形的形式实现板料的分离。精密冲裁冲出的零件不但断面垂直、光洁、而且精度也比较高，但一般需要专门的精冲设备及精冲工具。

　　其中冲孔和落料这两个工序的变形过程和所用的模具结构是一样的，两者的区别在于冲孔是在板料上冲出空洞，被分离的部分为废料，周边是带孔的成品；而落料被分离的部分是成品，周边是废料。冲裁时板料的变形和分离过程如图 6-29 所示。凸模和凹模的边缘都带有锋利的刃口。当凸模向下运动压住板料时，板料受到挤压，产生弹性变形并进而产生塑性变形，当上、下刃口附近材料内的应力超过一定限度后，即开始出现裂纹。随着冲头（凸模）继续下压，上、下裂纹逐渐向材料内部扩展直至汇合，板料即被切离。

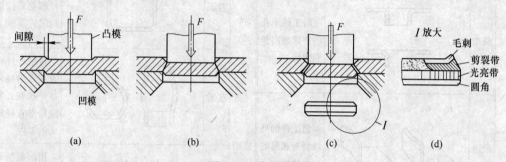

图 6-29　冲裁过程

（a）变形；（b）产生裂纹；（c）断裂；（d）断口

　　冲裁后的断面可明显区分为光亮带、剪裂带、圆角和毛刺四部分。其中光亮带具有最好的尺寸精度和光洁的表面，其他三个区域，尤其是毛刺会降低冲裁件的质量。这四个部分的尺寸比例与材料的性质、板料厚度、模具结构和尺寸、刃口锋利程度等冲裁条件有关。

　　（2）弯曲。弯曲是将平直板料、型材或管材等弯成一定的曲率和角度，从而得到一定形状和尺寸零件的冲压工序，如图 6-30 所示。弯曲的方法很多，可以在压力机上利用模具弯曲，也可在专用弯曲机上进行折弯、滚弯或拉弯等。

　　（3）拉深。拉深是把一定形状的平板坯料或空心件通过拉深模制成各种开口空心件的冲压工序，又称拉延。用拉深的方法可以制成筒形、阶梯形、盒形、球形、锥形及其他复杂形状的薄壁零件，拉深过程如图 6-31 所示。

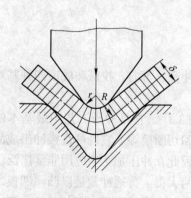

图 6-30　弯曲过程

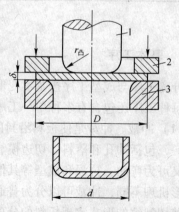

图 6-31　拉深过程

1—冲头；2—压板；3—凹模

拉深分为不变薄拉深和变薄拉深。不变薄拉深制成的零件其各部分厚度与拉深前坯料的厚度相比基本保持不变；变薄拉深制成的零件其筒壁厚度与拉深前相比则有明显的变薄。实际生产中，应用较广的是不变薄拉深。因此，通常所说的拉深主要是指不变薄拉深。

（4）成型。成型是指用各种局部变形的方法来改变板料或半成品件形状的工序，包括压肋、压坑、胀形、翻边、扩口、缩口、校平、整形、旋压等冲压工序。从变形特点来看，它们的共同特点均属局部变形。成型工序使冲压件具有更好的刚度和更加合理的空间形状。

1）压肋或压坑。压肋和压坑是压制出各种形状的凸起和凹陷的工序。采用的模具有刚模和软模两种。如图6-32所示使用刚模进行压坑。与拉深不同，此时只有冲头下的这一小部分金属在拉应力作用下发生塑性变形，其余部分金属并不发生变形。如图6-33所示使用软模压肋，软模是用橡胶等软模物体代替一般模具。这样，可以简化模具制造，冲制形状复杂的零件。但软肋块使用寿命低，需要经常更换。此外，也可常用气压或液压成型。

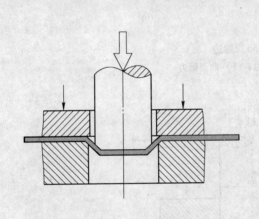

图6-32 刚模压坑

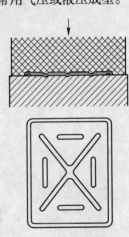

图6-33 软模压坑

2）胀形。胀形是将拉深件轴线方向上局部区段的直径胀大，也可采用刚模（见图6-34）和软模（见图6-35）进行。刚模胀形时，由于芯子2的锥面作用，分瓣凸模1在压

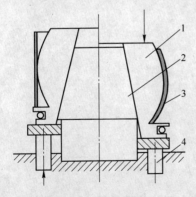

图6-34 刚模胀形
1—分瓣凸模；2—芯子；3—工件；
4—顶杆

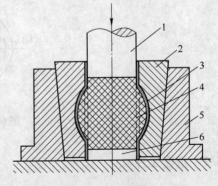

图6-35 软模胀形
1—凸模；2—凹模；3—工件；4—橡胶；
5—外套；6—垫块

下的同时沿径向扩张，使工件 3 胀形。顶杆 4 将分瓣凸模顶回到起始位置后，即可将工件取出。刚模的结构和冲压工艺都比较复杂，而采用软模却简便得多。因此，软模胀形得到广泛应用。

3）翻边。翻边是在板料或半成品上沿一定的曲线翻起竖立边缘的冲压工序。按变形的性质，翻边可分为伸长翻边和压缩翻边。当翻边在平面上进行时，称平面翻边；当翻边在曲面上进行时，称曲面翻边，如图 6-36 所示。孔的翻边是伸长类平面翻边的一种特定形式，又称翻孔，其过程如图 6-37 所示。

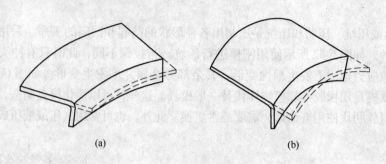

图 6-36　翻边

（a）平面翻边；（b）曲面翻边

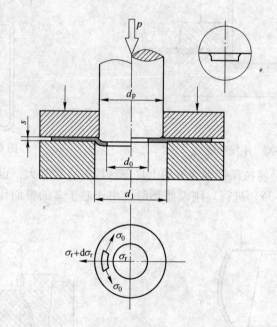

图 6-37　翻孔过程

6.6.2　组合工序

在实际生产中，当冲压件的生产批量较大、尺寸较小而公差要求较小时，若用分散的单一工序来冲压是不经济甚至难以达到要求。这时在工艺上多采用工序集中的方案，即把两种或两种以上的单一工序集中在一副模具内完成，称为组合工序。根据工序组合的方法不同，又可将其分为复合、级进和复合-级进三种方式。

复合冲压——在压力机的一次工作行程中，在模具的同一工位上同时完成两种或两种以上不同单一工序的一种组合方式。

级进冲压 ——在压力机的一次工作行程中，按照一定的顺序在同一模具的不同部位上完成两种或两种以上不同单一工序的一种组合方式。

复合-级进冲压——在一副冲模上包含复合和级进两种方式的组合工序。

6.7 冲压成型设备及工具

6.7.1 冲压成型设备

板料冲压成型设备主要是冲床。冲床又称压力机，是通用性冲压设备，可用来冲孔、落料、切断、拉深、弯曲、成型等冲压工序。

冲床的种类很多，主要有单柱冲床、双柱冲床、双动冲床。图 6-38 是单柱冲床外形及传动示意图。电动机 5 带动飞轮 4 通过离合器 3 与单拐曲轴 2 相接，飞轮可在曲轴上自由转动。曲轴的另一端则通过连杆 8 与滑块 7 连接。工作时，当踏下踏板 6 时离合器将使飞轮带动曲轴转动，滑块上下运动。放松踏板，离合器脱开，制动阀 1 立刻停止曲轴转动，滑块停留在待工作位置。

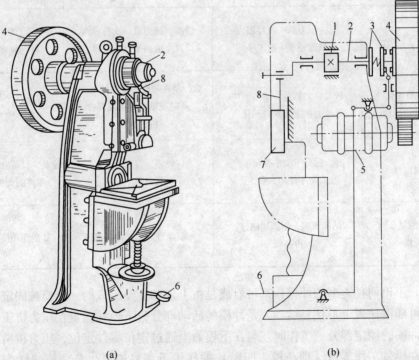

(a)   (b)

图 6-38 单柱冲床

（a）外形图；（b）传动图

1—制动阀；2—曲轴；3—离合器；4—飞轮；5—电动机；6—踏板；7—滑块；8—连杆

6.7.2 冲压成型工具

冲模是将材料（金属或非金属）批量加工成所需冲件的专用工具。冲模在冲压中至关重要，是实现冲压生产的基本条件，是冲压生产的主要工具。

冲压模具的具体结构决定了零件形状、尺寸精度、生产效率等重要因素。冲压模具的结构类型很多。通常按工序性质可分为冲裁模、弯曲模、拉深模和成型模等；冲裁模按工艺又分为落料模、冲孔模、切边模、剖切模、切口模和切断模。

按工序的组合方式可分为单工序模、复合模和级进模等。

（1）单工序模。在压力机一次冲压行程内，完成一道冲压工序的模具。

（2）复合模。在压力机一次行程内，在模具一个工位上完成两道以上冲压工序的模具。

（3）级进模。在压力机一次冲程内，在模具不同工位上完成多道冲压工序的模具。

单工序模、复合模和级进模的综合比较见表6-4。

表6-4　单工序模、复合模和级进模综合比较

比较项目	单工序模	复合模	级进模
冲压精度	较低	较高	一般
冲压生产率	低，压力机一次行程内只能完成一次工序	较高，压力机一次行程内可完成两个以上工序	高，压力机一次行程内可完成多个工序
实现操作机械化，自动化的可能性	较易，尤其适合于多工位压力机上实现自动化	难，制件和废料排除较复杂，只能在单机上实现部分机械操作	容易，尤其适应于单机上实现自动化
生产通用性	好，适合于中小批量生产及大型零件的大量生产	较差，仅适合于大批量生产	较差，仅适合于中、小型零件的大批量生产
冲模制造的复杂性和价格	结构简单，制造周期短，价格低	复杂性和价格均较高	复杂性和价格都较高

但是，不论何种类型的冲模，都可看成是由上模和下模组成的，上模被固定在压力机滑块上，可随滑块做上下往复运动，是冲模的活动部分；下模被固定在压力机工作台或垫板上，是冲模的固定部分。工作时坯料在下模面上通过定位零件定位，压力机滑块带动上模下压，在模具工作零件（即凸模、凹模）的作用下坯料便产生分离或塑性变形，从而获得所需形状与尺寸的冲件。上模回升时，模具的卸料与出件装置将冲件或废料从凸、凹模上卸下或推、顶出来，以便进行下一次冲压循环。

图6-39所示为几种常见冲模的结构简图，其中凸模1和凹模5是工作零件，定位板3

和挡料销 4 是定位零件，卸料板 2、推件杆 6、压料板（顶件板）7 等构成模具卸料与出件装置，其余是模具的支承与固定零件。

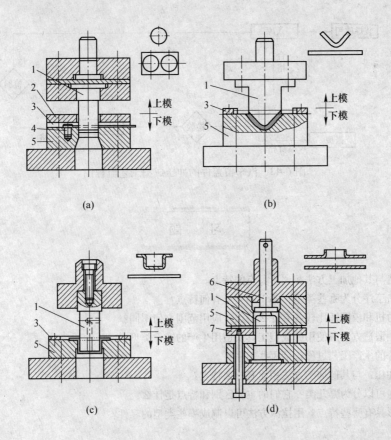

图 6-39 几种常见冲模的结构简图

（a）冲裁模（落料模）；（b）弯曲模；（c）拉深模；（d）成型模（翻孔模）

1—凸模；2—卸料板；3—定位板；4—挡料销；5—凹模；6—推件杆；7—压料板

6.8 冲压成型工艺

　　一个冲压件往往需要经过多道工序才能完成，所以冲压件的生产过程通常包括原材料的准备、各种冲压工序的加工和其他必要的辅助工序（如退火、酸洗、表面处理等）。对于某些组合件或精度要求较高的冲压件，还需经过切屑加工、焊接或铆接等才能完成制造的全过程。

　　制定冲压工艺过程就是针对某一具体的冲压件恰当地选择各工序的性质，正确确定坯料尺寸、工序数量和工序件的尺寸，合理安排各种冲压工序及辅助工序的先后顺序及组合方式，以确保产品质量，实现高生产率和低成本生产。

　　例如，汽车覆盖件的冲压成型工艺流程为：落料→拉延→修边、冲孔→整形，具体的生产工艺流程图如图 6-40 所示。

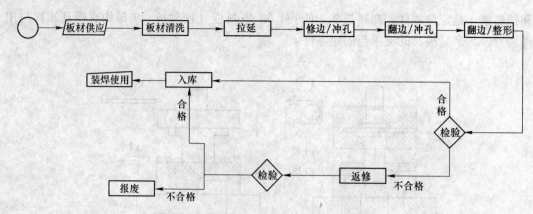

图 6-40　汽车覆盖件的冲压成型工艺流程图

6-1　简述锻造与其他加工方法相比所具有的特点。

6-2　自由锻造工序分为哪些类型？各工序变形有何特点？

6-3　曲柄压力机和模锻锤比较各有什么特点？应用范围有何不同？

6-4　简述每种锻造方法所使用的成型工具及适用生产的锻件类型。

6-5　一般锻件的生产工艺过程包括哪些工序？

6-6　什么是冲压？与其他加工方法相比有什么特点？

6-7　冲压工序可以分为哪几类？它们的主要区别和特点是什么？

6-8　拉深变形具有哪些特点？用拉深方法可以制成哪些类型的零件？

7　有色金属塑性加工

7.1　轻金属典型加工工艺

轻金属中应用最广泛的是铝及其合金，下面以铝合金为例介绍轻金属的加工工艺。

7.1.1　铝及铝合金板带材生产工艺

铝及铝合金板带制品，按其合金牌号、尺寸范围与供应状态不同，可分种类很多。首先，按断面形状、交货形式与尺寸范围可分为板材、带材与箔材。一般厚度大于 0.2mm、以平直块状供应者称板材，成卷供应者即为带材。因此，带材经解卷、落料与矫平之后即成板材。厚度小于或等于 0.2mm，成卷供应者则成为箔材。因此，带材与箔材仅在于厚度上的差异。在板材产品中厚度 0.3~0.4mm 者成为薄板，5~80mm 成为厚板，80mm 以上则成为特厚板。

与其他有色金属合金板带箔材产品相比，铝及铝合金板带箔材的产品供应状态类别较多，根据标准，铝合金状态用基础状态代号和细分状态代号表示，基础状态代号用一个英文大写字母表示，见表 7-1。细分状态代号采用基础状态代号后跟一位、两位或多位阿拉伯数字表示。

表 7-1　铝及铝合金的基础状态代号

代号	名　称	说　明　与　应　用
F	自由加工状态	适用于在成型过程中，对于加工硬化和热处理条件无特殊要求的产品，该状态产品的力学性能不作规定
O	退火状态	适用于经完全退火获得最低强度的加工产品
H	加工硬化状态	适用于通过加工硬化提高强度的产品，产品在加工硬化后可经过（也可不经过）使强度有所降低的附加热处理； H 代号后面必须跟有两位或三位阿拉伯数字
T	热处理状态 （不同于 F、O、H 状态）	适用于热处理后，经过（或不经过）加工硬化达到稳定状态的产品； T 代号后面必须跟有一位或多位阿拉伯数字

根据铝合金的特性、产品规格范围、产品性能要求以及技术设备条件的不同，铝及铝合金板带箔材的生产方法与工艺流程可以有多种，如：（1）半连续铸锭加热—热轧—冷轧法；（2）半连续铸锭加热—热粗轧—热精轧—冷轧法；（3）连续连轧—冷轧法；（4）连续铸轧—冷轧法；（5）连续铸轧—热精轧—冷轧法；（6）多机架热连轧—冷轧法

等。其中前面两种方法的适用性最广，它们适用于任何合金，而且生产产品质量可靠。第（3）种方法中，热轧后增加热精轧工序，充分利用合金热塑性，具有生产效率更高的特点。第（4）、（5）种方法主要适用于纯铝与软铝合金板带箔材生产，但由于它们省掉了铸锭与加热过程，具有节能、设备简单与生产效率更高的特点。因此，其应用也较为广泛。第（6）种方法机架串联轧制，由于设备投资大，控制技术要求高，目前在我国应用尚不广泛。

采用本工艺生产铝及铝合金板带材典型流程如图7-1所示。由图可见，对于不同的合金、不同的产品，其流程是不同的。

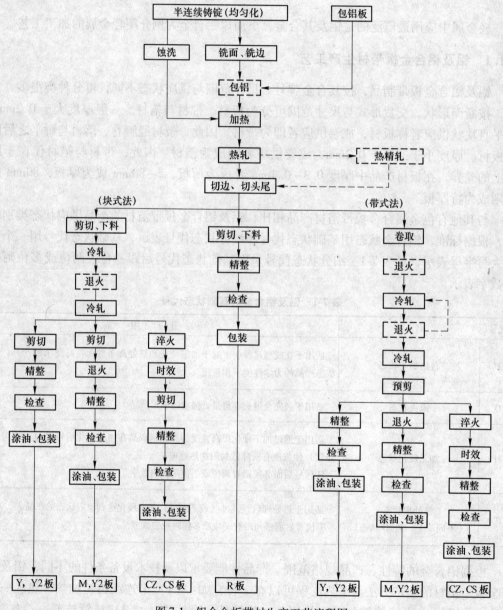

图7-1 铝合金板带材生产工艺流程图

7.1.1.1 铸锭的要求与热轧前准备

热轧用的铝及铝合金铸锭是采用卧式连续铸造或半连续铸造方法铸造的扁锭。前一方法较适用于纯铝或软铝合金、断面尺寸较小的扁锭铸造；而后一方法则适用于所有铝合金与所有尺寸的扁锭铸造。由于铸锭质量是保证产品质量的基础，因此，为了保证最终板带箔材符合产品标准质量的要求，以满足加工工业性能要求，对铸锭尺寸、形状、表面及内部质量均有一定的要求，并在热轧前对其进行必要的准备。

铸锭的厚度、宽度与长度，主要考虑轧制设备能力，如辊径、辊长、轧速与辊道长度，制品尺寸与性能要求以及铸锭条件与尺寸系列化要求等。铸锭的化学成分必须符合标准，保证成分均匀。其内部组织也要求均匀，不能有偏析、缩孔、裂纹、气孔及金属及非金属夹杂物等，否则会导致一系列废品的产生，甚至导致工艺过程无法进行。铸锭表面应无冷隔、裂纹、气孔、偏析瘤及夹渣等缺陷，要求光洁平整，以免导致热轧开裂、轧后表面粗糙以及起皮、起泡等。因此，铝及铝合金铸锭，据其性质不同、视存在缺陷状况以及对制品质量要求的不同，在热轧前可能要进行铸锭表面处理或均匀化退火处理。

（1）铸锭的表面处理：

1）表面机械处理。对于表面冷隔、偏析瘤等一类缺陷，采用铣面或局部打磨、修铲方法加以消除。一般而言，铝合金的铸锭常要采用这一处理方法，但铣削深度为 3~7mm 不等。

2）表面化学处理。对于不铣面的纯铝铸锭，表面常有油污、废屑脏物，以及需要包装的铸锭或包铝板表面，常要进行化学蚀洗（对含锌或镁高的铝合金不蚀洗而用汽油擦洗），其目的或为获得光洁表面坯料，或为热轧时包铝板与铸锭牢固焊合。蚀洗工艺大体为：先用 15%~25% 的 NaOH 溶液（温度 50~70℃）蚀洗 6~12min，然后用冷水清洗，再用 20%~30% HNO$_3$ 溶液中和 2~4min，随后用不低于 60℃ 的热水浸洗 5~7min，且尽快使其干燥，不形成斑迹。

3）表面包铝。某些铝合金铸锭在铣面与蚀洗后，在其上下表面与侧表面，在加热、热轧前要用经蚀洗的包铝板（纯铝或铝合金 LB1、LB2 板，厚度一般为锭厚的 2%~4%）包覆。按其目的不同，通常分为工艺包铝与使用包铝两大类，前者是为了改革某些合金工艺性能，如减少热轧开裂；后者是为了提高某些合金使用时的防腐蚀能力。然而在实际生产当中，如硬铝与超硬铝合金锭的包铝，同时起到两种作用，达到两个目的。

（2）铸锭的均匀化处理。诸如硬铝、超硬铝合金以及 3A21 防锈铝合金等，由于在铸锭过程中易形成非平衡组织，产生晶内及晶间成分偏析，以致它们的工艺性能不好，热轧时易开裂，板带制品性能不好且不均。为此，铸锭在锯切与表面处理前要进行均匀处理。该处理是把铸锭置于该合金的非平衡固相线温度以上与平衡固相线温度以下的高温下进行较长时间的保温，通过其内部金属原子的扩散过程，达到消除非平衡相与成分偏析、提高工艺性能与制品使用性能的目的。为此，要求控制好均匀化退火的工艺条件，即退火的温度、加热速度、保温时间与冷却的速度。

表 7-2 中列出了一些铝合金的退火温度与保温时间。加热与冷却速度对硬铝与超硬铝等铸锭不宜太快，以免由于热应力作用而导致开裂与淬火效应。

表 7-2　一些铝合金铸锭均匀化退火制度

合金牌号	铸锭厚度/mm	加热温度/℃	保温时间/h
2A06	200~300	480~490	12~15
2A07	200~300	400~490	10
2A11、2A12	200~300	485~495	12~15
2A16	200~300	515~525	12~15
7A04	300	450~465	38
2A14	300	490~500	15
5A05	200~300	465~475	12~15
5B05	200~300	465~475	13~14
5B06	200~300	465~475	36

7.1.1.2　铸锭的加热与热轧工艺

（1）铸锭的加热。准备合格的铝及铝合金铸锭，通常在箱式或连续式电阻加热炉中加热，炉内气氛无特殊要求，为提高加热速度与加热的均匀性，在炉内常常采用风机实行强制热风循环。

铸锭加热温度应满足热轧温度要求，保证热轧时塑性高、变形抗力小、产品质量好。同时，考虑到铸锭出炉后输送过程中的温度补偿，通常铸锭在炉内的温度应高于热轧温度。加热时间包括入炉温度与均热保温时间，加热时间的确定应考虑不同合金的导热性、铸锭尺寸、加热设备的加热方式与装料形式等因素。一般情况下，在保证铸锭热透、温度均匀的情况下，加热时间应尽可能短，以减少能耗与金属的氧化损失。

（2）铸锭的热轧：

1）热轧温度。一些铝及铝合金的开轧与终轧温度范围如表 7-3 所示。热轧温度过高，容易出现晶粒粗大与晶间低熔点相的熔化，使热轧时开裂或轧碎。终轧温度过低，金属变形抗力大，能耗增加，而且由于再结晶不完全，导致晶粒组织与性能不均。因此，对于某种具体合金适宜的热轧温度，应根据具体设备等条件具体调节。

表 7-3　一些铝及铝合金热轧温度

合金	开轧温度/℃	终轧温度/℃	合金	开轧温度/℃	终轧温度/℃
纯铝	450~500	350~360	5B05	450~500	450~500
3A21	450~480	350~360	5B06	450~500	450~500
5A03	451~510	350~360	2A11、2A12	450~500	450~500
5A05	410~510	310~330			

2）热轧加工率。热轧加工率包括热轧总加工率与道次加工率。它们依据合金性质、对轧坯质量要求以及所用轧制设备能力等，其具体数值有所不同。如纯铝及软铝合金高温塑性温度范围宽，变形抗力小，其热轧总加工率可在 90% 以上，而硬铝合金由于热轧温度范围窄、热脆倾向大，其热轧总加工率为 60%～70%。道次加工率分配一般应遵循开始道次小、中间道次大及后面道次减小的规律，以保证轧制工艺顺利进行以及较高的生产效率与产品质量。

3）热轧冷却润滑。铝与其他有色金属相比具有易于粘附轧辊的特性，而且当温度越高、道次变形量越大、性质越软（纯铝与软铝合金）时，则热轧中"轧辊粘铝"现象越严重，并由此导致一系列制品缺陷，甚至出现轧件缠辊。为此，热轧时一定要使用由矿物基础油、油性剂、乳化剂以及水所构成的所谓"水包油"型乳液。由于它同时起到冷却辊面与轧件、控制辊型以及"防粘降摩"、提高制品表面质量的作用，通常又被称为冷却—润滑液。轧制铝及其合金用的乳液种类很多，其中较典型的为 59C 乳液，它是由机油或变压器油 80%～85%、油酸 10%～15% 及三乙醇胺 5% 配制成乳剂，使用时再配成水占 90%～97% 的乳液。

（3）热精轧（中温轧制）。热精轧（中温轧制）工艺是一些诸如 1035、5A03、3A21、5A13 与 5B05 等热塑性较好的合金，在热轧后使其坯料温度控制在 230℃ 左右，在冷轧机上进行轧制，轧至成品所需的坯料厚度。这样实现了热轧与冷轧的连续作业，取消了热轧卷与预备退火等工序，减小了中间退火的次数，缩短了生产周期，提高了生产效率。同时，由于消除了热轧卷带坯的粘伤与冷轧开卷时的擦伤等缺陷，使制品质量提高，生产成本降低。由于上面的优点，在某些铝合金板带材生产方面出现了前述半连续铸锭加热—热轧（热粗轧）—热精轧—冷轧的工艺。

7.1.2 铝及铝合金管、棒、线材生产工艺

铝及铝合金棒、线材因其为实心制品，沿其纵向全长为等横断面形状，且尺寸精度较低，可通过挤压方式直接获得，故棒材是通过挤压机控制成品尺寸来获得，其工艺流程较简单。线材和拉制棒材因尺寸精度高，通过挤压方式获得的尺寸精度无法满足成品要求，需进行后续冷加工工艺，通过拉伸模控制最终的产品尺寸精度，其生产工艺流程相对复杂。只有某些合金用以包铝的圆棒或线材，以增加抗腐蚀性，很多铝合金直接加工成棒材和线材。在这些合金中，2011 与 6262 是专门用于制作螺钉机的材料，而 2117 与 6053 则用于制造铆接件与零配件。2024-T4 合金是制造螺栓与螺丝的标准材料。1350、6101 与 6201 合金广泛用作电线。5056 合金用作拉链，而 5056 包铝合金可制作防虫纱窗丝。5058、4043、5056、6061、7005 等合金可制成焊丝。

铝及铝合金管材的生产方法很多，但使用的范围相差较大。如采用分流模生产的有缝管材，只能应用于对焊缝没有要求的民用管材；而对焊缝有要求的需要承受一定压力的管材，则需要采用穿孔挤压方式生产无缝管材。对尺寸精度要求高的管材，需通过轧制或拉伸的方式生产。但应用最广泛的仍是挤压。由于铝及铝合金管材品种较多，产品要求不一样，生产方式不同，其工艺流程相差较大，典型的铝及铝合金管材的生产工艺流程如表 7-4 所示。铝及铝合金棒、线材的生产工艺还应根据合金状态、品种、规格、质量要求、工艺方法及设备条件等因素，按具体条件合理选择、制定。

表 7-4　铝及铝合金管材生产典型工艺流程

工序名称	热挤压厚壁管			挤压-拉伸薄壁管				挤压-冷轧-拉伸薄壁管		
	F	T4	T6	O	HX3	T4/T6	O	HX3	T4/T6	O
坯料加热	●	●	●	●	●	●	●	●	●	●
热挤压	●	●	●	●	●	●	●	●	●	●
锯切				●	●	●	●	●	●	●
车皮、镗孔	●	●	●							
毛料加热	●	●	●							
二次挤压	●	●	●							
张力矫直或辊式矫直				●	●	●				
切夹头				●	●	●	●	●	●	●
中间检查				●	●	●	●	●	●	●
退火				●			●			●
腐蚀清洗				●			●			●
刮皮修理				●			●			●
冷轧制（多次）							●	●	●	●
退火（多次）							●	●	●	●
打头				●	●	●	●	●	●	●
拉伸（多次）				●	●	●	●	●	●	●
淬火		●	●			●			●	
整径										
精整矫直	●	●	●	●						
切成品、取试样	●	●	●	●	●	●	●	●	●	●
人工时效			●			●			●	
成品退火							●			●
检查、验收	●	●	●	●	●	●	●	●	●	●
涂油、包装	●	●	●	●	●	●	●	●	●	●
交货	●	●	●	●	●	●	●	●	●	●

（1）挤压工艺技术。铝及铝合金管、棒、线材的挤压方法主要有正向挤压、反向挤压、侧向挤压、连续挤压及特殊挤压。其中正挤压是铝合金材料压力加工中最广泛使用的方法之一，但由于正挤压存在很大的摩擦，由于强烈的摩擦发热作用，限制了铝及铝合金挤压速度的提高，加快了挤压模具的损耗。反向挤压主要用于铝及铝合金管材与型材、无粗晶环棒材的热挤压成型。在挤压过程中金属产生的变形热较小，有利于提高挤压速度。由于受到挤压轴的限制，挤压制品的外形尺寸相对较小。侧向挤压主要用于电线电缆各种行业复合导线的成型，以及一些特殊包覆材料成型。Conform 连续挤压时坯料与工具表面的摩擦发热较为显著，因此，对于低熔点的铝及铝合金，不需进行外部加热即可使变形区的温度上升至 400~500℃ 而实现热挤压。Conform 连续挤压适合于铝包钢电线等包覆材料，

小断面尺寸的铝及铝合金线材、管材、型材的成型。

（2）拉伸技术。拉伸主要用于铝及铝合金管、线材的制备工艺。

1）线材拉伸技术。铝及铝合金线材主要分为铆钉线、焊条线和电导线三大类。线材拉伸坯料一般有挤压坯、轧制坯和铸造坯。铝导线一般用轧制坯和铸造坯；而批量小、合金和规格多的铆钉线和焊条线主要采用挤压法生产线坯。一般来说，$\phi \leqslant 7\text{mm}$ 的棒材称为线材，但有的焊条线的直径可达 10mm 左右；线材的最小直径可根据用途而定，导线一般为 0.5mm 左右，有的可达 0.1mm 以下。线材可单根供货，也可成卷交货。

拉伸配模是最关键的拉伸工艺技术，要根据设备、合金状态以及产品品种和规格等条件进行拉伸配模计算，以制订出合理的拉伸工艺。线材拉伸模分为入口锥、润滑锥、工作锥、定径区和出口锥五部分。拉伸模一般用硬质合金制作，大规格线材模也有用合金工具钢制造的，小规格的线材模则有时用金刚石制造。铝及铝合金线材拉伸可在一次拉伸机上或多次拉伸机上进行。一次拉线机是线材从进线到出线只通过一个模子的拉伸机，主要用于生产成品直径较大、强度较高、塑性较差的合金线材。多次拉线机是线材连续通过几个规格逐渐减小的模子而实现拉伸的拉线机，主要用于生产规格较小、中等强度的铝合金线材和纯铝导线。铝及铝合金线材拉拔示意图如图 7-2 所示，图 7-2（a）为整体模拉伸；图7-2（b）为二辊模拉伸；图 7-2（c）为四辊模拉伸。

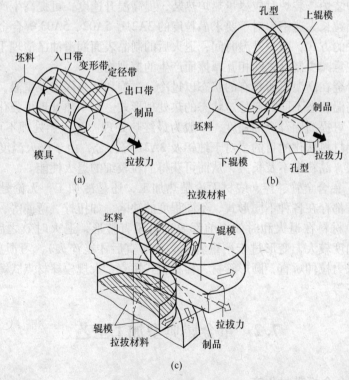

图 7-2　线材拉伸示意图
（a）整体模拉伸；（b）二辊模拉伸；（c）四辊模拉伸

2）管材拉伸技术。铝及铝合金管材常用的拉伸方法可分为不带芯头拉伸（空拉）和带芯头拉伸（衬拉）两大类。按照芯头的种类不同，衬拉又可分为短芯头拉伸、长芯头拉伸、游动芯头拉伸和扩径拉伸，目前世界上这几种拉伸方法都在使用。

铝合金管材拉伸设备按拉出制品形式可分为直线式拉伸机和圆盘式拉伸机两大类。直线式拉伸机有链式、钢丝绳式和液压式三种传动方式，其中以链式拉伸机应用最广。圆盘式拉伸机因能充分发挥游动芯头拉伸工艺的优点，适合于长管生产，但目前在我国仍很少使用。

铝及铝合金管材的一般规格范围为 $\phi 5m \times 0.5mm \sim \phi 300mm \times (3 \sim 5)$ mm；最小的可为毛细管材，而最大的外径可达 $\phi 500mm$ 以上。

（3）管材轧制技术。管材轧制是生产无缝管材的主要方法之一，根据管坯的变形温度不同、管材轧制中，可分为热轧和冷轧两大类。目前，在铝管生产中，热轧已很少使用，大多数情况下被热挤压的方法取代。冷轧铝合金管材是将通过热挤压获得的管材毛坯在常温下进行轧制，从而获得成品管材。

铝及铝合金生产冷轧管材最广泛和最具代表性的方法是周期式冷轧法。根据轧机所具有的轧辊、轧槽的结构形式，主要有二辊冷轧法和多辊冷轧法。

（4）热处理。为了满足铝合金加工过程中所要求的塑性变形能力，提高变形速度和变形程度；满足用户对合金组织、性能的不同要求，充分发挥材料的潜质和效能，需进行各种不同形式的热处理。

铝及铝合金管、棒、线材退火方式主要分为再结晶软化退火、不完全退火和完全退火。值得注意的是，铝合金成品退火前必须进行精整矫直，其尺寸符合成品要求；低温退火时，不得冷炉装炉，装炉时应尽量热炉热装，提高温升速度，可提高生产效率，减少能源消耗，降低晶粒长大速率。对于要求晶粒度的 3A21、5A02、5A03 等合金，应采用快速加热和装炉量少的方式，减少升温时间；退火后的制品表面润滑油已清理干净，无润滑效果，搬运中应注意减少制品之间相互摩擦而产生的擦划伤。

淬火是将合金在高温下所具有的状态以过冷、过饱和状态固定至室温，使其基体转变成晶体结构与高温状态不同的亚稳定状态的热处理形式。对于热处理可强化合金，淬火与时效联合使用，可提高铝合金的强度，一般为最终热处理。对于热处理不可强化的合金，可采用淬火达到材料软化的目的，对于纯铝及 3A21 等合金，由于淬火温度高，升温速度快，降温速度快，晶粒来不及长大，从而可获得晶粒较细的退火性能。

（5）精整。铝合金管、棒、线材无论是热加工，还是冷加工，无论是淬火，还是退火或时效之后都存在各种不同形式、不同程度的缺陷，如扭拧、弯曲等，必须进行矫直整形（实际上，材料在退火和时效之前都要进行矫直整形，退火时效之后再进行复矫。淬火前工件弯曲度较大，变形过于严重者也必须矫直后才能淬火），习惯上称之为精整。精整工艺包括张力拉伸矫直，圆形管材、棒材辊式矫直，大规模棒材点式矫正，型材辊式矫正和手工矫正等。

7.2　重金属典型加工工艺

7.2.1　铜及铜合金板带材生产

7.2.1.1　*板带材主要产品*

铜及铜合金板带材是平辊轧制生产的主要产品之一。产品以合金分类有纯铜产品、黄铜产品、青铜产品、白铜产品；以规格分类有厚板、宽板、薄板、宽带和窄带等；以生产方法分类有热轧产品、冷轧产品；以产品要求分类有普通板带和特殊板带等。以性能和状态分类有热轧产品（R）、软状态产品（M）、1/3硬产品（Y3）、半硬产品（Y2）、硬产品（Y）、特硬产品（T）、特软产品（TM）和热处理产品（C、CY、CS、YS）等。其中C表示软状态，即淬火状态；CY表示硬状态，即淬火后冷轧状态；CS表示淬火后时效处理状态；YS表示冷轧后时效处理状态。

7.2.1.2 生产流程的分类

常用的生产流程，按轧制方式可分为块式法和带式法；按铸锭的开坯方式分，有热轧法和冷轧法。

（1）块式法。这是一种老式生产方法，它是将锭坯经过热轧或冷轧，再剪切成一定长度的板坯，直至冷轧出成品的方法。特点是设备简单，投资少，操作方便，灵活性大，调整容易；缺点是生产效率低，劳动强度大，中间退火次数多，生产周期长，耗能大，金属工艺损失大，成品率低，产品品质不易控制。可以在产量小、品种多、建设周期短的中、小型工厂中采用。

（2）带式法。这是一种近代的大生产方式，它是将锭坯，经过热轧开坯，卷取成卷进行冷轧，最后剪切成板或分切成带的生产方法。特点是可采用大铸锭，进行高速轧制，易于连续化、机械化的大生产，劳动生产效率高，单位产品耗能少，可采用高度自动化控制，产品品质好，劳动强度小、生产条件好；缺点是设备复杂，一次性投资大，建设周期长，灵活性差。适于产量大、规格大、品质要求高的生产，是大型工厂所采用的生产方法。带式法生产正向连续化、自动化、大型化、高精度化发展。

（3）热轧法。除了锡锌铅青铜、高铅黄铜等极少数品种外，都要经过热轧工艺过程。对于热轧状态的产品，都是由热轧直接轧制而成的。热轧方法是铸坯加热后进行轧制的生产方法，它充分利用了金属的高温塑性和低变形抗力，采用大压下率来提高生产率，达到高效、节能的目的。但热轧生产的产品尺寸偏差大，表面品质差，性能不易控制。所以，热轧法生产多用来生产板或带坯，以及精度要求不高的产品。

（4）冷轧法。它是采用较小尺寸的锭坯或热轧板坯，在锭坯不加热的情况下，进行轧制的一种方法。它用于不能在热状态下成型的合金，以及各种硬状态、软状态、热处理状态的产品，都要经过冷轧。虽然冷轧加工率小，中间需要多次退火，生产率不如热轧高，但仍是现在生产中被广泛采用的主要方法。

7.2.1.3 板带材生产的典型流程

在制定生产工艺流程时，要全面地衡量、综合地考虑各种因素的利弊，选择与自己实际情况相符合的方案，确保所选的流程在保证产品品质的条件下，符合多、快、好、省的原则。在实际生产的整个过程中，应根据设备条件及工艺要求，有条不紊地安排各个工序的生产。

铜及铜合金板带材典型工艺流程框图如图7-3所示。

（1）铸锭选择。锭坯的选择应充分考虑产品的技术要求、合金的品种、工艺条件、设备能力、生产组织要求等因素，遵照高质量、高效率、低成本的原则。

铸锭的品质是决定产品品质和生产效率的最基本因素。现在的生产方式大都是采用半连续铸造或连续铸造的方法，有的直接铸成薄坯，在线进行双面和侧面铣后卷取成卷坯，供下步工序的直接冷轧。如H65黄铜的16mm×450mm重6t的带坯水平连铸法生产，大大提高了生产效率和产品品质。

206

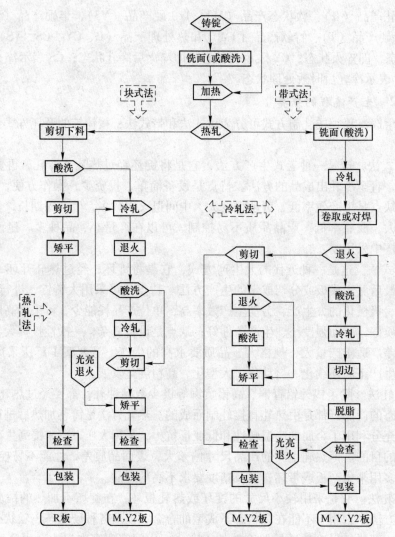

图 7-3 铜及铜合金板带材典型工艺流程框图

铸锭的化学成分、尺寸规格、表面及内部缺陷等质量要求是必须保证的，现场直接处理铸锭表面工作更显得重要。通常要进行铣面、刨面或车面，铣削深度、铣削后的表面粗糙度皆有一定的要求。

1）铸锭的厚度与轧辊直径等因素有关，一般选取轧辊直径与铸锭厚度之比 D/H 在 4~7 之间。

2）铸锭的长度应考虑生产条件是否合理，一般是坯料越长，生产率及成品率就越高。

3）铸锭的宽度考虑的是成品宽度、宽展量及切边量，一般选取轧辊辊身长度的 80% 以下。

（2）加热。加热的目的是保证热轧时的高温塑性，降低变形抗力，消除铸造应力，，改善铜合金的组织状态和塑性性能等。在热轧前锭坯加热温度、加热时间的确定和加热炉内气氛的控制是十分重要的。

加热温度：制定加热温度主要考虑开轧温度和终轧温度。开轧温度的确定是根据由合金成分所决定的状态图、塑性图和变形抗力图。理论上的热轧开轧温度一般相当于合金熔点的 80%~90%，加热温度要比热轧开始的温度高 20~30℃，终轧温度一般相当于合金熔点的 60%~70%。铜合金加热（开轧）温度为 640~870℃，终轧温度为 650~450℃。

加热时间：包括升温和保温（均热）时间，考虑加热温度、合金成分等因素，在保证坯料均匀热透的情况下，加热时间当然以短为好。

加热炉内气氛：加热炉内的气氛主要是根据合金的特性来考虑，如有的易氧化，有的易吸氢，都要采取相应的措施来防止。一般紫铜及含少量氧的铜合金，采用中性或微氧化性加热气氛；无氧铜热轧前的加热，采用还原性或中性气氛，炉内的含氧量多控制在 4% 以下。

加热炉：要求炉内温度均匀，气密性好；加热速度快，有较高的热效率和单位面积生产率；灵活性大，变换产品品种容易；结构简单，使用方便，机械化、自动化程度高，劳动条件好；能满足生产要求。加热炉类型有火焰加热炉、电阻炉和感应炉。作业方式分为间歇式和连续式加热炉。对铜合金的热轧生产，采用大型铸锭时，多采用连续式火焰加热炉。

（3）轧制：

1）热轧：

热轧总加工率：大多数铜及铜合金热轧的总加工率达 95% 以上，仅有少数的高强度、低塑性及热轧温度范围较窄的铜合金，热轧的总加工率在 90% 左右。

热轧速度的确定：由于变形速度增加会明显增大变形抗力，热轧时的平均变形速度应结合变形温度和合金品种予以考虑。铜及其合金热轧时变形速度范围如下：紫铜为 8~10s^{-1}，黄铜 H68、H70、H90 为 6~18s^{-1}，铜镍合金为 6~20s^{-1}。

热轧过程中的冷却与润滑：铜及其合金热轧时，采用工业用新水或循环水直接喷射到轧辊上，水压一般为 0.15~0.30MPa。热轧铜及其合金时一般不涂油，通常只在热轧后期使用矿物油、植物油当作润滑剂，能起到降低摩擦系数及防止粘辊的作用。

热轧后坯料的铣面：可去除加热及热轧过程中产生的表面氧化、脱锌、压痕、氧化皮压入和表面裂纹等。表面铣削取代酸洗更有利于提高产品质量和改善劳动条件。热轧后的铣面的坯料厚度为 7~15mm，宽为 330~750mm，最小铣削长 2.0m。坯料在铣面前经过 9 辊或 11 辊矫直机矫平，要求纵向不平直度小于 0.3mm，横向不平行度小于 0.1mm，保证厚度偏差要求，不允许有严重的劈头、裂边及镰刀弯。

表面铣削机：主要有单面铣削机和双面铣削机。

2）冷轧。根据冷轧的不同目的，可将冷轧分为开坯、粗轧、中轧和精轧四种类型。

冷轧总加工率一般为 30%~90%。

铜及其合金大多采用热轧供坯后冷轧成产品的生产工艺流程。与热轧相比，冷轧可生产厚度较薄、尺寸精确、表面质量高的板带，冷轧厚度可薄至 0.001mm。冷轧可以在不同的轧机上进行，也可以在同一台轧机上完成。

冷轧过程中的冷却与润滑，更注重经此控制辊型，改善轧件平直度及表面质量。在高速冷轧时，为避免辊温过高、辊温不均匀及粘辊现象，通常采用油、水均匀混合的乳化液来冷却润滑。夏季使用温度为 25~35℃，冬季在轧机开机前应将乳化液加热到 40~50℃方可使用。

（4）热处理。铜及其合金板带材的热处理方式比较简单，主要是加热和不同目的的退火。常用的有软化退火（包括坯料退火和中间退火）、成品退火和时效处理。

坯料退火可用以消除热轧后坯料的硬化，使其组织均匀；中间退火可以使冷轧后半成品（坯料）充分软化，供继续冷轧；成品退火是指产品最后一次退火，为的是满足产品性能要求；时效处理（淬火—回火）主要用于可热处理强化的合金，如铍青铜、镉青铜、硅青铜、铝白铜以及铝含量大于9%的铝青铜等。

铜及其合金的退火温度要按其板材厚度大小来选取，退火温度范围为380~750℃；退火时间为1~4h。时效处理（淬火—回火）的淬火温度范围为780~1000℃。

冷却方式：成品退火大都是进行空冷，中间退火有时可采用水冷，这对于有严重氧化的合金料，可以在急冷下使氧化皮爆裂脱落。但有淬火效应的合金不允许进行急冷。

热处理设备：主要是热处理炉。铜合金热处理炉大多采用中温炉（600~900℃）及低温炉。选择热处理炉应考虑如下条件：满足热处理工艺的要求，保证品质和性能；选择合适的热源，满足生产的需要；炉子结构简单、温度控制准确、耐用、投资少；自动化程度高，生产效率高，劳动条件好，操作方便。

（5）酸洗、表面清理与矫平。酸洗：铜合金热轧和热处理的加工过程，板坯或带坯的表面发生氧化，为了清除表面的氧化皮，需酸洗。通常酸洗程序是：酸洗—冷水洗—热水洗—烘干。酸洗时主要采用硫酸或与硝酸混合的水溶液。酸洗时间与酸洗液的浓度及温度有关。一般酸洗液的浓度为5%~20%，温度为30~60℃，时间为5~30min。

表面清理：表面清理的方法很多，酸洗就是其中的一种常用的化学方法清理。再是机械清理方法，如表面清刷机清刷和手工修理。对于要求表面粗糙度低的产品，有时采用压光或抛光的工序。

矫平：为了消除板或带材制品在轧制过程中产生的缺陷，提高板带表面的平直度，改善产品的性能或便于继续加工，板或带卷都要进行矫平。矫平的方法主要有：辊式矫平，拉伸矫平或张力矫平，拉伸弯曲矫平以及其他各种联合式矫平，如拉伸退火矫平等。

剪切：对于板材、带材的剪切，主要是根据成品尺寸加上切边余量来确定，如预剪切宽度应是成品宽度的整数倍，再加上余量。余量的大小要根据合金的品种和轧件厚度而定。一般取7~30mm，厚度较小的余量也小。

7.2.2　铜及铜合金管棒材挤压、拉拔工艺

挤压和拉拔是常见的金属塑性加工方法，也是铜合金管材、棒材的主要生产方法。

铜及铜合金管棒材生产工艺流程如图7-4所示。

（1）坯料选择。挤压用料尺寸应能保证挤压时产生的足够变形量，一般变形程度应不小于85%；为提高成品率减少几何废料损失，坯料长度一般为坯料直径的1.5~3倍。

拉拔用料应根据产品的质量要求选择，如挤压坯的表面及内部质量好、坯料公差小、所供坯料长、产品品种多、规格不受限。

（2）挤压。铜及铜合金的挤压工艺因制品的种类、使用目的、对制品表面质量的要求以及有无后续加工（冷轧、拉伸加工等）不同而异，挤压比、挤压速度等参数影响着挤压结果。挤压过程中要注意润滑。挤压前应准备好工具及其装备，按规格要求进行

操作。

　　合理的挤压温度范围应根据金属的相图来决定，常用的铜及其合金的挤压加热温度为：570~1000℃。合理的挤压速度应在保证产品质量的前提下综合考虑各种因素，如金属的塑性、产品断面的复杂程度、冷却润滑情况、加工率大小等。

　　铜及铜合金常用挤压模有多种。平面模与圆弧模多用于圆棒材与简单断面棒材的挤压，圆锥模多用于管材挤压。铜及铜合金棒材多采用平模挤压，但为了减少模孔的磨损，防止模孔变形，通常将模孔入口设计成半径为 2~5mm 的圆弧，在正向挤压棒材时，常采用脱皮挤压和润滑挤压，有的还采用有效摩擦挤压。铜管的热挤压多采用实心坯料穿孔法，但对于高变形抗力合金，也采用空心坯料进行挤压。

　　由于铜合金的挤压温度高，要求采用高速挤压，棒材和管材的用量大且许多情况下管材的直径大而壁厚薄，因此更适于使用反向挤压法生产。反向挤压紫铜、黄铜及硬合金时，挤压过程中温度和压力变化甚小，组织和性能比较均匀。反向挤压金属和筒壁之艰难不存在摩擦，挤压温度对流动类型的影响很小，因而总能获得较为理想的金属流动景象。

　　挤压时润滑剂的种类有：油质润滑剂和玻璃润滑剂。油质润滑剂应用十分广泛；玻璃润滑剂是挤压铜镍合金必不可少的润滑材料，也用在 B30 挤压中。

　　（3）拉拔。拉拔是用挤压提供的坯料经过多次冷拉，生产成品的加工方法。拉拔属于减径伸长变形，拉拔前要根据产品技术要求选择坯料，拉拔过程中要根据金属塑性、设备能力、坯料质量、产品形状、模具设计等因素选择延伸系数。

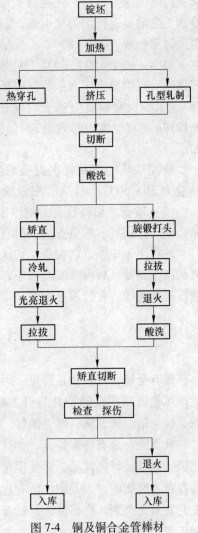

图 7-4　铜及铜合金管棒材生产工艺流程示意图

　　管材的拉伸方法主要有：空拉（无芯头拉伸）、短芯头拉伸（上杆拉伸或衬拉）、长芯杆拉伸、游动芯杆拉伸、扩径拉伸和盘管拉伸。空拉是在管内无芯头支撑的情况下使管材通过模孔，这时管材外径、内径减小，而长度增加，其壁厚变化不大；短芯头拉伸是管材拉伸中应用最广泛的方法；用短芯头拉伸外径较大的薄壁管材有困难时，则采用长芯杆拉伸；游动芯杆拉伸是管材中一种较为先进的方法，目前这种方法已在生产塑性较好的铜及铜合金管材中得到日益广泛的应用；当所需管材的直径超过挤压机所能提供的最大管坯直径时，可采用扩径拉伸；盘管拉伸与前面所述的管材拉伸方法不同，是在圆盘拉伸机上进行的。

　　（4）热处理和酸洗。铜及其合金常用的热处理有：均匀化退火、中间退火、成品退火、消除内应力退火、光亮退火和时效处理。含锡量较大的锡青铜和锡磷青铜的坯料，在冷加工之前要进行均匀化退火，温度为625~750℃，保温1~6h。中间退火也称软化退火，退火温度一般为400~800℃。成品退火，退火温度一般为300~700℃。消除内应力退火，退火温度一般为180~380℃。光亮退火可分为保护性气体退火和真空退火两大类。保护性气体退火时炉膛内压力：黄铜冷凝管退火时不低于59~78MPa，白铜冷凝管退火时不低于78~98MPa；紫铜真空退火时采用13.3~1.33Pa的真空度，大多数铜合金采用1.33~0.133Pa的真空度。时效处理（淬火—回火），其淬火温度一般应略低于铜合金的共晶温度。

酸洗是热加工和每次退火后利用酸水溶液去除金属表面氧化物的工序，酸洗温度一般为50~60℃。酸洗的配置程序是先往槽里放水，然后加酸，否则会引起爆炸。

（5）矫直、切料及夹头制作。为消除产品的弯曲或扭拧为下道工序造成的不便，产品必须进行矫直。矫直方法一般有张力矫直、压力矫直和辊式矫直等。

坯料用于中断、切夹头、切试产、切检查断口、切除缺陷、切割成品等处理过程中。夹头制作是使坯料前端断面减小，使其顺利穿过横孔的工艺过程。其方法有碾头、锻头、液压送进法等。在拉拔过程中，每次都要重新进行夹头制作。

7.3 稀有金属生产工艺

稀有金属，可以说是产量、用量数目较少、应用领域范围很广、品种规格类别复杂、生产工艺烦琐多变的特殊且开发时间较晚的金属。稀有金属主要包括钛、钨、钼、钽、铌、铍、锆、铼、钒、锗、铀等。本节主要介绍钛及钛合金压力加工。

钛及钛合金有许多特点，如高温化学活性，易产生吸气和氧化；钛变形抗力高而塑性比铜、铝低；导热性低，弹性模量低；在高温下存在α→β同素异晶转变，而α相与β相态存在着性能的重大差别。所有这些特点造成了钛和钛合金与铝、铜及其合金半成品生产工艺有重大差别。许多方面，钛及钛合金的生产工艺更接近不锈钢的生产工艺。钛材压力加工工艺流程如图7-5所示。

7.3.1 钛及钛合金熔炼工艺

熔炼钛及钛合金铸锭的炉料包括海绵钛、残钛料、纯金属及中间合金添加剂。其中，铝、铁、铬、锆等添加剂常以纯元素加入，而钒、钼、锡、铌等则必须以中间合金形式添加。由于钛与氧、氮、碳等间隙元素的活性大，熔炼必须在真空或惰性气体保护气氛下进行。又由于钛与绝大多数耐火材料发生作用，熔炼要用水冷铜坩埚。

目前最常用的方法为真空自耗电弧炉熔炼法，熔炼时，先将海绵钛压制成团块，再通过氩弧焊或等离子焊焊接成电极，电极随后在真空自耗炉内进行二次或三次真空熔炼。电弧在电极和置于水冷坩埚底部上的一些铁屑之间引燃。由于电弧的能量高，自耗型电极熔化并在坩埚内形成锭坯。真空自耗电弧熔炼技术广泛用于优质高温合金和航空钛合金铸锭的生产，是一种成熟的工业熔炼方法。真空自耗电弧炉熔炼工艺流程如图7-6所示。

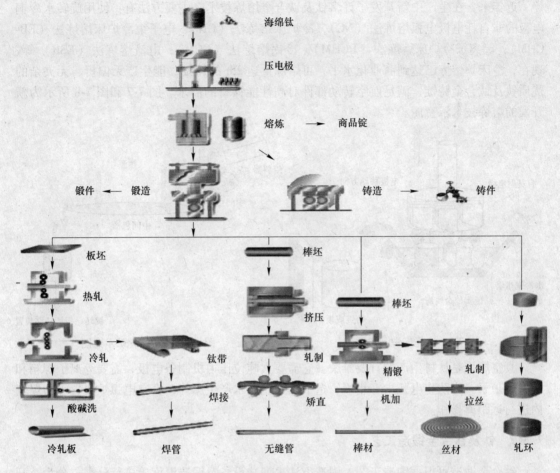

图 7-5 钛材压力加工工艺流程

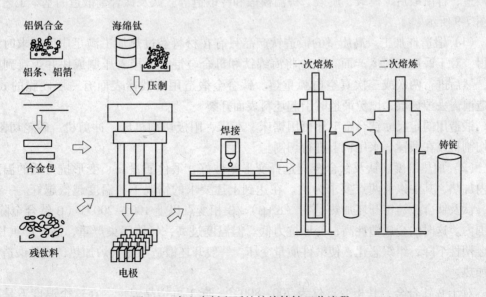

图 7-6 真空自耗电弧炉熔炼铸锭工艺流程

　　近年来，在生产中新开发了许多钛及钛合金熔炼技术，主要方法有：使用旋转水冷铜电极的非自耗电极电弧熔炼法（NC），冷炉床熔炼法（CH），电子束冷炉床熔炼法（EB-CHM），等离子冷炉床熔炼法（PCHM），冷锅熔炼法（CCM），电渣熔炼法（ESR）等。现在，冷床炉熔炼已达到商业化水平，可熔炼重达25t的铸锭，能生产无偏析、无夹杂的优质钛及钛合金铸锭，满足航空转动部件对高性能钛材的需求。图7-7和图7-8所示为新开发的熔炼技术示意图。

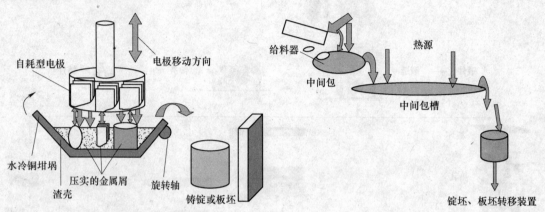

图 7-7　渣壳熔炉示意图　　　　　　　　图 7-8　冷室熔化炉示意图

　　真空熔炼是钛材生产的首要难关。它需要大吨位压力机制备电极，需要等离子焊箱和昂贵的炉子。为防止电弧击穿坩埚，造成液态钛遇水产生爆炸，真空电弧炉要置于防爆墙内进行远距离操作。

7.3.2　钛及钛合金锻造工艺

　　钛合金锻造可根据锻造工艺、锻造方法、锻造设备及锻造温度等进行分类。分为：开坯锻造、自由锻造、模锻、旋锻、等温模锻和冷锻造等。钛及钛合金锻造的基本工艺流程如图7-9所示。

　　（1）锻造坯加工。高质量的锻造钛产品只有在材料经过热加工满足应用要求时才能获得。对于锻造坯的生产而言，先将海绵钛和母合金混合，接着压制成块并焊接到电极上，然后进行两次或三次真空电弧重熔。钛合金锻造用的锻棒表面有一层硬脆的 α 层，锻造前需去掉该层，以免锻造时引起坯料表面开裂。

　　锻造用的定尺寸钛合金毛坯可用锯床、车床、阳极切割机床、冲剪机、砂轮切割机、水切割机或在锻锤、水压机上进行切割。

　　（2）加热制度。钛及钛合金应选择变形塑性好、锻件质量高、变形抗力低的温度范围内加热，其中以前两点要求为主。在达到上述要求的情况下，温度越低越好。一般来说，钛及钛合金铸锭开坯加热是在 （α+β）/β 相变点以上 100～200℃（β 钛合金除外）范围内。这时的金属塑性高，变形抗力低。但温度过高，气体污染严重，晶粒严重长大，合金塑性下降，组织恶化，使锻件质量变坏。一般开坯锻造用煤气炉加热，成品锻造用电炉加热。

　　对于 β 钛合金，其相变点仅为 700～800℃，近于再结晶温度，在这个温度下是不能进行自由锻造的。开坯温度选在 β 区，一般为 1100～1050℃。大铸锭的加热要分阶段缓慢

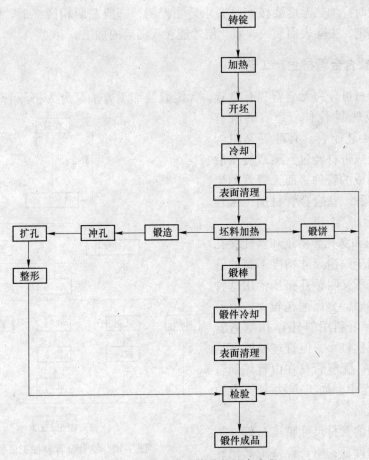

图 7-9 钛及钛合金锻造的基本流程

进行。某厂曾经发生过 $\phi622mm$ 铸锭加热时突然断裂的事故，这是铸造应力与热应力叠加的结果。加热温度过高、时间过长会造成晶粒粗大和吸气，氧化严重。

（3）锻造。锻造车间将锻造坯的深加工，按钛合金相转变温度原则上分为 β 锻造和 $\alpha+\beta$ 锻造两种。β 型锻造钛合金对变形条件非常敏感。首先将材料加热到 β 转变温度以上，且必须在 β 向 α 转变开始前完成锻造。由于高温下出现晶粒粗化和不利的吸氢作用，从而锻前变形温度下的保温时间非常重要。为了避免显微组织恶化如在晶界处形成 α 相，必须选择充分的 β 变形和 β 锻造后的控制冷却工艺。例如，冷却速率必须与合金的相变特征相适应。因此近 α 型合金的冷却必须采用水冷，而转变相对较慢的 β 合金采用空冷就足够了。

在 $\alpha+\beta$ 锻造过程中，将材料加热到 β 转变温度 t_β 以下 $30\sim100℃$，选择足够高的温度以免大变形时产生锻造裂纹。此外，还必须考虑变形过程中的工件升温，以免高于 β 转变温度而导致显微组织过烧。变形程度和变形速率也必须仔细选择以形成理想的显微组织如再结晶形成 α 相等轴晶。$\alpha+\beta$ 锻造后通常采用空冷。

为保证铸造组织充分变形，变形率必须在 60%以上。钛及钛合金的热传导率低，变形热效应容易造成局部过热。局部升温产生组织不均匀。锻件表面冷却快，内部传热慢，容易造成表面开裂。因此，控制加热温度、变形率和变形速度都很重要。

　　成品锻造时，加热温度要按产品要求适当控制，一般在两相区终锻。锻坯要经过修磨、刨面或车削，去除表面裂纹、氧化层才能转入随后的加工。

7.3.3　钛及钛合金管材生产工艺

　　钛合金管材可分为无缝管和有缝管，无缝管按加工方法又分为挤压管、旋压管、轧管、拉伸管或轧制-拉伸管；有缝管有焊接管或焊接-轧制管。有缝管又叫焊接管，是由板或带材经过弯型或旋压后再通过焊接制成的管件，而无缝管的生产方式有很多种。钛合金管材加工流程如图 7-10 所示。

　　（1）挤压和穿孔。挤压和斜轧穿孔等方法主要用于制造尺寸精度不高的管坯。其中，挤压又叫钻孔挤压，用这种方法制造管坯时，金属消耗较大，但管坯壁厚均匀；而利用斜轧穿孔制造管坯，金属消耗比较小，但管坯壁厚度均匀度相对较差。无缝管材在由管坯到管材成品的过程中，加工方法主要为拉伸、旋压和轧制。

　　拉伸得到的管材尺寸精度最好，管材的表面粗糙度低，生产设备工具比轧

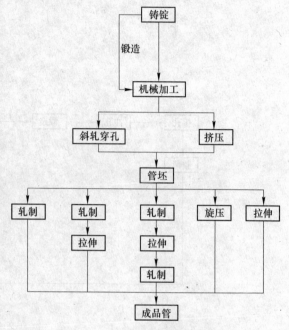

图 7-10　钛合金管材加工流程图

制的更加简单，模具拆卸更换方便，适合于异型管和棒材的生产，但是对润滑剂的要求高，中间辅助工序繁杂、道次多，并不适合塑性低、强度高的金属管材加工；使用旋压的方法生产管材时，旋压力比轧制力、拉伸力小，设备小，能够生产大直径薄壁管材，对于加工塑性低、变形困难的金属比较适合，但是减径小，变形不均，易产生管材的内表面裂纹，要求管坯具有较高的表面质量，大批量生产受到限制；轧制所提供的应力状态最适合金属管材的塑性变形，可以生产强度高，而塑性较差的材料的无缝管，轧制得到的管材表面质量和精度能与冷拔相差不大，塑性好的管材，在轧制过程中，外径减缩率可分别达到40%，得到较好的成型效果，得到较高的加工率，在生产低塑性难变形的薄壁管材时，就可以避免使用拉拔生产时的道次繁多的中间辅助工序，可实现高效生产。

　　（2）轧制。钛合金管材的轧制方法分为双辊轧制和多辊轧制，各自的优缺点对比如表 7-5 所示。

表 7-5　双辊轧制与多辊轧制优缺点对比

轧制方法	优　点	缺　点
二辊轧制	变断面孔型和锥形芯头，它们之间形成的间隙在机头往复运动中重复地变化，使管材直径减小，壁厚变薄； 道次减径量较大，加工率也较大，生产率高	设备复杂，工具的制造和更换比较复杂； 管材表面粗糙度高，尺寸精度较差

轧制方法	优 点	缺 点
三辊轧制	非变断面的孔槽的轧辊和圆柱形的芯头与滑道（轧板）共同作用实现轧制，轧辊和芯棒间隙随滑道曲线的变化而变化，使管材直径小，管壁变薄； 减径量小，减壁量大； 由于轧辊小，弹性形变小，薄壁管轧制时精度高； 变形均匀，管材表面质量较好； 设备较简单，方便工具制造和更换，灵活	生产率比较低，道次变形量小； 不适合厚壁管材轧制

7.3.4 钛及钛合金棒线材生产工艺

在日本，钛加工材的生产特点是采用钢铁加工设备进行，根据钛材固有的特性，在设备、工艺上不断改进，以提高生产率及加工钛材的尺寸精度与表面质量，满足不同用途的使用要求。

钛合金棒线材的生产方法归纳起来有：拉拔、旋锻、轧制。采用旋锻和拉拔工艺时要经过多次的工艺转换和多次的中间热处理，生产效率很低，能耗大；采用轧制工艺，在日本钛合金棒线材的轧制也是采用钢铁轧制的设备。与其他的钛加工材一样，钛合金棒线材热轧时要防止滑动接触，以免热粘引起的表面伤，要设定最优化孔型及道次加工程序，要保证钛合金在适宜的温度下轧制，防止温度下降。轧制棒（线）材的生产流程：成品钛锭→锻造开方坯→热轧→退火→精整→成品棒（线）材。

钛合金棒线材的轧制设备有并列式和越野式。钛线材的轧制设备主要有活套式。现在为了提高产品质量和生产效率，逐步采用连续高速轧机，精轧采用了三辊、四辊定径轧机等，多辊定径轧机，由于宽度小，加工均匀，轧制中尺寸变化对成品变动没有大的影响，特别适合热加工性能差的钛合金等轧制。

与普通钢相比，钛的热变形性能差，因此，在轧制过程中，加热温度的控制以及防止轧制温度过程中材料温度的下降是极其重要的。加热炉的形式可分为推进式炉、步进床式炉、步进梁式炉 3 种。最近，由于轧制坯料的大型化，大多采用步进梁式炉。这种加热炉可通过坯料间隔的调整、时间的控制来设定温度，操作灵活，可四面加热，在短时间内加热即可均匀，且可降低燃耗。

棒线材的道次安排，可依据各厂自己的经验，再进一步完善。大致分为粗轧、中轧和精轧 3 步，粗轧的作用是使再加热的坯料初步得到锻造，并使坯料形状得以矫正。粗轧的孔型一般有菱形—方形或者箱形。菱形—方形的孔型由于角部冷却快，孔型左右有拉应力，所以在轧制时，要把孔型顶、底的 R 角放大些，或在孔型导板上设置分水装置。中轧和精轧的孔型采用椭圆—圆孔法和椭圆—方孔法，后者和前者相比具有大的面缩率，效率高，但是容易产生皱纹和折叠等缺陷。目前一般采用椭圆—圆孔法。

轧制工艺完成后，钛合金棒线材要根据不同的材质和所要求的性能进行热处理。钛合金退火处理是为了稳定组织和产品的尺寸，提高其力学性能及机械性能。α 合金的退火是在 α 相区加热，达到充分平衡使 α 相回复、再结晶冷却到常温的处理。这时，冷却速度引起的组织变化小，所以极冷和缓冷都可以。α+β 合金的固溶处理是在 β 相变点以下，即在两相区加热。β合金的固溶处理是在与退火处理一样的温度域加热进行，这时在相变点以上加热，要注意防止β晶粒粗化。时效处理是α+β合金和β合金在固溶处理后从非平衡β相析出细微α相的一种强化处理。线材的热处理设备用于固溶处理的有多条连续方式和捆卷方式两种。多条连续方式是线材以直线形式进行热处理，质量好，但自动化较难，生产效率低。捆卷方式可自动化，生产效率高，但存在捆卷内部相对于外部加热和冷却慢的问题。

线材的退火设备有批式炉，STC（短时间循环）炉以及连续炉。多品种小批量处理时用批式炉，但目前使用STC炉正在增多。

棒材的热处理设备采用连续炉。斜辊式连续炉是一种圆棒专用炉，斜辊和喷水冷却的组合方式可进行弯曲小、品质均匀的热处理。

为了完全去除棒、线材的表面缺陷，要进行扒皮。扒皮方法有用刀具对线材进行全周的螺旋切削和用超硬削刀对线材表面进行全周的拉削。目前，一般采用表面粗糙度低、效率高的拉削法。拉削一般减径0.2~0.4mm。

总之，钛合金棒线材生产主要采用轧制的工艺方法，而采用连续式高速轧机更是有利于生产率的提高，提高了钛合金棒线材表面质量。

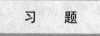

习　　题

7-1　常见铝及铝合金板带箔材的生产方法有哪几种？

7-2　铝锭热轧前为什么要进行表面处理？表面处理有哪几种方法？

7-3　铜及铜合金板带材生产按轧制方式可分为哪两种？

7-4　简述铜及铜合金板带材生产工艺流程。

7-5　钛合金的熔炼技术有哪几种？

7-6　简述钛合金管材的加工工艺流程。

参 考 文 献

[1] 顾家琳，等. 材料科学与工程概论 [M]. 北京：清华大学出版社，2005.

[2] 陈金德，邢建东. 材料成形技术基础 [M]. 西安：西安交通大学出版社，2007.

[3] 赵志业. 金属塑性变形与轧制理论 [M]. 北京：冶金工业出版社，2013.

[4] 吕丽华. 金属塑性变形与轧制原理 [M]. 北京：化学工业出版社，2007.

[5] 李生智. 金属压力加工概论 [M]. 北京：冶金工业出版社，2005.

[6] 庞玉华. 金属塑性加工学 [M]. 西安：西北工业大学出版社，2011.

[7] 魏长传，付垚，谢水生，等. 铝合金管、棒、线材生产技术 [M]. 北京：冶金工业出版社，2013.

[8] 马怀宪. 金属塑性加工学——挤压、拉拔与管材冷轧 [M]. 北京：冶金工业出版社，1991.

[9] 张水忠. 挤压工艺及模具设计 [M]. 北京：化学工业出版社，2009.

[10] 刘静安，黄凯，谭炽东. 铝合金挤压工模具技术 [M]. 北京：冶金工业出版社，2009.

[11] 郝海滨. 挤压模具简明设计手册 [M]. 北京：化学工业出版社，2006.

[12] 曲克. 轧钢工艺学 [M]. 北京：冶金工业出版社，1991.

[13] 王廷溥，齐克敏. 金属塑性加工学——轧制理论与工艺 [M]. 2 版. 北京：冶金工业出版社，2001.

[14] [美] V. B. 金兹伯格. 板带轧制工艺学 [M]. 马东清，陈荣清等译. 北京：冶金工业出版社，1998.

[15] [美] V. B. 金兹伯格. 高精度板带材轧制理论与实践 [M]. 姜明东，王国栋等译. 北京：冶金工业出版社，2000.

[16] 王以华. 锻模设计技术及实例 [M]. 北京：机械工业出版社，2009.

[17]《锻模设计手册》编写组. 锻模设计手册（模具手册之五）[M]. 北京：机械工业出版社，1991.

[18] 李永堂，付建华，白墅洁，等. 锻压设备理论与控制 [M]. 北京：国防工业出版社，2005.

[19] 姚泽坤. 锻造工艺学 [M]. 3 版. 西安：西北工业大学出版社，2013.

[20] 谢建新. 材料加工新技术与新工艺 [M]. 北京：冶金工业出版社，2004.

[21] 徐正坤，范建蓓，翁其金. 冲压模具设计与制造 [M]. 北京：化学工业出版社，2001.

[22] 查五生. 冲压工艺及模具设计 [M]. 重庆：重庆大学出版社，2015.

[23] 洪慎章. 实用冲压工艺及模具设计 [M]. 2 版. 北京：机械工业出版社，2015.

[24] 田荣璋，王祝堂. 铜合金及其加工手册 [M]. 长沙：中南大学出版社，2002.

[25] 刘培兴，刘华鼐，刘晓瑭. 铜合金板带材加工工艺 [M]. 北京：化学工业出版社，2010.

[26] 张喜燕，赵永庆，白晨光. 钛合金及应用 [M]. 北京：化学工业出版社，2005.

[27] C. 莱茵斯，M. 皮特皮斯. 钛及钛合金 [M]. 陈振华等译. 北京：化学工业出版社，2005.

[28] 马济民，贺金宇，庞克昌，等. 钛铸锭和锻造 [M]. 北京：冶金工业出版社，2012.

[29] 黎文献，等. 有色金属材料工程概论 [M]. 北京：冶金工业出版社，2007.

[30] 白星良，等. 有色金属压力加工 [M]. 北京：冶金工业出版社，2004.

[31] 李英龙，李体彬. 有色金属锻造与冲压技术 [M]. 北京：化学工业出版社，2008.

冶金工业出版社部分图书推荐

书　　名	作　者	定价(元)
中国冶金百科全书·金属塑性加工	本书编委会	248.00
金属学原理（第2版）（本科教材）	余永宁	160.00
楔横轧零件成形技术与模拟仿真	胡正寰	48.00
加热炉（第4版）（本科教材）	王　华	45.00
轧制工程学（第2版）（本科教材）	康永林	46.00
金属压力加工概论（第3版）（本科教材）	李生智	32.00
型钢孔型设计（本科教材）	胡　彬	45.00
金属塑性成形力学（本科教材）	王　平	26.00
轧制测试技术（本科教材）	宋美娟	28.00
金属学与热处理（本科教材）	陈惠芬	39.00
轧钢厂设计原理（本科教材）	阳　辉	46.00
冶金热工基础（本科教材）	朱光俊	30.00
材料成型设备（本科教材）	周家林	46.00
材料成形计算机辅助工程（本科教材）	洪慧平	28.00
金属塑性成形原理（本科教材）	徐　春	28.00
金属压力加工原理（本科教材）	魏立群	26.00
金属压力加工工艺学（本科教材）	柳谋渊	46.00
钢材的控制轧制与控制冷却（第2版）（本科教材）	王有铭	32.00
金属压力加工实习与实训教程（高等实验教材）	阳　辉	26.00
塑性变形与轧制原理（高职高专教材）	袁志学	27.00
锻压与冲压技术（高职高专教材）	杜效侠	20.00
金属材料与成型工艺基础（高职高专教材）	李庆峰	30.00
有色金属轧制（高职高专教材）	白星良	29.00
有色金属挤压与拉拔（高职高专教材）	白星良	32.00
金属热处理生产技术（高职高专教材）	张文莉	35.00
金属塑性加工生产技术（高职高专教材）	胡　新	32.00
加热炉（职业技术学院教材）	戚翠芬	26.00
参数检测与自动控制（职业技术学院教材）	李登超	39.00
黑色金属压力加工实训（职业技术学院教材）	袁建路	22.00
轧钢车间机械设备（职业技术学院教材）	潘慧勤	32.00
铝合金无缝管生产原理与工艺	邓小民	60.00
冷连轧带钢机组工艺设计	张向英	29.00
中型H型钢生产工艺与电气控制	郭新文	55.00